Einführung in die Technische Mechanik

Nach Vorlesungen

von

Dr.-Ing. habil. Walther Kaufmann

o. Professor der Mechanik an der Technischen Hochschule
zu München

Erster Band

Statik starrer Körper

Mit 194 Abbildungen

Springer-Verlag

Berlin / Göttingen / Heidelberg

1949

ISBN 978-3-642-52916-0   ISBN 978-3-642-52915-3 (eBook)
DOI 10.1007/978-3-642-52915-3

Nr. III 5117/49 – 7021/49

Vorwort.

Bereits während des Krieges traten wiederholt ehemalige Schüler mit der Bitte an mich heran, ich möchte doch meine Vorlesungen über Technische Mechanik, die ich seit 1932 in abwechselnder Reihenfolge mit meinem Kollegen Ludwig Föppl an der Technischen Hochschule München halte, in Buchform herausgeben. Den Entschluß dazu habe ich allerdings erst nach dem Kriege gefaßt, als die an die Hochschule zurückkehrenden Studenten wegen des in den ersten Nachkriegsjahren bestehenden Büchermangels kaum noch in der Lage waren, sich die notwendige Literatur zur Ergänzung und Vertiefung des in den Vorlesungen gehörten Wissensstoffes zu beschaffen. Und noch ein anderer Grund war es, der diesen meinen Entschluß reifen ließ. Im Jahre 1927 hatte ich — damals noch in Hannover — das Lehrbuch „Einführung in die Mechanik starrer Körper" als achte Auflage der „Vorträge über Mechanik" von Keck-Hotopp (Helwingsche Verlagsbuchhandlung Hannover) herausgegeben, das bereits seit längerer Zeit vergriffen ist und nun einen Nachfolger finden soll.

Die jetzt mit dem ersten Band erscheinende „Einführung in die Technische Mechanik" behandelt im wesentlichen die Mechanik-Unterstufe, wie sie in München für Maschinen-, Elektro- und Bauingenieure sowie für Technische Physiker bis zur Diplomvorprüfung gelesen wird. Der Stoff, der nach der Vorprüfung folgenden vertieften Vorlesungen über Höhere Festigkeitslehre und Dynamik, sowie sonstiger Spezialgebiete der Technischen Mechanik ist darin nicht oder nur in sehr knapper Form enthalten.

Das Gesamtwerk soll in vier Bände aufgeteilt werden, von denen jeder den Stoff eines Semesters enthält, und zwar in der bei uns üblichen Reihenfolge: 1. Statik starrer Körper, 2. Festigkeitslehre, 3. Dynamik, 4. Hydromechanik. Diese Einteilung ist weder historisch noch logisch begründet, sondern entspricht rein didaktischen Gesichtspunkten: Die Vorlesungen über Mechanik beginnen im ersten Semester gleichzeitig mit denen über Höhere Mathematik. Wenn nun auch ein Teil der eintretenden Abiturienten bereits mit den Elementen der Differential- und Integralrechnung vertraut sein dürfte, so kann dies doch nicht bei allen mit dem Studium beginnenden Studierenden vorausgesetzt werden. Aus diesem Grunde wird im ersten Semester — in der Hauptsache — die Statik starrer Körper behandelt, bei der man anfangs ohne Höhere Mathematik auskommen kann. Allerdings zeigt es sich dabei als notwendig, bereits frühzeitig den Begriff des Vektors einzuführen, was sich ohne Schwierigkeit bewerkstelligen läßt, da ja die graphischen Verfahren über die Zusammensetzung und Zerlegung der Kräfte nichts anderes als vektorielle Additionen bzw. Subtraktionen sind. Der andere Grund für die oben angegebene Stoffeinteilung liegt darin, daß die Studierenden der ersten Semester in den Übungen zu den Vorlesungen über Maschinenelemente und Baukonstruktionslehre zunächst vorwiegend Aufgaben der Statik und Festigkeitslehre zu lösen haben, wobei die in der Mechanik erworbenen Kenntnisse fruchtbringend verwendet und gefestigt werden können.

Natürlich zeigen diese gedruckten Vorlesungen mancherlei Abweichungen von den mündlich vorgetragenen. Manches ist knapper gefaßt als bei der mündlichen Wiedergabe, bei welcher absichtlich viele Dinge wiederholt werden müssen, um sie dem Hörer möglichst gut ins Gedächtnis einzuprägen. Auf der anderen Seite sind einzelne Gegenstände behandelt worden, zu deren Besprechung in der Vorlesung keine Zeit zur Verfügung steht.

In dem hier vorliegenden ersten Band werden nach einem einführenden Abschnitt über die Grundbegriffe der Mechanik behandelt: Die Zusammensetzung und Zerlegung der Kräfte in der Ebene und im Raume, Fragen des Gleichgewichts einer Kräftegruppe, die Lehre vom Schwerpunkt, das Gleichgewicht gestützter ebener und räumlicher Körper und Körpersysteme, die „trockene" Reibung und, in einem Schlußkapitel, als fundamentaler Satz der Statik: Das Prinzip der virtuellen Verrückungen. Alle theoretischen Ableitungen und Betrachtungen sind durch zahlreiche Anwendungsbeispiele ergänzt, die im allgemeinen bis zu den Endlösungen durchgeführt sind. Neuartig dürften die Darstellungen auf S. 39 über das Gleichgewicht einer ebenen Kräftegruppe sowie auf S. 98—100 über das Gleichgewicht einer Gelenkstangenverbindung sein.

Beim Lesen der Korrektur wurde ich unterstützt von Herrn Privatdozent Dr. H. Stefaniak, während meine Assistenten Dr.-Ing. A. Müller und Dipl.-Ing. R. Frimberger mir bei der Herstellung der Figuren behilflich waren. Ihnen sowie dem Springer-Verlag, der sich trotz vieler Schwierigkeiten und Hindernisse in mustergültiger Weise für die Fertigstellung des Buches eingesetzt hat, zu danken, ist mir ein aufrichtiges Bedürfnis.

München, Ostern 1949.

W. Kaufmann

Inhaltsverzeichnis.

I. Grundbegriffe der Mechanik.

1. Einführung.

Mechanik ist die Lehre von der Bewegung materieller Körper und von den auf sie wirkenden Kräften. Ihre Aufgabe besteht in der Erforschung der Gesetze, nach welchen ein solcher Körper seinen Ort im Raume mit der Zeit verändert, bzw. der Bedingungen, unter denen er sich an seinem Ort in Ruhe befindet. Obwohl dieser letztgenannte Zustand als Grenzfall der Bewegung erscheint, erfordert er doch nicht weniger Aufmerksamkeit als die Bewegung selbst. Denn in vielen Fällen der praktischen Anwendung kommt es gerade darauf an, unter allen Umständen eine Bewegung des zu betrachtenden Körpers — etwa eines Bauwerkes — zu verhindern.

Während ein materieller Körper sich bewegt, führt jeder Punkt desselben seine besondere Bewegung aus, und die Bewegung des ganzen Körpers ist erst dann völlig bekannt, wenn sie für jeden einzelnen seiner Punkte angegeben werden kann. Die stetige Folge der Örter, die der bewegte Punkt dabei nacheinander einnimmt, wird seine Bahn genannt.

Ein Punkt beschreibt bei seiner Bewegung eine ununterbrochene Bahnlinie, während zugleich eine gewisse Zeit verstreicht. Zur Feststellung seiner Ortsveränderung im Raume ist die Angabe eines Bezugskörpers erforderlich, von dem aus die Bewegung betrachtet wird, etwa ein als ruhend angenommenes räumliches Koordinatensystem. Führt nun ein auf dieses System bezogener Punkt P eine Bewegung aus, so entsprechen jeder augenblicklichen Lage des Punktes ganz bestimmte Koordinaten x, y, z (Abb. 1). Durch den Vergleich der zu verschiedenen Zeiten bzw. zu verschiedenen Lagen gehörigen Koordinaten kann die Ortsveränderung des bewegten Punktes beobachtet und zahlenmäßig dargestellt werden. Diese Koordinaten werden in einem bestimmten Längenmaßstab gemessen und sind mit der Zeit veränderlich. Sie sind, wie man sagt, Funktionen der Zeit t, also

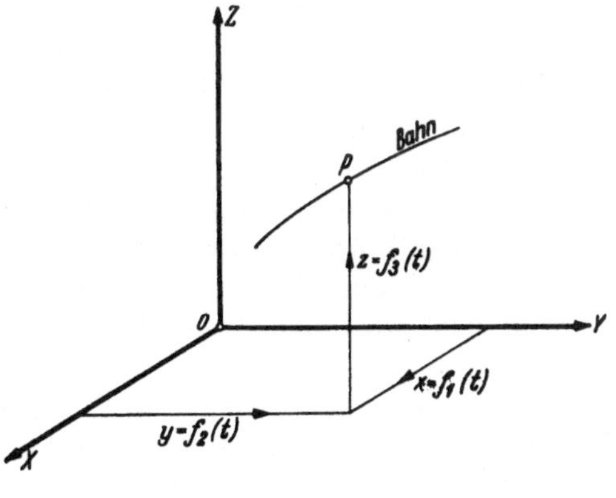

$$x = f_1(t); \quad y = f_2(t); \quad z = f_3(t).$$

Abb. 1

Für alle in diesem Buche anzustellenden Betrachtungen wird t als eine unabhängig und stetig veränderliche Größe angesehen. Ferner sollen die jeweils zu wählenden Längenmaßstäbe in allen, auch gegeneinander bewegten Koordinatensystemen als unveränderlich gelten.

Die Beschreibung einer Bewegung in der oben angedeuteten Form ist zwar immer möglich, sofern die zu bestimmten Zeiten gehörigen Koordinaten jedes

Punktes des bewegten Körpers gemessen werden können, indessen kann die Aufzeichnung solcher Beobachtungen allein noch nicht Inhalt und Aufgabe einer Wissenschaft sein. Diese besteht vielmehr darin, aus der Fülle der beobachteten Tatsachen gewisse Erscheinungen herauszuschälen, welche einzelnen Klassen gemeinsam sind, den Umständen nachzuforschen, unter denen diese Erscheinungen immer wiederkehren und schließlich das den Erscheinungen zugrunde liegende Gesetz anzugeben. Voraussetzung für die Auffindung solcher Gesetze ist eingehende Beobachtung der Natur, nötigenfalls durch Anstellung besonders dazu ersonnener Versuche. In diesem Sinne ist die Mechanik eine Erfahrungswissenschaft. Daran ändert sich auch nichts durch die Tatsache, daß sie sich zur Darstellung oder Beschreibung der empirisch gefundenen Bewegungsgesetze und der aus diesen abgeleiteten Folgerungen weitgehend der Mathematik bedient, welche es erst ermöglicht hat, die Mechanik zu einem für die technischen Anwendungen so überaus wertvollen Instrument zu gestalten. Wenn somit der Mechanik — wie überhaupt der Physik — ihrem innersten Wesen nach der Charakter einer Erfahrungswissenschaft zukommt, so darf doch die Erfahrung nicht als alleinige Quelle angesehen werden, aus welcher die Mechanik ihre Ansätze hergeleitet hat. Vielmehr sind schon in ihren Grundgesetzen Erfahrungstatsachen einerseits und Gedankendinge andererseits miteinander verknüpft, d. h. Vorgänge, die dem wirklichen Geschehen in der Natur abgelauscht sind, mit Dingen, die nicht Gegenstand unserer Erfahrung, sondern unserer Gedankenwelt sind. Erst durch die Verbindung beider wurde eine gesetzmäßige Beschreibung der Naturvorgänge ermöglicht[1].

Charakteristisch für die verschiedenen Bewegungsvorgänge ist das Vorhandensein oder Nichtvorhandensein von Kräften. Was dabei unter Kraft zu verstehen ist, bedarf einer genaueren Definition, die später gegeben wird (vgl. S. 3). Andererseits können aber unabhängig davon, lediglich rein geometrisch, durch Verbindung der Begriffe Raum und Zeit gewisse wichtige Beziehungen für die Bewegung der Körper gewonnen werden. Die auf diese Weise entstandene geometrische Bewegungslehre oder Kinematik besitzt insofern eine besondere Bedeutung für die ganze Mechanik, als die von ihr benutzten Begriffe Geschwindigkeit und Beschleunigung zur Formulierung der wichtigsten Grundgesetze der Mechanik dienen.

In der Technik ist es üblich, die Mechanik nach der Beschaffenheit der Körper in folgende Gruppen einzuteilen:

a) **Mechanik der starren Körper (Stereomechanik),** bei welcher die Gestalt der Körper — auch unter der Einwirkung von Kräften — als unveränderlich angenommen wird (ein Idealfall, der in der Natur nie vollkommen verwirklicht ist),

b) **Mechanik der festen, aber deformierbaren Körper (Elastizitäts- oder Festigkeitslehre),** in welcher die Verformung der Körper unter dem Einfluß von Kräften berücksichtigt wird,

c) **Mechanik der flüssigen und gasförmigen Körper (Hydro- und Aeromechanik).**

In den vorstehenden Gruppen können nun die zu lösenden Aufgaben wieder sehr verschiedener Art sein. Nach der Aufgabenstellung unterscheidet man in der Mechanik:

α) Die Statik, d. i. die Lehre von der Zusammensetzung und vom Gleichgewicht der an einem Körper angreifenden Kräfte. Hierher gehören etwa: die

---

[1] Vgl. hierzu G. Hamel, Elementare Mechanik, 2. Aufl. 1922, § 1. Leipzig: Teubner.

Berechnung der Brücken, Dachkonstruktionen und ähnlicher Tragwerke, die Ermittlung des Wasserdruckes auf Wehre und Schleusentore oder die Untersuchung des Einflusses der Windkräfte auf Bauwerke und dgl.

β) **Die geometrische Bewegungslehre oder Kinematik.** Ihre Aufgabe ist die Beantwortung der Frage, welche Bewegung auf Grund der jeweils vorliegenden **geometrischen** Bedingungen — aber ohne Rücksicht auf etwa wirkende Kräfte — möglich ist. Beispiele dieser Art sind die Bewegung des rollenden Rades, der Pleuelstange eines Schubkurbelgetriebes, die Drehung eines Körpers um zwei sich schneidende Achsen und ähnliches mehr.

γ) **Die Dynamik,** das ist die Lehre von der Bewegung der Körper unter dem Einfluß von Kräften. In ihren Aufgabenkreis gehören die Bewegung unserer Fahrzeuge und Maschinen, die Strömung des Wassers in Leitungen und Gerinnen, die Bewegung eines Flugzeuges in der Luft usw.

Der vorliegende Band beschäftigt sich lediglich mit der **Statik starrer Körper und solcher Systeme, die aus einzelnen starren Körpern zusammengesetzt sind.** Dabei wird unterschieden zwischen **ebenen** und **räumlichen** Problemen, je nachdem die an den Körpern oder Scheiben angreifenden Kräfte in einer **Ebene** liegen oder nicht.

2. Die Kräfte.

Die Erfahrung hat gelehrt, daß ein in Ruhe befindlicher Körper aus sich selbst heraus seinen Ruhezustand nicht zu ändern vermag. Eine Bewegung des Körpers wird vielmehr erst dann eintreten, wenn von außen her, d. h. durch die Einwirkung anderer Körper, ein Anstoß dazu gegeben wird. Sofern der menschliche Körper selbst diese Einwirkung auf einen anderen Körper ausübt, stellt sich dabei eine sinnliche Wahrnehmung — etwa ein Druckgefühl — ein, denn es bedarf erfahrungsgemäß einer gewissen Muskelanspannung, um einen ruhenden Körper zu verschieben oder einen bewegten aufzuhalten, bzw. seine Bewegungsrichtung zu ändern. Außerdem hat die Erfahrung gelehrt, daß der dabei auszuübende Druck je nach Art und Größe des zu bewegenden Körpers **größer oder kleiner,** und daß er je nach der Richtung der angestrebten Bewegung verschieden **gerichtet** sein muß. Daraus kann aber geschlossen werden, daß auch bei der Einwirkung jedes beliebigen Körpers auf einen andern derartige Drücke oder allgemein **Kräfte** auftreten, und daß diesen die Eigenschaften der **Größe und Richtung** zukommen. Die zwischen den Körpern in deren Berührungsflächen auftretenden Kräfte können dabei aufgefaßt werden als **Anstrengungen oder Spannungen,** die sich über die ganze Berührungsfläche verteilen und deshalb als flächenhaft verteilte oder kurz **Flächenkräfte** bezeichnet werden.

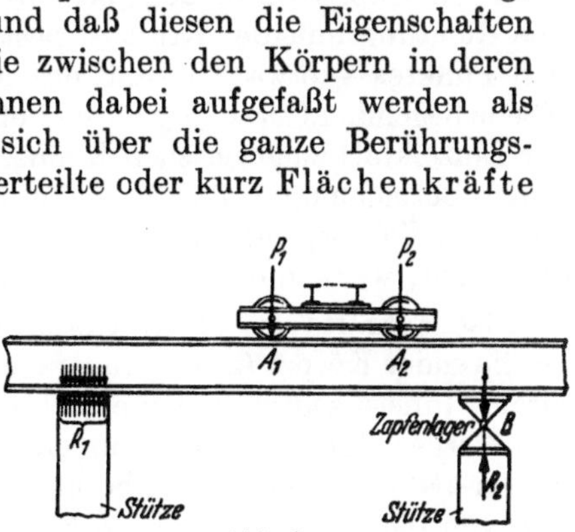

Dem Wesen der über eine bestimmte Fläche verteilten Flächenkraft entsprechend kann bei dieser im allgemeinen auch nicht von einem „Angriffspunkt der Kraft" gesprochen werden. Ist jedoch die Fläche, in welcher die Kraftübertragung stattfindet, sehr klein, so wird bei technischen Aufgaben zur Vereinfachung und zum Zwecke der bequemeren Darstellung die auf sie entfallende Kraft gewöhnlich in einem Punkt

Abb. 2

konzentriert angenommen, welcher der Angriffspunkt der Kraft heißt. Letztere wird dann auch als **Einzelkraft** bezeichnet.

In Abb. 2 ist als Beispiel ein Laufkran dargestellt, der sich auf zwei (hintereinander liegenden) Kranträgern bewegt. Die in den Berührungspunkten A_1 und A_2 übertragenen Raddrücke P_1 und P_2 können als Einzelkräfte aufgefaßt werden, sofern man Räder und Kranträger als „starr" ansieht. (In Wirklichkeit handelt es sich wegen der an den Berührungsstellen auftretenden Verformungen auch hier um flächenhaft verteilte Kräfte.) Die Raddrücke P_1 und P_2 müssen nun durch den Kranträger geleitet und an die Trägerstützen abgegeben werden, die sie ihrerseits auf die Fundamente übertragen. Würde man, wie bei der linken Stütze, den Kranträger unmittelbar auf die Säule lagern, so verteilt sich die Belastung flächenhaft über die Berührungsfläche beider Konstruktionsglieder. Schaltet man dagegen zwischen Träger und Stütze ein Zapfenlager ein (rechte Seite), so geht die Belastung der Säule durch den Lagerzapfen und kann wegen der Kleinheit des Zapfendurchmessers wieder als Einzelkraft mit dem Angriffspunkt B aufgefaßt werden.

Die Raddrücke P_1 und P_2 sind hinsichtlich ihrer Größe, Lage und Richtung als gegeben anzusehen und werden als Lasten bezeichnet. Ihnen gegenüber stehen die Auflager- oder Reaktionskräfte R_1 und R_2, welche die Stützen ihrer Belastung durch den Kranträger entgegensetzen, um eine Abwärtsbewegung des letzteren zu verhindern. Sie sind zunächst unbekannt und können erst mit Hilfe bestimmter Gleichgewichtsbedingungen ermittelt werden.

Jede Einzelkraft $\mathfrak{K}$ ist vollkommen bekannt, sofern ihre Größe, Richtung und Lage im Raume gegeben sind. Sie kann also zeichnerisch dargestellt werden als eine in die „Richtungslinie" der Kraft fallende begrenzte Strecke $A\text{—}B$ von bestimmter Länge, die mit einem Richtungspfeil versehen ist, um anzudeuten,

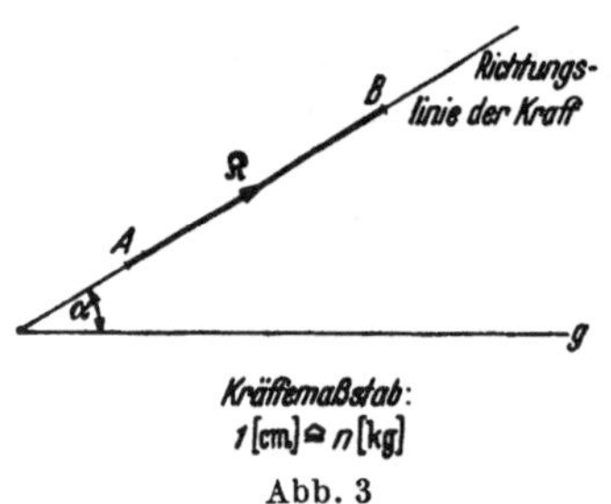

Abb. 3

in welchem Sinne die Kraft wirkt (Abb. 3). Die Länge der Strecke ist dabei ein Maß für die Größe, d. h. den Betrag der Kraft. Dazu ist die Angabe eines Kräftemaßstabes erforderlich, welcher ausdrückt, daß die Längeneinheit der Strecke $A\text{—}B$, welche zur zeichnerischen Darstellung der Kraft dient, n Krafteinheiten entspricht, wobei n eine Zahl bedeutet. Als Längeneinheit wird im allgemeinen das Zentimeter [cm], als technische Krafteinheit das Kilogrammgewicht [kg] eingeführt (vgl. hierzu S. 10). Das Zeichen ≙ in Abb. 3 soll heißen „bedeutet", also 1 [cm] Länge bedeutet n [kg] Kraft. Die Richtungslinie der Kraft ist bestimmt durch die Angabe eines auf ihr liegenden Punktes — etwa A — und des Winkels $α$, den sie mit einer in der gleichen Ebene liegenden Geraden g einschließt. Eine „gerichtete Größe", welche die hier der Einzelkraft zugewiesenen Kennzeichen besitzt, nennt man einen Vektor. Zu seiner Bezeichnung sollen in Zukunft deutsche Buchstaben, z. B. $\mathfrak{K}$ in Abb. 3 (sprich $\mathfrak{K}$-Vektor), verwendet werden. Dagegen wird der lateinische Buchstabe K gebraucht, wenn nur der Betrag, d. h. die Größe des Vektors $\mathfrak{K}$, gemeint ist[1].

Flächenkräfte (s. oben) treten nicht nur an den Oberflächen zweier sich berührender Körper (z. B. Kranträger und Stütze in Abb. 2) auf, sondern auch in ihrem Innern zwischen den einzelnen Raumelementen. Denkt man sich nämlich die Körper durch Schnitte in einzelne Teilchen zerlegt und betrachtet diese wieder als selbständige, sich berührende Körperchen, so kann auf das Vorhandensein von flächenhaft verteilten Kräften zwischen den einzelnen Raumelementen aus demselben Grunde geschlossen werden wie bei der Berührung der Körper

---

[1] Mitunter werden die Vektoren auch durch lateinische Buchstaben mit einem darüber gesetzten Querstrich bezeichnet, z. B. $\bar{K}$-Vektor.

selbst. Diese im Innern der Körper auftretenden Kräfte werden als innere Kräfte bezeichnet, im Gegensatz zu allen übrigen, welche äußere Kräfte heißen. Die auf die Flächeneinheit entfallenden inneren Kräfte nennt man Spannungen. Ihre Berechnung bei einer gegebenen äußeren Belastung der Körper ist Aufgabe der Festigkeitslehre und wird im zweiten Band dieses Lehrbuches behandelt.

Die bisher besprochenen Kräfte sind Nahkräfte, denn sie entstehen bei unmittelbarer oder durch eingeschaltete Zwischenglieder mittelbarer Berührung der Körper. Nun treten aber erfahrungsgemäß noch andere Kraftäußerungen auf, z. B. die Anziehungskraft der Erde oder des Mondes (Ebbe und Flut), die nicht auf Nahwirkungen zurückgeführt werden können und deshalb als Fernkräfte bezeichnet werden. Das Vorhandensein dieser Fernkräfte, welche bei den Vorgängen auf der Erde besonders durch die Erscheinungen der Schwere eine Rolle spielen, hat die Erfahrung gelehrt, die aber auch gezeigt hat, daß es sich bei Fernkräften — vom Standpunkt der Mechanik aus gesehen — um Größen von im wesentlichen gleicher Art handelt wie bei den Nahkräften, so daß beide Arten unmittelbar miteinander verglichen werden können. Grundsätzlich besteht zwischen beiden in der Verteilung an den Körpern, auf die sie wirken, allerdings ein wichtiger Unterschied. Während die Nahkräfte flächenhaft verteilt auftreten, wirken die Fernkräfte an den Körpern räumlich verteilt, d. h. gleichartig und unmittelbar auf alle Teilchen der Körper. Sie werden deshalb als Massenkräfte oder Raumkräfte bezeichnet[1]. Der für die Vorgänge auf der Erde wichtigste Vertreter dieser Massenkräfte ist die Schwerkraft oder Anziehungskraft der Erde.

3. Begriff des materiellen Punktes.

Je kleiner die räumliche Ausdehnung eines bewegten Körpers im Verhältnis zur Länge der Bahnlinien seiner einzelnen Punkte ist, desto näher rücken diese Bahnlinien aneinander und desto weniger unterscheiden sie sich voneinander. Betrachtet man z. B. die Bewegung einer geworfenen Kugel aus einiger Entfernung, so faßt man — grob gesehen — nicht mehr die Bahnlinien der einzelnen Punkte auf, sondern spricht einfach von der Bahnlinie der geworfenen Kugel, indem man deren räumliche Ausdehnung völlig vernachlässigt. Geometrisch gesehen wird die Kugel als ein Punkt betrachtet. Jedoch denkt man sich diesen Punkt mit der Masse der Kugel behaftet und bezeichnet ihn als materiellen oder Massenpunkt. Was dabei unter „Masse" zu verstehen ist, wird später noch genauer erklärt werden (vgl. S. 9).

Wenn man z. B. sagt, die Erde bewege sich in einer Ellipse um die Sonne, so faßt man damit unsern ganzen Planeten als einen einzigen Massenpunkt auf, indem man sich die ganze Erdmasse im Erdmittelpunkt konzentriert denkt. Im Gegensatz dazu kann die Erde bei der Drehung um ihre eigene Achse nicht mehr als Massenpunkt angesehen werden, da jetzt die Bahnlinien der einzelnen Punkte der Erde ganz wesentlich voneinander abweichen. In solchen Fällen, wo Form und Größe des bewegten Körpers nicht außer Betracht bleiben dürfen, denkt man sich den materiellen Körper aus so kleinen Teilchen zusammengesetzt, daß jedes derselben als Massenpunkt angesehen werden kann. Der Körper wird dann ersetzt durch eine Gruppe von Massenpunkten. Ob man also in einem gegebenen Falle den sich bewegenden Körper als einfachen Massenpunkt oder aber als eine Gruppe von Massenpunkten zu behandeln hat, hängt nicht so sehr von der Größe des Körpers, sondern vielmehr von der Art der vorliegenden Aufgabe ab.

---

[1] Elektrische Kraftwirkungen sollen hier außer Betracht bleiben.

Die Anschauung, daß jeder materielle Körper aus lauter einzelnen Massenpunkten zusammengesetzt, und daß seine Bewegung vollkommen bekannt ist, wenn dies für jeden seiner Massenpunkte gilt, ist Inhalt der sogenannten klassischen Mechanik, wie sie im wesentlichen durch Isaac Newton (1643—1727) begründet wurde. Nur mit dieser klassischen Mechanik beschäftigt sich das vorliegende Lehrbuch.

Alle materiellen Körper setzen sich bekanntlich aus Atomen zusammen, die man bis vor noch nicht langer Zeit als die kleinsten Bausteine der Materie betrachtete (Atom = das Unteilbare). Man müßte also sinngemäß das Atom als den kleinsten Massenpunkt auffassen; eine weitere Zerlegung in noch kleinere Massenpunkte wäre nicht möglich. Die moderne Physik hat gelehrt, daß diese Auffassung nicht zutrifft, daß vielmehr die Atome selbst wieder recht komplizierte Gebilde sind, die sich je nach der stofflichen Eigenart des Atoms aus verschiedenen Verbindungen von elektrisch negativ geladenen Elektronen, positiv geladenen Protonen und elektrisch neutralen Neutronen zusammensetzen, und daß die Bewegungen dieser kleinsten materiellen Teilchen im Atominnern sich nicht mehr aus den Gesetzen der klassischen Dynamik des Massenpunktes allein erklären lassen. Es müssen hier vielmehr noch andere Vorstellungen zu Hilfe genommen werden, um diese Vorgänge zu beschreiben, mit denen sich die „Atomphysik" beschäftigt[1].

4. Geschwindigkeit und Beschleunigung.

Die einfachste Bewegung eines Massenpunktes ist diejenige, bei welcher der Punkt eine Gerade durchläuft und in gleichen Zeiten gleiche Weglängen zurücklegt. Eine solche Bewegung heißt geradlinig und gleichförmig. Der in der Zeiteinheit durchlaufene Weg wird die Geschwindigkeit des Massenpunktes genannt, die im vorliegenden Falle eine von der Zeit unabhängige, konstante Größe ist. Bezeichnet also Δs die im Zeitintervall Δt zurückgelegte Wegstrecke, so ist

$$v = \frac{\Delta s}{\Delta t}$$

die Geschwindigkeit des Massenpunktes. Δs und Δt können dabei zwar zusammengehörige, im übrigen aber beliebige endliche Werte haben.

Im Gegensatz zur gleichförmigen Bewegung bezeichnet man eine Bewegung, bei der in gleichen Zeiträumen verschieden große Wegstrecken durchlaufen werden, als ungleichförmig. Für eine solche würde der oben angeschriebene Ausdruck nur die mittlere Geschwindigkeit angeben, welche der bewegte Punkt auf der Wegstrecke Δs besitzt, also nur einen Durchschnittswert liefern. So besitzt z. B. ein Radfahrer — als materieller Punkt betrachtet —, der in drei Stunden eine Strecke von 48 km zurücklegt, die „mittlere" Geschwindigkeit $v = \frac{48}{3} = 16$ km pro Stunde. Nun hat er aber in der ersten Stunde bei steigender Bahn vielleicht nur 13 km zurückgelegt, in der zweiten bei gutem Wege dagegen 20 km und in der dritten wieder nur 15 km, so daß man ein vollständigeres Bild seiner Bewegung erhält, wenn man diese drei einzelnen Zahlen als Stundengeschwindigkeit für die erste, zweite und dritte Stunde angibt. Noch genauer wird die Beschreibung seiner Bewegung, wenn das Zeitintervall Δt noch kleiner gewählt und die dieser kleineren Zeit entsprechende mittlere Geschwindigkeit berechnet wird. Je kleiner man also Δt macht, desto mehr ist man in der Lage, alle Feinheiten der Bewegung zu beschreiben. Was hier für den Radfahrer gesagt wurde, gilt allgemein für die Bewegung eines Massenpunktes. Macht man nun das auf die Zeit t folgende Zeitintervall Δt immer kleiner, so gelangt man schließlich zu dem Grenzwert, den $\frac{\Delta s}{\Delta t}$

---

[1] Leser, die sich darüber etwas genauer unterrichten wollen, seien auf das populär geschriebene Buch von E. Zimmer, Umsturz im Weltbild der Physik. München: Knorr & Hirth 1944, verwiesen.

annimmt, wenn Δt — und damit auch Δs — sich dem Werte Null nähern. Dieser Grenzwert

$$v = \lim_{\Delta t \to 0} \frac{\Delta s}{\Delta t} = \frac{ds}{dt}, \tag{1}$$

welcher nach den Lehren der Differentialrechnung den Differentialquotienten des Weges s nach der Zeit t darstellt, heißt die augenblickliche Geschwindigkeit des Massenpunktes zur betrachteten Zeit t.

Weiter oben war bereits darauf hingewiesen, daß bei der gleichförmigen Bewegung die Geschwindigkeit v eine konstante Größe ist, zum Unterschied von der ungleichförmigen Bewegung, bei welcher $v = v(t)$ seinen Wert mit der Zeit t ständig ändert. Ist nun die Zu- oder Abnahme der Geschwindigkeit in gleichen Zeiten gleich groß, so nennt man den Bewegungsvorgang gleichförmig beschleunigt bzw. verzögert, im andern Falle dagegen ungleichförmig beschleunigt oder verzögert und bezeichnet die Änderung der Geschwindigkeit in der Zeiteinheit als Beschleunigung (Verzögerung). Für die Formulierung dieses Begriffes müssen also ganz ähnliche Überlegungen gelten wie die oben für die Geschwindigkeit angestellten. Danach wird bei einer gleichförmig beschleunigten Bewegung die Beschleunigung b gewonnen, indem man die zu einem bestimmten Zeitintervall Δt gehörige Geschwindigkeitsänderung Δv durch Δt dividiert, also

$$b = \frac{\Delta v}{\Delta t},$$

wobei Δv und Δt zusammengehörige Werte sind, deren Größe im übrigen aber beliebig gewählt werden kann. Dagegen liefert bei der ungleichförmig beschleunigten Bewegung der Grenzwert

$$b = \lim_{\Delta t \to 0} \frac{\Delta v}{\Delta t} = \frac{dv}{dt} = \frac{d^2 s}{dt^2} \tag{2}$$

die augenblickliche Beschleunigung des bewegten Punktes zur Zeit t. Diese ergibt sich somit als erste Ableitung der Geschwindigkeit v oder als zweite Ableitung des Weges s nach der Zeit t.

Bisher war zunächst nur von einer geradlinigen Bewegung die Rede, die indessen nur einen Sonderfall der allgemeineren, krummlinigen Bewegung darstellt. Kam es hier nur darauf an, die Größe der Geschwindigkeit und Beschleunigung zu einer beliebigen Zeit anzugeben, da die Richtung durch die gerade Bahnlinie bestimmt war, so bedarf es bei der krummlinigen Bewegung zur vollständigen Festlegung der Geschwindigkeit und Beschleunigung noch einer Angabe über deren augenblickliche Richtung, worauf später genauer eingegangen wird. Hier möge einstweilen nur festgestellt werden, daß Geschwindigkeit und Beschleunigung ebenso wie die oben besprochenen Kräfte gerichtete Größen, d. h. Vektoren sind, zu deren eindeutiger Beschreibung die Angabe von Größe und Richtung erforderlich ist.

5. Die drei Newtonschen Grundgesetze (Axiome) und der Begriff der Masse.

Die klassische Mechanik, wie sie in diesem Lehrbuche als Grundlage für das Bau- und Maschinenwesen behandelt wird, ist auf drei Fundamentalsätzen aufgebaut, die zwar nicht mathematisch bewiesen werden können, vielmehr axiomatischen Charakter haben, deren Gültigkeit aber dadurch genügend sichergestellt ist, daß alle aus ihnen gefolgerten Ergebnisse mit der Beobachtung übereinstimmen (vgl. demgegenüber die Ausführungen auf S. 6 hinsichtlich der Bewegung im Atominnern).

Das erste Grundgesetz ist das bereits von Galilei entdeckte, von Newton im Jahre 1687 als erstes seiner drei Axiome ausgesprochene Gesetz der Trägheit: Jeder Massenpunkt bleibt im Zustand der Ruhe oder der geradlinigen, gleichförmigen Bewegung, solange er nicht durch äußere Einwirkungen zu einer Änderung dieses Zustandes veranlaßt wird.

Auf Seite 1 wurde bereits darauf hingewiesen, daß zur Beschreibung irgendeiner Bewegung stets die Angabe eines Bezugskörpers notwendig ist, von dem aus die Bewegung beobachtet wird. Bewegt sich z. B. ein Schiff mit der Geschwindigkeit v parallel zu den geraden Ufern eines Flusses, während ein Passagier mit der gleichgroßen aber entgegengesetzt gerichteten Geschwindigkeit auf Deck spazieren geht, so erscheint letzterer (abgesehen von der Bewegung der Gliedmaßen) für einen am Ufer stehenden Beobachter als ruhend, während ein auf dem Schiff sitzender Beobachter eine geradlinige Bewegung des Passagiers feststellt. Durchfährt das Schiff gerade eine Kurve des Flusses, wobei sich der Passagier von einem zum andern Bord quer über das Deck bewegen möge, so stellt der auf dem Schiff sitzende Beobachter noch immer eine geradlinige Bewegung des Passagiers fest, während der am Ufer stehende jetzt eine irgendwie gekrümmte Bahn des Passagiers beobachtet.

Es fragt sich also, für welches Bezugssystem oder allgemeiner gesagt für welchen Raum das Trägheitsgesetz Gültigkeit besitzt. Zunächst liegt der Gedanke nahe, die Erde sei dieser Bezugskörper, und in der Tat kann für irdische Bewegungsvorgänge im allgemeinen mit hinreichender Genauigkeit das Bezugssystem als mit der Erde fest verbunden angesehen werden. Genau trifft diese Annahme indessen nicht zu, denn man weiß, daß die Erde selbst eine Bewegung um ihre Achse und weiter um die Sonne ausführt, und daß auch die Sonne nicht still steht. Um der so entstehenden Schwierigkeit über die Festlegung des Koordinatensystems Herr zu werden, denkt man sich einen ausgezeichneten Raum, für den das Trägheitsgesetz erfüllt ist (Inertialsystem). Bewegungen, die auf diesen Raum bezogen werden, nennt man absolute, zum Unterschied von den relativen Bewegungen, die von einem bewegten Körper (z. B. der Erde) aus beobachtet werden.

Für irdische Vorgänge kann, wie gesagt, in den allermeisten Fällen die Erde als „Inertialsystem" angesehen werden. Die auf die feste Erde bezogenen Bewegungen werden dann als absolute bezeichnet, diejenigen dagegen, welche von Koordinatensystemen aus betrachtet werden, die selbst gegen die Erde bewegt sind (Eisenbahn, Schiff usw.), als relative.

Nach dem Trägheitsgesetz bedarf ein Massenpunkt zur Fortsetzung seiner Bewegung mit gleichbleibender Geschwindigkeit und Richtung keiner äußeren Einwirkung. Umgekehrt kann eine Abweichung von der geradlinig gleichförmigen Bewegung nur durch die Einwirkung anderer Massenpunkte auf den bewegten hervorgerufen werden, wobei erstere auf letzteren eine Kraft ausüben. Wirkt die Kraft im Sinne der Bewegung des Massenpunktes, so wird diese beschleunigt, im andern Falle verzögert. In Zukunft soll jedoch nur von beschleunigten Bewegungen gesprochen werden, wobei die Beschleunigung indessen positive oder negative (Verzögerung) Werte annehmen kann.

Die Erfahrung hat nun gelehrt, daß bei einem Massenpunkt von unveränderlicher Masse die Beschleunigung um so größer ausfällt, je größer die am Punkt angreifende Kraft ist, und daß ihre Richtung mit derjenigen der Kraft übereinstimmt. Demnach kann die auf den Massenpunkt wirkende Kraft nach Größe und Vorzeichen der eintretenden Beschleunigung proportional gesetzt werden. Eine nach Größe und Richtung gleichbleibende Beschleunigung, wie sie bei der geradlinigen, gleichförmig beschleunigten Bewegung eines Massenpunktes auf-

tritt, setzt also das Vorhandensein einer ebenfalls nach Größe und Richtung
gleichbleibenden Kraft voraus. Die Beziehung zwischen Kraft und Beschleunigung wird danach ausgedrückt durch die Vektorgleichung

$$\mathfrak{K} = m\mathfrak{b}. \tag{3}$$

Darin bezeichnet $\mathfrak{K}$ den Kraft- und $\mathfrak{b}$ den Beschleunigungsvektor, während der
Proportionalitätsfaktor m die Masse des materiellen Punktes heißt. Sie wird
auch als „träge“ Masse bezeichnet, um dadurch ihre Eigenschaft als Bewegungs-
widerstand zu kennzeichnen. Die Masse ist — unabhängig von der Art und Richtung der Bewegung — eine nur von der stofflichen Beschaffenheit des Punktes
(Körpers) abhängige unveränderliche Größe[1].

Der obige Ausdruck (3) stellt die dynamische Grundgleichung dar,
welche zuerst von Newton in der Form (3a) als zweites seiner Axiome ausgesprochen wurde. Danach ist die einem materiellen Punkte von konstanter Masse erteilte Beschleunigung verhältnisgleich der auf ihn
wirkenden Kraft und mit dieser gleichgerichtet.

Dieses Gesetz gestattet einerseits ganz allgemein eine mathematische Formulierung des Kraftbegriffes mit Hilfe der Beschleunigung, andererseits ist damit
auch die Möglichkeit gegeben, Kräfte zu messen.

Aus der Erfahrung ist bekannt, daß alle Körper, unabhängig von ihrer Masse,
im luftleeren Raum gleichschnell fallen, und daß sich ihre Fallgeschwindigkeit
mit wachsender Zeit ständig vergrößert. Daraus folgt zunächst nach dem Trägheitsgesetz, daß bei der Fallbewegung eine Kraft im Spiele ist, welche die Geschwindigkeitsänderung bedingt, und ferner, daß diese Kraft der Masse des
fallenden Körpers verhältnisgleich sein muß, denn andernfalls könnten ja
Körper mit verschiedener Masse nicht gleichschnell fallen. Diese Kraft heißt
die Schwere oder das Gewicht des Körpers. Durch Anwendung der dynami-
schen Grundgleichung auf den freien Fall ergibt sich

$$G = m\,g \tag{4}$$

oder

$$m = \frac{G}{g}, \tag{4a}$$

wobei G das Gewicht des Körpers, m seine Masse und g die an einer bestimmten
Stelle der Erde für alle Körper gleichgroße Fall- oder Schwerebeschleunigung darstellen. Die obige Gl. (4) wird gewöhnlich als das Gesetz der Schwere
und der darin auftretende Faktor m als die „schwere“ Masse des Körpers bezeichnet. Nach den Erkenntnissen, die uns die Relativitätstheorie über das
Wesen der Schwerkraft geliefert hat, sind „träge“ und „schwere“ Masse identisch.

Die Fallbeschleunigung g ist für verschiedene Punkte der Erdoberfläche
allerdings etwas verschieden, aus Gründen, die erst im 3. Bande erläutert werden.
Es ändert dies aber nichts an der Gültigkeit des vorstehenden Gesetzes. Dieses
soll ja zunächst nur ausdrücken, daß an derselben Stelle der Erdoberfläche
verschiedene Massenpunkte eine übereinstimmende Fallbeschleunigung erfahren,
und daß die auf die Massen wirkenden Schwerkräfte ihren Massen verhältnisgleich sind. Unter 45° geographischer Breite beträgt die Fallbeschleunigung
in Höhe des Meeresspiegels $g_{45^\circ} = 9{,}806 \left[\dfrac{\mathrm{m}}{\mathrm{sec}^2}\right]$. Als Durchschnittswert wird für
mittlere Breiten gewöhnlich $g = 9{,}81 \left[\dfrac{\mathrm{m}}{\mathrm{sec}^2}\right]$ gesetzt. $\Big($Hinsichtlich der Bezeichnung $\left[\dfrac{\mathrm{m}}{\mathrm{sec}^2}\right]$ vgl. das nächste Kapitel.$\Big)$

---

[1] Bei veränderlicher Masse ist an Stelle von (3) zu schreiben $\mathfrak{K} = \dfrac{d\,(m\,\mathfrak{b})}{d\,t}$. (3a)

Zu den oben bereits aufgeführten Grundgesetzen der Mechanik tritt als drittes das Gesetz der Wechselwirkung (drittes Newtonsches Axiom): Die Kräfte, mit denen zwei Massenpunkte aufeinanderwirken, treten stets paarweise in gleicher Größe und entgegengesetztem Sinne auf. Es wurde schon früher erwähnt, daß das Entstehen einer Kraft, die auf einen Massenpunkt m_1 ausgeübt wird, auf die Einwirkung eines andern Massenpunktes m_2 zurückzuführen ist. Die Erfahrung lehrt nun, daß dann m_1 auf m_2 eine gleichgroße Kraft ausübt, nur im entgegengesetzten Sinne.

Die Fähigkeit eines Massenpunktes, die Kraft, mit der ein anderer auf ihn einwirkt, in gleicher Größe, aber entgegengesetzter Richtung auf diesen auszuüben, besteht ebenso, wenn die Punkte aus einer gewissen Entfernung dem gegenseitigen Einfluß unterliegen, als wenn dies durch unmittelbare Berührung geschieht. Dieses Gesetz wurde zuerst von Newton im Jahre 1687 bestimmt ausgesprochen, nachdem es vorher bereits von Galilei und Huyghens angewandt worden war.

6. Dimensionen und Maßeinheiten in der Mechanik.

Um eine mechanische Größe zahlenmäßig ausdrücken zu können, bedarf es zunächst der Festlegung einer dafür geeigneten Einheit, welche von derselben Art ist. Das Messen besteht dann lediglich in dem Vergleich der betreffenden Größe mit der gewählten Einheit. Beider Verhältnis wird durch eine Zahl ausgedrückt. Nun sind aber die mechanischen Größen keine reinen Zahlen, sondern vielmehr Dinge verschiedener Art, die, wie man sagt, verschiedene Dimension haben. Alle in der Mechanik auftretenden Größen lassen sich jedoch durch drei Grundeinheiten ausdrücken, welche beliebig gewählt werden können, während die übrigen aus ihnen abgeleitet werden und daher abgeleitete Einheiten heißen.

Den Grundbegriffen Raum und Zeit entsprechen die Einheiten der Länge und der Zeit, das Zentimeter [cm] bzw. die Sekunde [sec], wobei die eckigen Klammern lediglich zum Ausdruck bringen sollen, daß es sich um die Angabe der Dimension handelt. Aus der Längeneinheit folgen sofort die Einheiten der Fläche, nämlich das Quadratzentimeter [cm^2] und des Rauminhalts, das Kubikzentimeter [cm^3]. Natürlich kann man auch statt des Zentimeters das Meter [m] oder Kilometer [km] und statt der Sekunde die Minute [min] oder Stunde [h] als Längen- bzw. Zeiteinheit verwenden.

Nachdem die Einheiten der Länge und der Zeit festgelegt sind, lassen sich diejenigen der Geschwindigkeit und der Beschleunigung aus ihnen sofort ableiten. Nach früherem ergab sich die Geschwindigkeit als Quotient Weg durch Zeit, ihre Dimension ist also Länge durch Zeit, weshalb

$$[v] = \left[\frac{\mathrm{cm}}{\mathrm{sec}}\right] = [\mathrm{cm\ sec}^{-1}].$$

Entsprechend läßt sich die Dimension der Beschleunigung angeben, indem man die Dimension der Geschwindigkeit durch die Zeit dividiert, also

$$[b] = \left[\frac{\mathrm{cm}}{\mathrm{sec}^2}\right] = [\mathrm{cm\ sec}^{-2}].$$

Mitunter wird es bei praktischen Rechnungen notwendig, von einer Einheit auf eine andere überzugehen. Soll z. B. die Geschwindigkeit eines Eisenbahnzuges $v = 20 \left[\dfrac{\mathrm{m}}{\mathrm{sec}}\right]$ durch Kilometer und Stunden ausgedrückt werden, so hat man zu setzen:

$$v = 20 \left[\frac{\text{m}}{\text{sec}}\right] = 20 \,\frac{1}{1000 \cdot \dfrac{1}{3600}} \left[\frac{\text{km}}{\text{h}}\right] = 72 \left[\frac{\text{km}}{\text{h}}\right].$$

Es entsteht nun die Frage, welche Einheit als dritte Grundeinheit eingeführt werden soll. Zur Zeit sind zwei verschiedene Maßsysteme im Gebrauch: das ältere, auch technische Maßsystem genannt, bei dem die Krafteinheit, und das physikalische (absolute), bei dem die Masseneinheit als dritte Grundeinheit gewählt wird.

Im technischen Maßsystem, das noch heute in der Technik fast allgemein in Anwendung ist, dient als Krafteinheit das Kilogramm-Gewicht [kg][1], worunter man einer internationalen Vereinbarung gemäß das Gewicht (Schweredruck) eines Platin-Iridium-Körpers versteht, der in der Nähe von Paris aufbewahrt wird und die „normale" Schwerebeschleunigung $g_n = 9{,}80665 \left[\frac{\text{m}}{\text{sec}^2}\right]$ besitzt. Mit großer Annäherung ist dies das Gewicht eines Liters Wasser bei 4° C in der geographischen Breite von Paris („Normalstelle"). In anderen Breiten der Erde ist das Gewicht dieses Normalkörpers etwas verschieden von 1 [kg], da es sich verhältnisgleich mit g ändert. Bei technischen Anwendungen kann diese Veränderlichkeit indessen meist unberücksichtigt bleiben. Für das mittlere Deutschland wird im allgemeinen mit $g = 9{,}81 \left[\frac{\text{m}}{\text{sec}^2}\right]$ gerechnet.

Nachdem so die Dimension der Kraft festliegt, kann mit ihrer Hilfe auch diejenige der Masse abgeleitet werden. Aus $G = m\,g$ folgt als Dimension der Masse $\left[\frac{\text{kg sec}^2}{\text{m}}\right] = [\text{kg sec}^2\,\text{m}^{-1}]$.

Als Einheit der Masse hat man also im technischen Maßsystem die Masse eines Körpers vom Gewicht 9,81 [kg] anzusehen, wenn seine Schwerebeschleunigung $g = 9{,}81 \left[\frac{\text{m}}{\text{sec}^2}\right]$ ist, wie sofort aus Gl. (4a) folgt.

Auf statischem Wege kann man das Gewicht eines Körpers mittels einer Federwaage messen, indem man die Größe der Dehnung oder Zusammendrückung der (elastischen) Feder als Maß für das Gewicht ansieht. Die Feder muß zu diesem Zweck geeicht sein, d. h. man muß feststellen, welche Dehnung dem Normalgewicht von 1 [kg] entspricht. An einem anderen Orte der Erde mit anderer Schwerebeschleunigung g zeigt die Waage einen anderen Ausschlag, gibt also ein anderes Gewicht des zu wiegenden Körpers an, da dieses der Schwerebeschleunigung proportional ist, die Elastizität der Feder aber die gleiche bleibt.

Mit einer gewöhnlichen Hebelwaage dagegen bestimmt man lediglich die Masse eines Körpers, indem man sie mit der Masse des Gewichtstückes vergleicht. Eine solche Waage bleibt an allen Orten der Erde im Gleichgewicht, wenn sie einmal im Gleichgewicht war, da der zu wiegende Körper und das Gewichtsstück gleicherweise derselben Schwerebeschleunigung unterworfen, ihre Massen aber unveränderlich sind.

Da die Masse eines Körpers eine vom Orte unabhängige Größe ist, liegt es eigentlich näher, die Masseneinheit als dritte Grundeinheit und die Krafteinheit als eine abgeleitete einzuführen. Dies geschieht im physikalischen Maßsystem, bei dem das sogenannte Massengramm [g^*] als Masseneinheit benutzt wird. Als Längeneinheit dient wieder das Zentimeter, als Zeiteinheit die Sekunde, so daß die Beschleunigung nach $\left[\frac{\text{cm}}{\text{sec}^2}\right]$ gemessen wird. Die Krafteinheit der Physik, das Dyn, ist diejenige Kraft, welche dem Massengramm die Beschleunigung $1 \left[\frac{\text{cm}}{\text{sec}^2}\right]$ erteilt. Demnach besteht zwischen physikalischer und technischer

---

[1] Neuerdings wird hierfür auch die Bezeichnung Kilopond [kp] vorgeschlagen.

Krafteinheit gemäß Gl. (4) folgende Beziehung:

$$1 \,[\text{kg}] = 1000 \,[\text{g}^*] \times 980{,}665 \left[\frac{\text{cm}}{\text{sec}^2}\right] = 0{,}980665 \cdot 10^6 \,[\text{Dyn}].$$

Die technische Krafteinheit ist also fast 10^6-mal größer als die physikalische.

Aus den vorstehenden Darlegungen geht die große Bedeutung der Dimension hervor. In einer mechanischen Gleichung müssen alle Größen die gleiche Dimension haben, da nur solche miteinander verglichen werden können. Dieser Satz bietet ein wichtiges Hilfsmittel, um die Richtigkeit einer mechanischen Gleichung schnell überprüfen zu können.

7. Vektoren und Skalare.

Die mit einer „Dimension" behafteten mechanischen Größen sind, abgesehen von ihrer Verschiedenheit im einzelnen, allgemein von zweierlei Art. Den einen ist neben ihrer Größe noch eine Richtung im Raume eigen, sie sind erst durch beide Merkmale, Größe und Richtung, eindeutig bestimmt. Man nennt sie daher gerichtete Größen oder Vektoren. Die anderen, richtungslosen Größen sind schon durch ihre Größe allein, d. h. bei gegebener Maßeinheit durch eine einzige Zahlenangabe vollkommen festgelegt. Zur Unterscheidung von den Vektoren nennt man sie Skalare. Zu den gerichteten Größen gehören z. B. Kraft, Geschwindigkeit und Beschleunigung, zu den Skalaren u. a. Masse, Dichte, Zeit usw.

Jeder Vektor kann durch eine gerichtete Strecke dargestellt werden. Die Länge dieser Strecke drückt, nach einem bestimmten Maßstabe gemessen (z. B. Kräftemaßstab, vgl. S. 4), die Größe des Vektors, seinen Betrag aus, während durch ihre Richtung im Raume auch diejenige des Vektors gekennzeichnet wird. Zur eindeutigen Bestimmung eines Vektors in einem rechtwinkligen, dreiachsigen Koordinatensystem sind daher stets drei Zahlenangaben erforderlich, z. B. die seiner drei rechtwinkligen Projektionen auf die Koordinatenrichtungen (vgl. Abb. 10).

Bei der Verwendung rechtwinkliger, räumlicher Koordinatensysteme ist grundsätzlich darauf zu achten, daß zwei verschiedene Arten zu unterscheiden sind, die sich durch keine Drehung oder Verschiebung zur Deckung bringen lassen (Abb. 4a und b). Dagegen kann jedes beliebige andere rechtwinklige Koordinatensystem entweder mit a oder b zur Deckung gebracht werden. Alle möglichen Koordinatensysteme zerfallen demnach in zwei Gruppen, die man Rechtssysteme (a) und Linkssysteme (b) nennt. Denkt man sich nämlich die X-Achse auf dem kürzesten Wege durch Drehung in die

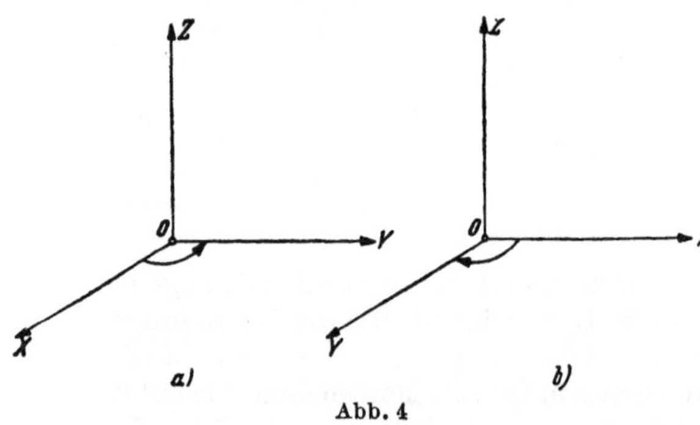

Abb. 4

Y-Achse übergeführt unter gleichzeitiger Verschiebung in Richtung der Z-Achse, so bestimmt diese Bewegung beim Rechtssystem eine rechtsgängige, beim Linkssystem eine linksgängige Schraube. In dem vorliegenden Buche ist grundsätzlich bei allen diesbezüglichen Untersuchungen das Rechtssystem benutzt worden.

Zur Bezeichnung der Vektoren (und zu ihrer Unterscheidung von den Skalaren) sollen hier im allgemeinen deutsche Buchstaben verwendet werden, dagegen bezeichnen die gleichen lateinischen Buchstaben den Betrag des Vektors. So stellt z. B. A den Betrag des Vektors $\mathfrak{A}$, a denjenigen des Vektors $\mathfrak{a}$ dar.

Zwei Vektoren $\mathfrak{A}$ und $\mathfrak{B}$ sind einander gleich, wenn sie nach Größe, Richtung und Richtungssinn übereinstimmen (ohne deshalb in dieselbe Gerade fallen zu müssen). Man drückt dieses durch das Symbol $\mathfrak{A} = \mathfrak{B}$ aus, während die Gleichung $\mathfrak{A} = -\mathfrak{B}$ besagt, daß zwar die Beträge und Richtungen der beiden Vektoren $\mathfrak{A}$ und $\mathfrak{B}$ dieselben sind, daß der Richtungssinn beider aber entgegengesetzt ist.

Ein Vektor wird mit einer skalaren Größe multipliziert, indem man den Betrag des Vektors mit dem Skalar multipliziert, denn letzterer kann, da er selbst richtungslos ist, an der Richtung des Vektors nichts ändern. Denkt man sich nun einen sogenannten Einheitsvektor $\mathfrak{A}^0$ vom Betrage „eins“, der gleiche Richtung und gleichen Richtungssinn hat wie ein beliebiger anderer Vektor $\mathfrak{A}$, so kann man letzteren darstellen als Produkt aus dem Einheitsvektor $\mathfrak{A}^0$ und dem Betrage A des Vektors $\mathfrak{A}$, also

$$\mathfrak{A} = \mathfrak{A}^0 A .$$

Auf diese Weise lassen sich alle Vektoren durch Einheitsvektoren ausdrücken.

Die besonderen mathematischen Operationen mit vektoriellen Größen sind Gegenstand der Vektoranalysis, die wegen ihrer anschaulichen Darstellungsweise bei vielen Problemen der Mechanik mit Vorteil angewendet wird.

8. Elementare Rechenoperationen mit gerichteten Größen[1].

a) Addition und Subtraktion von Vektoren.

Gerichtete Größen können, ähnlich wie gewöhnliche Zahlen, „addiert“ und „subtrahiert“ werden. Um die „Summe“ zweier Vektoren $\mathfrak{K}_1$ und $\mathfrak{K}_2$ zu bilden, legt man den Vektor $\mathfrak{K}_2$ unter Beachtung seiner Größe und Richtung so an den Vektor $\mathfrak{K}_1$, daß der Anfangspunkt von $\mathfrak{K}_2$ mit dem Endpunkt von $\mathfrak{K}_1$ zusammenfällt. Verbindet man darauf den Anfangspunkt von $\mathfrak{K}_1$ mit dem Endpunkt von $\mathfrak{K}_2$, so entsteht ein neuer Vektor $\mathfrak{R}$, welcher nach Größe und Richtung die „Summe“ der Vektoren $\mathfrak{K}_1$ und $\mathfrak{K}_2$ darstellt (Abb. 5) und symbolisch wie folgt geschrieben wird

$$\mathfrak{R} = \mathfrak{K}_1 + \mathfrak{K}_2 .$$

Der Richtungspfeil von $\mathfrak{R}$ weist dabei stets vom Anfangs- nach dem Endpunkt des Streckenzuges. $\mathfrak{R}$ heißt der resultierende oder Summenvektor, $\mathfrak{K}_1 + \mathfrak{K}_2$ die geometrische oder vektorielle Summe von $\mathfrak{K}_1$ und $\mathfrak{K}_2$. Zu dem gleichen Ergebnis gelangt man, wenn die Aufeinanderfolge der beiden Vektoren vertauscht wird (Abb. 6), weshalb auch

$$\mathfrak{R} = \mathfrak{K}_2 + \mathfrak{K}_1$$

oder

$$\mathfrak{K}_1 + \mathfrak{K}_2 = \mathfrak{K}_2 + \mathfrak{K}_1$$

geschrieben werden kann (Gesetz der Vertauschbarkeit der Addition).

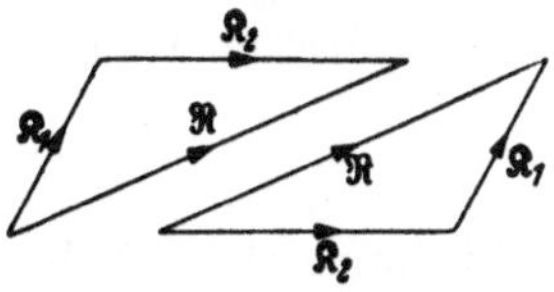

Abb. 5   Abb. 6

Denkt man sich die Abb. 5 und 6 so aneinandergelegt, daß $\mathfrak{R}$ in beiden sich deckt, so entsteht ein Parallelogramm, dessen Seiten gleich den beiden Vektoren $\mathfrak{K}_1$ und $\mathfrak{K}_2$ sind, und dessen Diagonale gleich dem Summenvektor $\mathfrak{R}$ ist.

---

[1] Der Anfänger kann diejenigen Betrachtungen des folgenden Abschnittes, welche sich mit räumlichen Darstellungen befassen, einstweilen überschlagen und später nachholen. In den folgenden Kapiteln ist, sofern von der Vektorrechnung Gebrauch gemacht wird, auf die entsprechenden Seitenzahlen dieses Abschnittes verwiesen.

Das Gesetz der Addition zweier Vektoren wird danach auch kurz als Parallelogrammgesetz bezeichnet.

Sollen nicht zwei, sondern drei in derselben Ebene liegende Vektoren $\Re_1$, $\Re_2$, $\Re_3$ addiert werden, so verfährt man in ganz analoger Weise, indem man zunächst die Summe $(\Re_1 + \Re_2)$ bildet und dazu $\Re_3$ addiert (Abb. 7). Als Summenvektor ergibt sich

$$\Re = (\Re_1 + \Re_2) + \Re_3.$$

Umgekehrt hätte man auch zuerst die Summe $(\Re_2 + \Re_3)$ bilden und dazu $\Re_1$ addieren können, so daß

$$\Re = \Re_1 + (\Re_2 + \Re_3)$$

wird. Daraus folgt

$$(\Re_1 + \Re_2) + \Re_3 = \Re_1 + (\Re_2 + \Re_3) = \Re_2 + (\Re_1 + \Re_3)$$

(Verbindungssatz). Man spricht deshalb direkt von der Summe dreier Vektoren, setzt

$$\Re = \Re_1 + \Re_2 + \Re_3$$

und bildet die geometrische Summe dieser drei Vektoren, indem man letztere unter Beachtung ihrer Richtung zu einem Streckenzug aneinander reiht, und zwar so, daß der durch die Richtungspfeile festgelegte Umfahrungssinn stetig ist. Die Strecke, welche den Anfangspunkt a mit dem Endpunkt e des Streckenzuges verbindet, stellt nach Größe und Richtung den Summenvektor dar.

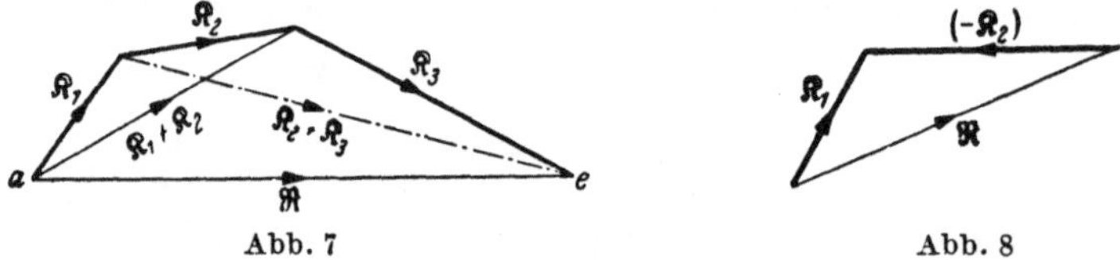

Abb. 7   Abb. 8

Sind die zu summierenden Vektoren alle von gleicher Richtung, so geht der zu bildende Streckenzug in eine Gerade, der Betrag der geometrischen Summe also in die algebraische über.

Die hier besprochene Darstellungsweise des Summenvektors aus einer beliebigen Anzahl von Einzelvektoren bleibt auch dann gültig, wenn diese nicht in derselben Ebene liegen. Der Unterschied besteht lediglich darin, daß jetzt ein räumlicher Streckenzug zu bilden ist, dessen Schlußseite nach Größe und Richtung den Summenvektor liefert. Er ist vom Anfangspunkt des ersten zum Endpunkt des letzten Vektors gerichtet, die Aufeinanderfolge der Einzelvektoren beliebig (vgl. z. B. Abb. 10).

Allgemein gilt also für die Summierung einer beliebigen Anzahl von Vektoren die geometrische Gleichung (Vektorgleichung):

$$\Re = \Re_1 + \Re_2 + \cdots + \Re_n = \sum_{i=1}^{i=n} \Re_i.$$

Denkt man sich in Abb. 5 den Sinne von $\Re_2$ umgekehrt (Abb. 8), so liefert das Additionsgesetz

$$\Re + (-\Re_2) = \Re_1 = \Re - \Re_2.$$

$\Re - \Re_2$ heißt die „geometrische Differenz" der Vektoren $\Re$ und $\Re_2$. In gleicher Weise läßt sich aus Abb. 5 bilden

$$\Re_2 = \Re - \Re_1.$$

In einem rechtwinkligen, räumlichen Koordinatensystem (Rechtssystem) mit 0 als Ursprung seien in Richtung der drei Achsen X, Y, Z drei Vektoren i, j, $\mathfrak{k}$ festgelegt (Abb. 9), deren Beträge je gleich „eins" sind (Einheitsvektoren vgl. S. 13). Dann können die mit den Koordinatenachsen richtungsgleichen Vektoren $\mathfrak{a}_x$, $\mathfrak{a}_y$, $\mathfrak{a}_z$ durch ihre Beträge a_x, a_y, a_z und die Einheitsvektoren wie folgt ausgedrückt werden:

$$\mathfrak{a}_x = \mathfrak{i}\, a_x; \quad \mathfrak{a}_y = \mathfrak{j}\, a_y; \quad \mathfrak{a}_z = \mathfrak{k}\, a_z.$$

Bezeichnet nun $\mathfrak{a} = \overrightarrow{OP}$ den Summenvektor von $\mathfrak{a}_x$, $\mathfrak{a}_y$, $\mathfrak{a}_z$, so ist:

$$\mathfrak{a} = \mathfrak{a}_x + \mathfrak{a}_y + \mathfrak{a}_z = \mathfrak{i}\, a_x + \mathfrak{j}\, a_y + \mathfrak{k}\, a_z. \tag{5}$$

Die Vektorbeträge a_x, a_y, a_z werden dabei die Komponenten des Vektors $\mathfrak{a}$ nach den Koordinatenachsen genannt. Daraus folgt zunächst, daß jeder von 0 ausgehende Vektor durch seine Komponenten und die zugehörigen Einheitsvektoren ausgedrückt werden kann.

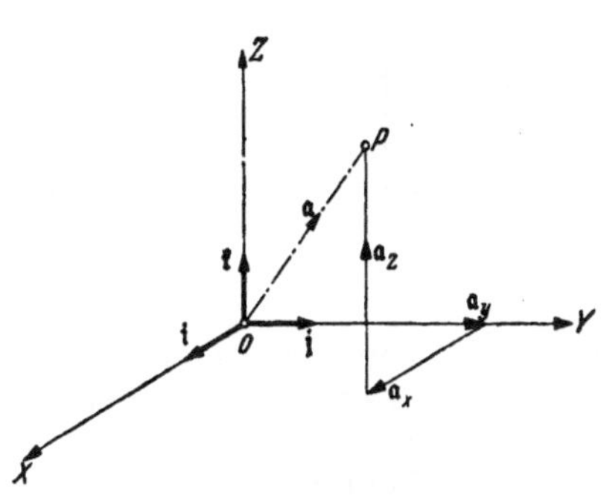

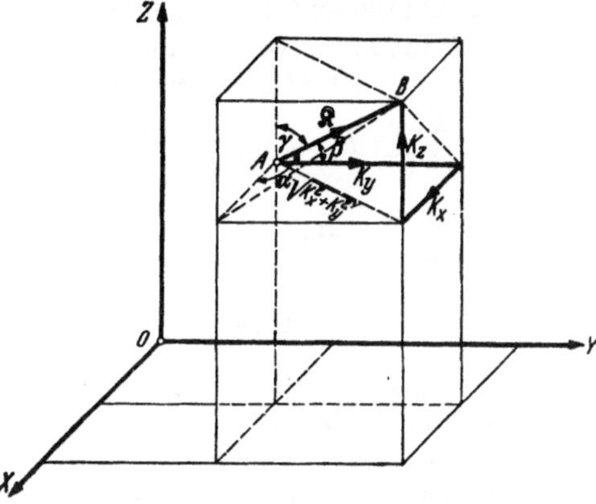

Abb. 9   Abb. 10

Tritt an die Stelle des Koordinatenursprungs 0 ein beliebiger Punkt A als Anfangspunkt des Vektors $\mathfrak{K} = \overrightarrow{AB}$ (Abb. 10), so denke man sich durch A drei zu den Koordinatenachsen parallele Achsen gelegt und bestimme das Parallelepiped, dessen Diagonale $\overrightarrow{AB} = \mathfrak{K}$ ist. Dann stellen die Kanten des Parallelepipeds die Komponenten K_x, K_y, K_z dar, und es ist wieder nach Gl. (5)

$$\mathfrak{K} = \mathfrak{i}\, K_x + \mathfrak{j}\, K_y + \mathfrak{k}\, K_z. \tag{5a}$$

Mit Hilfe der Vektorkomponenten kann unter zweimaliger Anwendung des Pythagoräischen Lehrsatzes auch der Betrag des Vektors angegeben werden. Für diesen wird

$$K = \sqrt{K_x^2 + K_y^2 + K_z^2}. \tag{6}$$

Die Winkel, welche die Richtung von $\mathfrak{K}$ mit den Richtungen der drei Achsen X, Y, Z einschließt, seien mit α, β, γ bezeichnet. Dann ist, wie man aus Abb. 10 leicht feststellt,

$$K_x = K \cos \alpha; \quad K_y = K \cos \beta; \quad K_z = K \cos \gamma, \tag{7}$$

d. h. die rechtwinkligen Komponenten des Vektors $\mathfrak{K}$ ergeben sich durch Multiplikation des Vektorbetrages K mit den Kosinus der zugehörigen Neigungswinkel. Umgekehrt können aus den Gl. (7) die Kosinus der Richtungswinkel von $\mathfrak{K}$ berechnet werden, nämlich

$$\cos \alpha = \frac{K_x}{K}; \quad \cos \beta = \frac{K_y}{K}; \quad \cos \gamma = \frac{K_z}{K}. \tag{7a}$$

$\Re_1$ und $\Re_2$ seien zwei beliebige Vektoren, $\Re = \Re_1 + \Re_2$ ihre geometrische Summe. Dann ist nach (5a)

$$\Re_1 = \mathfrak{i}\,K_{1x} + \mathfrak{j}\,K_{1y} + \mathfrak{k}\,K_{1z}$$

$$\Re_2 = \mathfrak{i}\,K_{2x} + \mathfrak{j}\,K_{2y} + \mathfrak{k}\,K_{2z}$$

Durch Summierung folgt daraus

$$\Re = \Re_1 + \Re_2 = \mathfrak{i}(K_{1x} + K_{2x}) + \mathfrak{j}(K_{1y} + K_{2y}) + \mathfrak{k}(K_{1z} + K_{2z}).$$

Vergleicht man diesen Ausdruck mit (5a), so folgt

$$R_x = K_{1x} + K_{2x}; \quad R_y = K_{1y} + K_{2y}; \quad R_z = K_{1z} + K_{2z},$$

d. h. die Komponenten des Summenvektors $\Re$ sind je gleich der zugehörigen Summe der Komponenten der Einzelvektoren $\Re_1$ und $\Re_2$. Dieser Satz gilt offenbar nicht nur für zwei, sondern auch für beliebig viele Einzelvektoren. Allgemein ist also bei n Vektoren

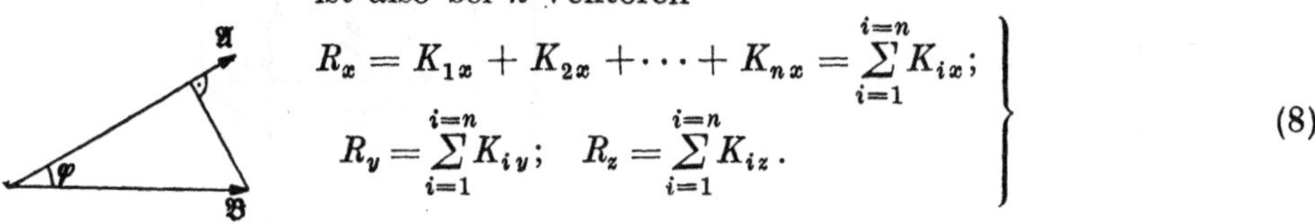

$$\left.\begin{aligned}
R_x &= K_{1x} + K_{2x} + \cdots + K_{nx} = \sum_{i=1}^{i=n} K_{ix}; \\
R_y &= \sum_{i=1}^{i=n} K_{iy}; \quad R_z = \sum_{i=1}^{i=n} K_{iz}.
\end{aligned}\right\} \tag{8}$$

Abb. 11

b) Multiplikation zweier Vektoren.

α) **Das innere Produkt.** Gegeben seien zwei Vektoren $\mathfrak{A}$ und $\mathfrak{B}$, deren positive Richtungen den Winkel φ einschließen mögen (Abb. 11). Unter dem inneren Produkt dieser beiden Vektoren versteht man den skalaren, d. h. richtungslosen Wert, der entsteht, wenn man den Betrag des einen Vektors mit der Projektion des zweiten Vektors auf die Richtung des ersten multipliziert oder umgekehrt. Diese Projektion heißt die innere Komponente des betreffenden Vektors, da sie in die Richtung des andern fällt, woher die Bezeichnung inneres Produkt stammt. Das innere Produkt der Vektoren $\mathfrak{A}$ und $\mathfrak{B}$ wird durch folgende Gleichung ausgedrückt:

$$\mathfrak{A}\,\mathfrak{B} = A\,B\cos\varphi = B\,A\cos\varphi.$$

Aus der Definition der skalaren Multiplikation folgt ferner, daß

$$\mathfrak{A}\,\mathfrak{B} = \mathfrak{B}\,\mathfrak{A}$$

ist, d. h. die Aufeinanderfolge der beiden Vektoren ist (wie bei der algebraischen Multiplikation) beliebig (Gesetz der Vertauschbarkeit der inneren Multiplikation).

Das innere Produkt, welches seiner richtungslosen Eigenschaft halber auch als skalares Produkt bezeichnet wird, fällt positiv oder negativ aus, je nachdem der Winkel φ ein spitzer oder stumpfer ist. Wird φ gerade gleich $90°$, also $\cos\varphi = 0$, dann stehen beide Vektoren aufeinander senkrecht, und es ist $\mathfrak{A}\,\mathfrak{B} = 0$. Haben dagegen beide Vektoren dieselbe Richtung ($\varphi = 0$), so wird $\mathfrak{A}\,\mathfrak{B} = A\,B$, d. h. gleich dem algebraischen Produkt der Beträge. Daraus folgt weiter, daß das innere Produkt eines Vektors mit sich selbst gleich dem Quadrat seines Betrages ist, also

$$\mathfrak{A}\,\mathfrak{A} = A^2. \tag{9}$$

Soll das innere Produkt aus dem Vektor $\mathfrak{A}$ und der Vektorsumme $\mathfrak{B}_1 + \mathfrak{B}_2$ gebildet werden, so setze man zunächst $\mathfrak{B}_1 + \mathfrak{B}_2 = \mathfrak{B}$ und bilde

$$\mathfrak{A}(\mathfrak{B}_1 + \mathfrak{B}_2) = \mathfrak{A}\,\mathfrak{B} = A\,B\cos\varphi,$$

wenn φ den Winkel bezeichnet, welchen die Richtung von $\mathfrak{B}$ mit derjenigen von $\mathfrak{A}$ einschließt (Abb. 12). Faßt man letztere als X-Achse eines rechtwinkligen Koordinatensystems auf, so ist offenbar $B \cos \varphi$ die X-Komponente B_x des Vektors $\mathfrak{B}$ und für diese gilt nach Gl. (8)

$$B_x = B_{1x} + B_{2x}$$

oder

$$B \cos \varphi = B_1 \cos \varphi_1 + B_2 \cos \varphi_2.$$

Hierin bezeichnen φ_1 und φ_2 die Neigungswinkel von $\mathfrak{B}_1$ bzw. $\mathfrak{B}_2$ gegen die Richtung von $\mathfrak{A}$ (wobei diese Richtungen nicht in einer Ebene zu liegen brauchen). Nun ist nach der Definition des inneren Produkts

$$A B \cos \varphi = A B_1 \cos \varphi_1 + A B_2 \cos \varphi_2 = \mathfrak{A}\mathfrak{B}_1 + \mathfrak{A}\mathfrak{B}_2,$$

woraus folgt

$$\mathfrak{A}(\mathfrak{B}_1 + \mathfrak{B}_2) = \mathfrak{A}\mathfrak{B}_1 + \mathfrak{A}\mathfrak{B}_2. \tag{10}$$

Gl. (10) spricht das Verteilungsgesetz der skalaren Multiplikation aus. Danach gelten die Rechenregeln der gewöhnlichen Algebra auch bei der skalaren Multiplikation. So ist z. B.

$$(\mathfrak{A} + \mathfrak{B})^2 = \mathfrak{A}^2 + 2\,\mathfrak{A}\mathfrak{B} + \mathfrak{B}^2. \tag{11}$$

Auch das innere Produkt zweier Vektoren läßt sich durch die Vektorkomponenten ausdrücken. Man erhält zunächst

$$\mathfrak{A}\mathfrak{B} = (\mathfrak{i}\,A_x + \mathfrak{j}\,A_y + \mathfrak{k}\,A_z)(\mathfrak{i}\,B_x + \mathfrak{j}\,B_y + \mathfrak{k}\,B_z).$$

Nun ist aber unter Beachtung von (9)

$$\mathfrak{i}\mathfrak{i} = \mathfrak{j}\mathfrak{j} = \mathfrak{k}\mathfrak{k} = 1,$$

da ja die Beträge der Vektoren $\mathfrak{i}$, $\mathfrak{j}$, $\mathfrak{k}$ gleich der Einheit sind (S. 15) und ferner

$$\mathfrak{i}\mathfrak{j} = \mathfrak{i}\mathfrak{k} = \mathfrak{j}\mathfrak{k} = 0,$$

da $\mathfrak{i}$, $\mathfrak{j}$, $\mathfrak{k}$ zueinander senkrecht stehen. Man erhält also nach Auflösung obiger Klammer unter Anwendung des Satzes (10)

$$\mathfrak{A}\mathfrak{B} = A_x B_x + A_y B_y + A_z B_z. \tag{12}$$

Danach ergibt sich das skalare Produkt zweier Vektoren, indem man ihre bezüglichen Komponenten miteinander multipliziert und die Produkte addiert.

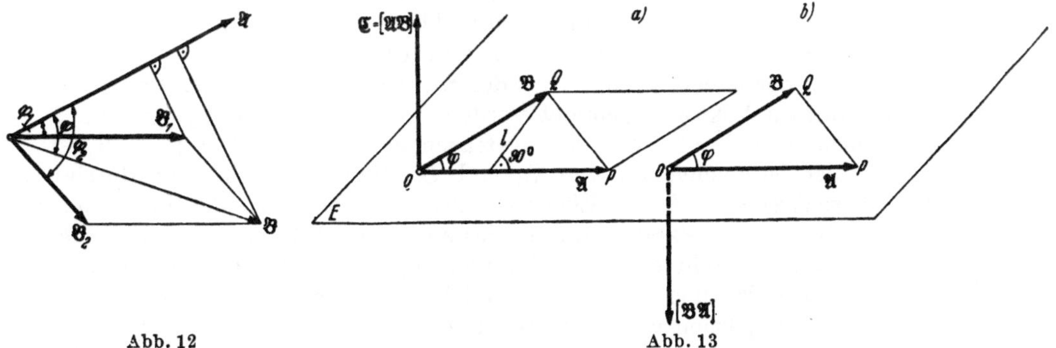

Abb. 12   Abb. 13

β) **Das äußere Produkt.** In Abb. 13a seien $\mathfrak{A}$ und $\mathfrak{B}$ zwei von 0 ausgehende Vektoren, deren positive Richtungen den Winkel φ einschließen. Unter dem **äußeren Produkt** aus $\mathfrak{A}$ und $\mathfrak{B}$ versteht man einen neuen Vektor $\mathfrak{C}$, symbolisch $\mathfrak{C} = [\mathfrak{A}\mathfrak{B}]$ geschrieben, der durch eine zur Ebene E der gegebenen Vektoren lotrecht stehende Strecke dargestellt wird. Die Länge dieser Strecke, bzw. der Betrag von $\mathfrak{C}$, ist unter Zugrundelegung eines entsprechenden Maßstabes gleich dem Inhalt des aus den Vektoren $\mathfrak{A}$ und $\mathfrak{B}$ als Seiten gebildeten

Parallelogramms, d. h. sie mißt ebensoviel Längeneinheiten als das Parallelogramm Flächeneinheiten enthält. Der Sinn des Vektorprodukts $\mathfrak{C}$ soll so gewählt werden, daß die Richtungen von $\mathfrak{A}$, $\mathfrak{B}$ und $\mathfrak{C} = [\mathfrak{A}\,\mathfrak{B}]$ in der angegebenen Aufeinanderfolge ein Rechtssystem im Raume bestimmen (vgl. S. 12, wobei hier natürlich $\mathfrak{A}$ und $\mathfrak{B}$ nicht rechtwinklig zueinander sein müssen).

Der Inhalt des aus $\mathfrak{A}$ und $\mathfrak{B}$ gebildeten Parallelogramms oder, was dasselbe ist, der doppelte Inhalt des Dreiecks OPQ ist $A \cdot l$, wenn l das Lot von Q auf die Richtung von $\mathfrak{A}$ bezeichnet. Dieses Lot heißt die **äußere Komponente** des Vektors $\mathfrak{B}$. Da aber $l = B \sin \varphi$ ist, so wird der Betrag C des Vektorprodukts $\mathfrak{C}$

$$C = A B \sin \varphi. \tag{13}$$

Für den Fall, daß $\mathfrak{A}$ und $\mathfrak{B}$ aufeinander senkrecht stehen $\left(\varphi = \dfrac{\pi}{2}\right)$, wird $C = A B$, wegen $\sin \varphi = 1$. Ist dagegen $\mathfrak{A}$ parallel zu $\mathfrak{B}$ $(\varphi = 0)$, so wird $C = 0$, bzw. $\mathfrak{C} = [\mathfrak{A}\,\mathfrak{B}] = 0$. Daraus folgt sofort

$$[\mathfrak{A}\,\mathfrak{A}] = 0. \tag{14}$$

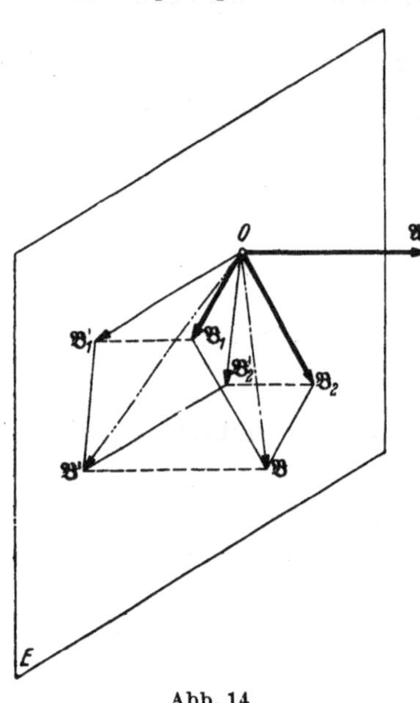

Abb. 14

In Abb. 13b sind die gleichen Vektoren $\mathfrak{A}$ und $\mathfrak{B}$ wie vorher aufgetragen, während hier ihr äußeres Produkt $[\mathfrak{B}\,\mathfrak{A}]$ nach **unten** gerichtet ist. Jetzt bilden die drei Vektoren $\mathfrak{B}$, $\mathfrak{A}$ und $[\mathfrak{B}\,\mathfrak{A}]$ ein Rechtssystem, die Aufeinanderfolge von $\mathfrak{A}$ und $\mathfrak{B}$ im vorigen Falle ist also vertauscht, weshalb im äußeren Produkt der Vektor $\mathfrak{B}$ an erster Stelle steht. Die Vertauschung der Vektoren hat, wie man sieht, eine **Umkehrung der Richtung** des äußeren Produkts zur Folge. Da sonst an den Vektoren $\mathfrak{A}$ und $\mathfrak{B}$ nichts geändert ist, so besteht offenbar die Beziehung

$$[\mathfrak{A}\,\mathfrak{B}] = - [\mathfrak{B}\,\mathfrak{A}],$$

das Vertauschbarkeitsgesetz gilt hier also nicht. Zum Unterschied von dem richtungslosen inneren Produkt ist das äußere ein Vektor und heißt deshalb auch **vektorielles** oder kurz **Vektorprodukt.**

Es soll jetzt das äußere Produkt aus der Summe zweier Vektoren $(\mathfrak{B}_1 + \mathfrak{B}_2)$ und einem dritten Vektor $\mathfrak{A}$ gebildet werden. In Abb. 14 seien $\mathfrak{B}_1$, $\mathfrak{B}_2$ und $\mathfrak{A}$ die gegebenen, vom Punkte O aus aufgetragenen Vektoren, $\mathfrak{B} = \mathfrak{B}_1 + \mathfrak{B}_2$ ist der Summenvektor von $\mathfrak{B}_1$ und $\mathfrak{B}_2$. Man denke sich nun durch O senkrecht zu $\mathfrak{A}$ die Ebene E gelegt und projiziere das aus $\mathfrak{B}_1$ und $\mathfrak{B}_2$ gebildete Parallelogramm, dessen Diagonale $\mathfrak{B}$ ist, auf die Ebene E. Dann entsteht ein neues Parallelogramm, dessen Seiten die Projektionen $\mathfrak{B}_1'$ und $\mathfrak{B}_2'$ von $\mathfrak{B}_1$ und $\mathfrak{B}_2$ sind, und dessen Diagonale $\mathfrak{B}'$ die Projektion von $\mathfrak{B}$ ist, weshalb

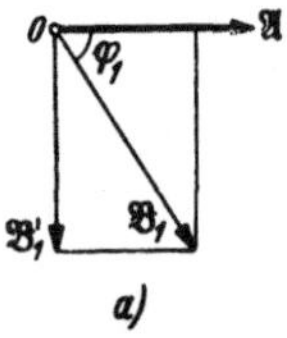

Abb. 14a

$$\mathfrak{B}' = \mathfrak{B}_1' + \mathfrak{B}_2'. \tag{15}$$

In Abb. 14a ist die Ebene dargestellt, welche die drei Vektoren $\mathfrak{A}$, $\mathfrak{B}_1'$ und $\mathfrak{B}_1$ enthält. Bezeichnet nun φ_1 den von den Richtungen $\mathfrak{A}$ und $\mathfrak{B}_1$ eingeschlossenen Winkel, so ist $B_1' = B_1 \sin \varphi_1$. In gleicher Weise sind $B_2' = B_2 \sin \varphi_2$ und $B' = B \sin \varphi$, wenn φ_2 und φ die entsprechenden Winkel bedeuten. Denkt man sich jetzt die Seiten des aus $\mathfrak{B}_1'$ und $\mathfrak{B}_2'$ gebildeten Parallelogramms A-mal vergrößert (wo A der Betrag von $\mathfrak{A}$ ist), so haben die Seiten dieses vergrößerten

Parallelogramms die Längen $B_1 A \sin \varphi_1$ bzw. $B_2 A \sin \varphi_2$, und die Diagonale hat die Länge $BA \sin \varphi$. Das sind aber nach (13) die Beträge der äußeren Produkte $[\mathfrak{B}_1 \mathfrak{A}]$, $[\mathfrak{B}_2 \mathfrak{A}]$ und $[\mathfrak{B} \mathfrak{A}]$. Diese Vektorprodukte stehen lotrecht zu den durch $\mathfrak{B}_1$ und $\mathfrak{A}$, bzw. $\mathfrak{B}_2$ und $\mathfrak{A}$, bzw. $\mathfrak{B}$ und $\mathfrak{A}$ gebildeten Ebenen. $[\mathfrak{B}_1 \mathfrak{A}]$ steht also auch lotrecht zu $\mathfrak{B}_1{}'$, $[\mathfrak{B}_2 \mathfrak{A}] \perp$ zu $\mathfrak{B}_2{}'$ und $[\mathfrak{B} \mathfrak{A}] \perp$ zu $\mathfrak{B}'$. Sie bilden, da ihre Beträge dieselben sind wie die Längen der mit A multiplizierten Projektionen $\mathfrak{B}_1{}'$, $\mathfrak{B}_2{}'$, $\mathfrak{B}'$ ein Strahlenbüschel, das demjenigen aus $\mathfrak{B}_1{}'A$, $\mathfrak{B}_2{}'A$, $\mathfrak{B}'A$ gebildeten kongruent ist und gegen dieses um $90°$ verdreht liegt. Da jedoch mit Rücksicht auf (15)

$$\mathfrak{B}'A = \mathfrak{B}_1{}'A + \mathfrak{B}_2{}'A$$

ist, so muß wegen der bestehenden Kongruenz der Strahlenbüschel auch

$$[\mathfrak{B} \mathfrak{A}] = [\mathfrak{B}_1 \mathfrak{A}] + [\mathfrak{B}_2 \mathfrak{A}]$$

und somit

$$[(\mathfrak{B}_1 + \mathfrak{B}_2)\mathfrak{A}] = [\mathfrak{B}_1 \mathfrak{A}] + [\mathfrak{B}_2 \mathfrak{A}] \tag{16}$$

sein. Die vorstehende Gleichung stellt das **Verteilungsgesetz der äußeren Multiplikation** dar.

Mitunter ist es zweckmäßig, das Vektorprodukt durch seine Komponenten auszudrücken. Unter Beachtung von (5) gilt zunächst

$$[\mathfrak{A} \mathfrak{B}] = [(\mathfrak{i} A_x + \mathfrak{j} A_y + \mathfrak{k} A_z)(\mathfrak{i} B_x + \mathfrak{j} B_y + \mathfrak{k} B_z)].$$

Hier sind jetzt zwei geometrische Summen auf äußere Art miteinander zu multiplizieren, was sich mit Hilfe des oben besprochenen Verteilungssatzes sofort ausführen läßt, indem man die erste Summe nacheinander mit den Gliedern der zweiten Summe multipliziert und auf diese Produkte den Satz (16) anwendet. Man erhält auf diese Weise, wenn die skalaren Größen aus den eckigen Klammern gezogen werden:

$$\begin{aligned}
[\mathfrak{A} \mathfrak{B}] = {}&[\mathfrak{i}\mathfrak{i}]A_x B_x + [\mathfrak{j}\mathfrak{i}]A_y B_x + [\mathfrak{k}\mathfrak{i}]A_z B_x \\
&+ [\mathfrak{i}\mathfrak{j}]A_x B_y + [\mathfrak{j}\mathfrak{j}]A_y B_y + [\mathfrak{k}\mathfrak{j}]A_z B_y \\
&+ [\mathfrak{i}\mathfrak{k}]A_x B_z + [\mathfrak{j}\mathfrak{k}]A_y B_z + [\mathfrak{k}\mathfrak{k}]A_z B_z
\end{aligned} \tag{17}$$

Nun ist aber nach (14)

$$[\mathfrak{i}\mathfrak{i}] = [\mathfrak{j}\mathfrak{j}] = [\mathfrak{k}\mathfrak{k}] = 0.$$

Weiter folgt aus der Definition des Vektorprodukts unter Beachtung der Abb. 9

$$[\mathfrak{i}\mathfrak{j}] = - [\mathfrak{j}\mathfrak{i}] = \mathfrak{k}; \quad [\mathfrak{j}\mathfrak{k}] = - [\mathfrak{k}\mathfrak{j}] = \mathfrak{i}; \quad [\mathfrak{k}\mathfrak{i}] = - [\mathfrak{i}\mathfrak{k}] = \mathfrak{j},$$

denn die Einheitsvektoren $\mathfrak{i}$, $\mathfrak{j}$, $\mathfrak{k}$ stehen senkrecht zueinander, haben die Beträge „eins“ und bilden in der Aufeinanderfolge $\mathfrak{i}$, $\mathfrak{j}$, $\mathfrak{k}$ bzw. $\mathfrak{j}$, $\mathfrak{k}$, $\mathfrak{i}$ bzw. $\mathfrak{k}$, $\mathfrak{i}$, $\mathfrak{j}$ jeweils ein Rechtssystem. Führt man diese äußeren Produkte der Einheitsvektoren in Gl. (17) ein, so ergibt sich

$$[\mathfrak{A} \mathfrak{B}] = - \mathfrak{k} A_y B_x + \mathfrak{j} A_z B_x + \mathfrak{k} A_x B_y - \mathfrak{i} A_z B_y - \mathfrak{j} A_x B_z + \mathfrak{i} A_y B_z,$$

oder nach Zusammenfassung der Glieder mit $\mathfrak{i}$, $\mathfrak{j}$, $\mathfrak{k}$

$$[\mathfrak{A} \mathfrak{B}] = \mathfrak{i}(A_y B_z - A_z B_y) + \mathfrak{j}(A_z B_x - A_x B_z) + \mathfrak{k}(A_x B_y - A_y B_x), \tag{18}$$

wobei nun die in den runden Klammern stehenden **skalaren** Werte die Komponenten des Vektorprodukts $\mathfrak{C} = [\mathfrak{A} \mathfrak{B}]$ nach den drei Achsen X, Y, Z darstellen.

II. Kräftegruppen
am Massenpunkt und am starren Körper.

Einleitung: Unter einem festen Körper versteht man einen solchen, bei dem die zwischen den einzelnen Raumteilchen des Körpers auftretenden inneren Kräfte (vgl. S. 5) einer jeden durch äußere Kräfte angestrebten Formänderung Widerstand entgegensetzen. Denkt man sich nun einen festen Körper, bei dem jede auch noch so geringe Formänderung durch die inneren Kräfte verhindert würde, so gelangt man zu dem Begriffe des starren Körpers, der seine Gestalt unter allen Umständen unverändert beibehält, sich selbst also stets kongruent bleibt. Starre Körper gibt es in der Natur nicht. Vielmehr erleidet jeder feste Körper unter der Einwirkung von Kräften gewisse Formänderungen, deren Art und Größe von den eingreifenden Kräften und von der stofflichen Beschaffenheit des Körpers (Metall, Stein, Holz usw.) abhängen. Bei vielen Anwendungen der Mechanik spielen indessen diese Formänderungen wegen ihrer Kleinheit im Verhältnis zu den Körperabmessungen keine Rolle, und man kann sie vollkommen außer acht lassen. In solchen Fällen sieht man den Körper als starr an, betrachtet also den Abstand zweier beliebiger Punkte des Körpers in jeder Lage und bei beliebiger Beanspruchung durch äußere Kräfte als unveränderlich. Nur von solchen „starren" Körpern ist in diesem Bande die Rede.

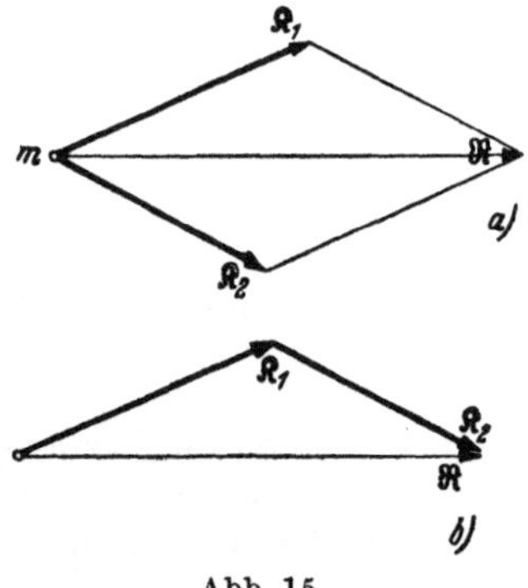

Abb. 15

In der Folge sollen, wenn nicht ausdrücklich etwas anderes gesagt wird, die am starren Körper angreifenden äußeren Kräfte als Einzelkräfte von endlicher Größe im Sinne der auf S. 3 dafür gegebenen Erläuterung aufgefaßt werden. Wie dort gezeigt wurde, besitzen diese Kräfte die Eigenschaft der Größe und Richtung. Sie sind also Vektoren und können zeichnerisch als begrenzte Strecken von bestimmter Richtung und bestimmtem Sinn dargestellt werden. Die Längen dieser Strecken, in Zentimeter gemessen, geben die Beträge der Kräfte an, wobei 1 [cm] Länge einer bestimmten, durch den „Kräftemaßstab" festzulegenden Anzahl von Kilogramm-Gewicht entspricht (z. B. 1 [cm] $\triangleq$ 1000 [kg]).

A. Ebene Kräftegruppen.

1. Zusammensetzung und Zerlegung der Kräfte am Massenpunkt.

An einem Massenpunkt m (der übrigens auch einem starren Körper angehören kann), mögen zwei Einzelkräfte $\Re_1$ und $\Re_2$ angreifen, die in Abb. 15a nach Größe und Richtung dargestellt sind. Infolge der Vektoreigenschaft der Kräfte gilt für ihre Zusammensetzung zu einer resultierenden Kraft (Resultante oder Mittelkraft) nach den Regeln der Vektorrechnung das Parallelogrammgesetz (S. 14). Danach kann die gesuchte Resultante $\Re$ nach Größe, Richtung und Sinn als Diagonale des aus $\Re_1$ und $\Re_2$ als Seiten gezeichneten Parallelogramms oder als Schlußlinie des aus ihnen gebildeten Streckenzuges dargestellt werden. Die so gewonnene Kraft $\Re$ ist den gegebenen Kräften $\Re_1$ und $\Re_2$ in ihrer Wirkung auf den Massenpunkt völlig gleichwertig. (Satz vom Parallelogramm der Kräfte).

In der hier gegebenen Formulierung ist dieses für die Zusammensetzung und Zerlegung von Kräften grundlegende Gesetz als ein Erfahrungssatz anzusprechen, der allerdings unter Zuhilfenahme gewisser einfacher Axiome auch **mathematisch bewiesen werden kann**[1]. Indessen stimmen alle Erfahrungen, die je über den Satz vom Parallelogramm der Kräfte gemacht sind, mit dessen Aussage vollkommen überein, so daß er für alle vorkommenden Fälle als streng gültig angesehen werden kann.

In vektorieller Schreibweise wird dieser Satz durch die Gleichung

$$\Re = \Re_1 + \Re_2$$

ausgedrückt. Die gegebenen Kräfte $\Re_1$ und $\Re_2$ sind stets in der Weise aneinander zu reihen, daß ihre Pfeile übereinstimmenden Umfahrungssinn haben, während der Pfeil der Resultante vom Anfangs- nach dem Endpunkt des aus $\Re_1$ und $\Re_2$ gebildeten Streckenzuges gerichtet ist (Abb. 15b).

Aus Abb. 15 entnimmt man sofort, daß der Betrag R der Resultante gleich der Summe $K_1 + K_2$ der Beträge von $\Re_1$ und $\Re_2$ wird, wenn diese Kräfte gleiche Richtung und gleichen Sinn haben. Besitzen $\Re_1$ und $\Re_2$ dagegen zwar gleiche Richtung aber entgegengesetzten Sinn, so wird R gleich der Differenz von K_1 und K_2; die Resultante hat dann den Sinn der größeren Kraft. Nun kann es noch

vorkommen, daß die Beträge der beiden entgegengesetzt gerichteten Kräfte gleich groß sind. Dann wird ihre Resultante zu Null, und der Massenpunkt verhält sich so, als ob gar keine Kraft auf ihn wirkte. Man sagt daher: **Zwei gleich große aber entgegengesetzt gerichtete Kräfte heben sich am Massenpunkt auf oder halten einander das Gleichgewicht.**

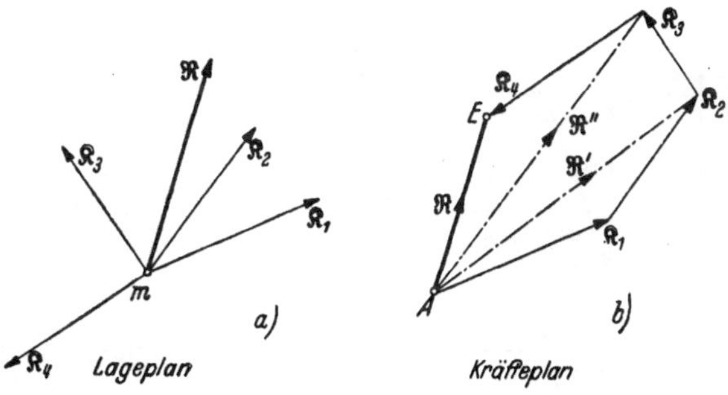

Abb. 16

Greifen am Punkte m beliebig viele, in derselben Ebene liegende Kräfte mit verschiedenen Richtungen an, so kann deren Resultante als geometrische Summe dieser Kräfte dargestellt werden. In Abb. 16 seien die Kräfte $\Re_1$ bis $\Re_4$ gegeben, deren Resultante $\Re$ gesucht ist. Von einem beliebigen Punkt A der Ebene aus reihe man in einer Hilfsfigur die gegebenen Kräfte zu einem Streckenzug von stetigem Umfahrungssinn aneinander. Die Verbindungslinie des Anfangspunktes A mit dem Endpunkt E dieses Streckenzuges gibt dann nach Größe, Richtung und Sinn die Resultante $\Re$ an. Der Beweis folgt einfach daraus, daß $\Re'$ die Resultante von $\Re_1$ und $\Re_2$, $\Re''$ diejenige von $\Re'$ und $\Re_3$ und schließlich $\Re$ diejenige von $\Re''$ und $\Re_4$, d. h. aller gegebenen Kräfte ist. Verlegt man noch die auf diese Weise gefundene Resultante $\Re$ durch Parallelverschiebung nach dem Massenpunkte m, so ist die Aufgabe gelöst. Die neben dem „Lageplan"

---

[1] Vgl. G. Hamel: Elementare Mechanik, 2. Aufl., S. 58.

der Kräfte gezeichnete Hilfsfigur wird als „Krafteck" oder „Kräfteplan" bezeichnet. Übrigens sei bemerkt, daß die Reihenfolge der Kräfte im Kräfteplan beliebig gewählt werden kann, entsprechend dem Vertauschungssatz der vektoriellen Addition (S. 13).

Analytische Darstellung.

Man denke sich jetzt das Krafteck der Abb. 16 auf ein rechtwinkeliges Koordinatensystem (X, Y) bezogen, dessen X-Achse mit den gegebenen Kräften die als bekannt anzusehenden Neigungswinkel α_1, α_2 ..., mit der Resultante den zunächst unbekannten Winkel α einschließt. Projiziert man nun die gegebenen Kräfte und ihre Resultante auf die beiden Achsen, so ist, wie man der Abb. 17 entnimmt

$$
\left.
\begin{aligned}
R \cos \alpha &= K_1 \cos \alpha_1 + \cdots + K_4 \cos \alpha_4 = \sum_{i=1}^{i=4} K_i \cos \alpha_i \\
R \sin \alpha &= K_1 \sin \alpha_1 + \cdots + K_4 \sin \alpha_4 = \sum_{i=1}^{i=n} K_i \sin \alpha_i
\end{aligned}
\right\} \tag{19}
$$

wobei $\sin \alpha_i$ und $\cos \alpha_i$ mit ihren Vorzeichen einzusetzten sind ($i = 1, 2, 3, 4$; $\sin \alpha_i$ ist im 1. und 2. Quadranten positiv, im 3. und 4. negativ; $\cos \alpha_i$ ist im 1. und 4. Quadranten positiv, im 2. und 3. negativ). Die Lage des gewählten Achsenkreuzes in der Ebene der gegebenen Kräftegruppe ist dabei ganz beliebig. Demnach sagen die vorstehenden Gleichungen aus, daß die **Projektion der Resultante auf eine beliebige Achse in der Ebene der gegebenen Kräftegruppe gleich der algebraischen Summe der Projektionen der Einzelkräfte ist.**

Setzt man zur Abkürzung

$$R \cos \alpha = R_x ; \qquad K_i \cos \alpha_i = X_i ;$$
$$R \sin \alpha = R_y ; \qquad K_i \sin \alpha_i = Y_i ,$$

so kann man den vorstehenden **Projektionssatz** in der einfachen Form schreiben

$$R_x = \sum_{i=1}^{i=n} X_i ; \qquad R_y = \sum_{i=1}^{i=n} Y_i . \tag{20}$$

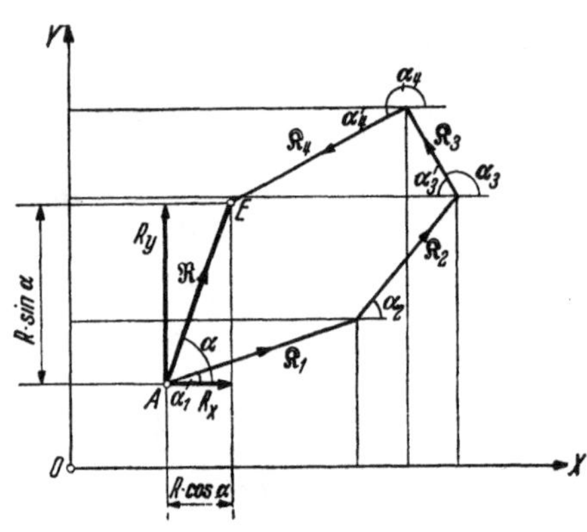

Abb. 17

Dieser hätte übrigens sofort aus den Gleichungen (8), S. 16 gefolgert werden können, welche allgemein für beliebige Vektoren Gültigkeit haben.

Mitunter führt man als Neigungswinkel der gegebenen Kräfte die „spitzen" Winkel ein, die diese mit der X-Achse einschließen, also in Abb. 17 $\alpha_3{}'$ an Stelle von α_3 und $\alpha_4{}'$ statt α_4. Dann lauten die Projektionsgleichungen (19) unter Beachtung des Richtungssinnes der Einzelkräfte, den man aus der Figur ohne weiteres erkennt,

$$
\left.
\begin{aligned}
R \cos \alpha &= K_1 \cos \alpha_1 + K_2 \cos \alpha_2 - K_3 \cos \alpha_3{}' - K_4 \cos \alpha_4{}' \\
R \sin \alpha &= K_1 \sin \alpha_1 + K_2 \sin \alpha_2 + K_3 \sin \alpha_3{}' - K_4 \sin \alpha_4{}'
\end{aligned}
\right\} \tag{19a}
$$

Hier sind natürlich alle Sinus und Kosinus der Neigungswinkel mit dem positiven Zeichen einzusetzen.

Die mittels der Projektionsgleichungen berechneten Komponenten R_x und R_y können positive oder negative Werte haben. Ein positives Vorzeichen bedeutet, daß die betreffende Komponente die Richtung der positiven Achse besitzt, der sie parallel ist, ein negatives Zeichen dagegen, daß sie die entgegengesetzte Richtung hat.

Die Gleichungen (19) bzw. (19a) oder (20) liefern zunächst die „Komponenten" der Resultante nach den Koordinatenachsen. Der Betrag R folgt daraus nach Abb. 17 sofort zu

$$R = \sqrt{R_x^2 + R_y^2} \tag{21}$$

Zur Bestimmung der Richtung von $\mathfrak{R}$ hat man nur noch den Neigungswinkel α zu berechnen. Für diesen ist

$$\operatorname{tg} \alpha = \frac{R_y}{R_x}, \tag{22}$$

womit die Resultante $\mathfrak{R}$ nach Größe, Richtung und Sinn eindeutig bestimmt ist. In vorstehender Gleichung sind R_x und R_y mit ihren Vorzeichen einzusetzen.

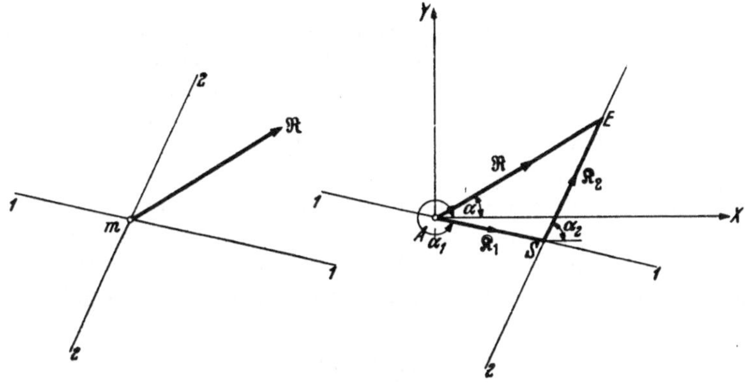

Abb. 18

Die Zerlegung einer gegebenen Kraft $\mathfrak{R}$ in einem Punkte m nach zwei Seitenkräften $\mathfrak{K}_1$ und $\mathfrak{K}_2$, deren Richtungslinien $1-1$ und $2-2$ vorgeschrieben sind (Abb. 18), ist die Umkehrung des Satzes vom Kräfteparallelogramm. Zu diesem Zwecke trägt man die Kraft $\mathfrak{R}$ in einem beliebigen Kräftemaßstab auf und zieht durch ihren Anfangspunkt A und Endpunkt E die Parallelen zu den gegebenen Seitenrichtungen. Der Schnittpunkt S dieser Parallelen bestimmt dann die Größe von $\mathfrak{K}_1$ und $\mathfrak{K}_2$. Der Pfeilsinn der Seitenkräfte ist unter sich stetig und demjenigen von $\mathfrak{R}$ entgegengesetzt, da jetzt wieder $\mathfrak{R} = \mathfrak{K}_1 + \mathfrak{K}_2$ sein muß.

Denkt man sich die drei Kräfte der Abb. 18 auf ein rechtwinkliges Achsenkreuz projiziert, dann muß nach dem Projektionssatz sein

$$R \cos \alpha = K_1 \cos \alpha_1 + K_2 \cos \alpha_2$$
$$R \sin \alpha = K_1 \sin \alpha_1 + K_2 \sin \alpha_2.$$

Bei der Zerlegungsaufgabe sind der Betrag R sowie die Richtungswinkel α, α_1 und α_2 gegen die X-Achse als gegeben anzusehen, die Beträge K_1 und K_2 dagegen gesucht. Die beiden vorstehenden Gleichungen genügen also gerade zur Berechnung von K_1 und K_2, vorausgesetzt, daß die Richtungen $1-1$ und $2-2$ nicht in dieselbe Gerade fallen. (In diesem Falle würden sich nämlich bei der Zerlegung unendlich große Seitenkräfte ergeben. Man sagt dann: die Aufgabe ist „statisch unbestimmt".)

Wären nicht zwei, sondern drei mit $\Re$ in einer Ebene liegende und sich mit dieser Kraft in einem Punkte schneidende Richtungen gegeben, nach denen $\Re$ zerlegt werden soll, so würden die Projektionsgleichungen lauten:

$$R \cos \alpha = K_1 \cos \alpha_1 + K_2 \cos \alpha_2 + K_3 \cos \alpha_3$$

$$R \sin \alpha = K_1 \sin \alpha_1 + K_2 \sin \alpha_2 + K_3 \sin \alpha_3,$$

wenn α_3 den Neigungswinkel der dritten Richtung gegen die X-Achse bezeichnet. Diese zwei Gleichungen reichen jedoch nicht aus, um die Beträge K_1, K_2 und K_3 eindeutig zu bestimmen. Man erkennt daraus, daß die Zerlegung einer Kraft in einem Punkte nach drei Richtungen nicht eindeutig möglich ist. (Auch diese Aufgabe ist statisch unbestimmt.)

2. Gleichgewicht der Kräfte am Massenpunkt.

Liefern die auf einen bewegten Massenpunkt wirkenden Kräfte eine Mittelkraft (Resultante) von der Größe $R = 0$, so bewegt sich der Punkt gerade so, als ob gar keine Kraft auf ihn wirkte. Seine Geschwindigkeit erfährt dann nach dem Trägheitsgesetz (S. 8) weder der Größe noch der Richtung nach eine Änderung. Er bewegt sich geradlinig und gleichförmig. Man sagt dann: die Kräfte halten sich am Massenpunkt im Gleichgewicht. Ein besonderer Fall ist der Ruhezustand, in dem nicht nur die Beschleunigung sondern auch die Geschwindigkeit des Punktes gleich Null ist.

Graphisch drückt sich der Gleichgewichtsfall einer Kräftegruppe dadurch aus, daß das aus den gegebenen Kräften gezeichnete Krafteck geschlossen ist und stetigen Umfahrungssinn besitzt. Das ist nötig, wenn die Resultante der Kräftegruppe zu Null werden soll. In vektorieller Schreibweise erhält man dafür

$$\Re = \sum_{i=1}^{i=n} \Re_i = 0. \tag{23}$$

Damit $\Re$ bzw. R verschwindet, müssen die Projektionen R_x und R_y auf zwei Koordinatenachsen X und Y gemäß Gl. (21) zu Null werden.

Für das Gleichgewicht einer ebenen, an einem Massenpunkt angreifenden Kräftegruppe gelten also die beiden Gleichgewichtsbedingungen

$$\left.\begin{aligned}
R_x &= \sum_{i=1}^{i=n} K_i \cos \alpha_i = \sum_{i=1}^{i=n} X_i = 0 \\
R_y &= \sum_{i=1}^{i=n} K_i \sin \alpha_i = \sum_{i=1}^{i=n} Y_i = 0
\end{aligned}\right\} \tag{24}$$

Es ergibt sich somit der wichtige Satz: An einem Massenpunkt halten sich beliebig viele in einer Ebene liegende Kräfte im Gleichgewicht, sofern die algebraische Summe ihrer Komponenten nach den Koordinatenachsen X und Y je gleich Null wird.

Einfaches Beispiel. Im Punkte A einer festen Wand ist ein gewichtslos angenommener Faden befestigt, an dessen freiem Ende eine Metallkugel M vom Gewicht G hängt, die als Massenpunkt aufgefaßt werden soll. Auf M wird in horizontaler Richtung eine Zugkraft von der Größe P ausgeübt (Abb. 19). Unter welchem Winkel α ist der Faden gegen die Horizontale geneigt?

Der Faden kann nur eine Zugkraft übertragen, die er an das Lager A abgeben muß. Gegen Druck oder Biegung ist er nicht widerstandsfähig. Die mechanische Wirkung des Fadens besteht also darin, daß er sowohl auf den Massenpunkt M als auch auf das Lager A eine in die Fadenrichtung fallende Zugkraft S ausübt, die als „Spannkraft" des Fadens bezeichnet werden soll. Im Punkte A hält die Lagerreaktion dieser Zugkraft S das Gleichgewicht, muß also gleiche Größe, aber entgegengesetzte Richtung wie diese haben. In der vorliegenden Aufgabe sind das Gewicht G und die Kraft P gegeben, S und α dagegen unbekannt.

a) Graphische Lösung. Damit am Punkte M Gleichgewicht herrscht, müssen die drei Kräfte G, P und S ein geschlossenes Krafteck von stetigem Umfahrungssinn bilden. Man trägt also in einem passend gewählten Kräftemaßstab (vgl. S. 20) die gegebenen Kräfte G und P unter Beachtung der aus Abb.19 ersichtlichen Richtungen auf, und zwar so, daß ihr Richtungssinn stetig ist. Verbindet man darauf den Anfangs- und Endpunkt dieses Streckenzuges, so liefert die Länge der Verbindungslinie (im Kräftemaßstab gemessen) die Größe der Zugkraft S und ihre Neigung gegen die Horizontale den gesuchten Winkel α. Da der Umfahrungssinn des ganzen Kräftedreiecks im Gleichgewichtsfall stetig sein muß, ist auch der Richtungssinn der Fadenspannkraft S bestimmt.

b) Analytische Lösung. Die Gleichgewichtsbedingungen (24), bezogen auf die horizontale und vertikale Richtung als Koordinatenachsen, liefern für den Massenpunkt M

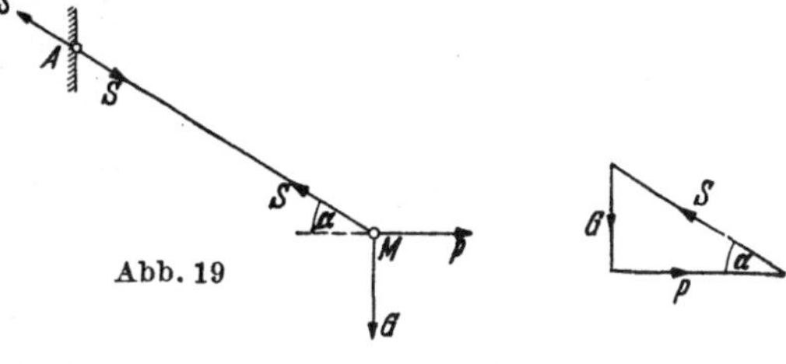

$$P - S \cos \alpha = 0$$

$$S \sin \alpha - G = 0.$$

Dividiert man die zweite durch die erste Gleichung, so erhält man $\operatorname{tg} \alpha = \dfrac{G}{P}$, womit α gefunden ist. Weiter folgt dann noch aus den beiden Gleichgewichtsbedingungen

Abb. 19

$$S = \frac{P}{\cos \alpha} = \frac{G}{\sin \alpha}.$$ Diese hier rechnerisch gefundenen Ergebnisse können übrigens sofort aus dem Krafteck der Abb. 19 abgelesen werden.

3. Der Momentensatz für eine ebene Kräftegruppe mit gemeinsamem Angriffspunkt.

Es sei $\Re$ eine am Punkte A eines starren Körpers in der Bildebene wirkende Kraft und O die Projektion einer zu dieser Ebene lotrechten Achse (Abb. 20) Dann heißt das Produkt aus dem Betrage K dieser Kraft und dem rechtwinkligen Abstand l ihrer Richtungslinie von O — dem sogenannten Hebelarm — das statische Moment oder kurz das Moment der Kraft $\Re$ in bezug auf die Achse O. Seine Größe ist demnach

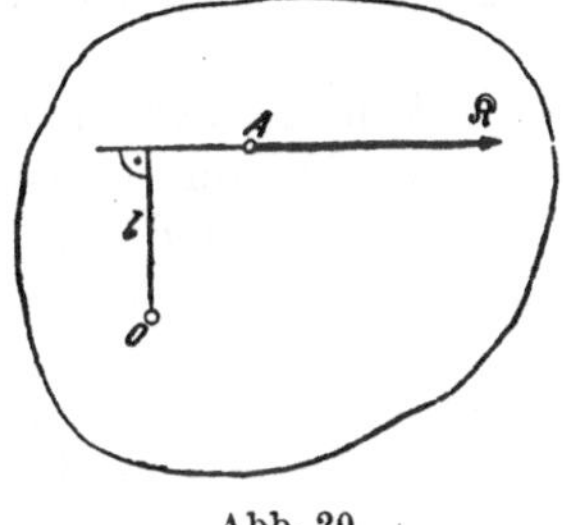

$$M = K \cdot l,$$

seine Dimension [kgm], da eine Kraft [kg] mit einer Länge [m] multipliziert wird.

Wie man aus Abb. 20 erkennt, sucht die Kraft $\Re$ den Körper um die Achse O zu drehen, und zwar im

Abb. 20

vorliegenden Falle rechts herum bzw. im Sinne des Uhrzeigers. Dieser Drehsinn soll hinfort als positiv bezeichnet und das von der Kraft $\Re$ in bezug auf die Achse O erzeugte Moment ein positives Moment genannt werden. In der Ebene kann man sich dabei die Achse O durch ihre Projektion auf die Bildebene, den Drehpunkt, ersetzt denken. Bei entgegengesetzter Richtung von $\Re$ wäre der Drehsinn dem hier vorliegenden entgegengesetzt, das Moment also negativ.

In einem Punkte A mögen jetzt mehrere in derselben Ebene liegende Kräfte $\Re_1$ bis $\Re_n$ angreifen, deren Resultante $\Re$ sei. Die entsprechenden Hebelarme, von der Achse O aus gemessen, seien mit l_1 bis l_n bzw. mit l bezeichnet. (In Abb. 21 sind nur die Kräfte $\Re_1$, $\Re_i$, $\Re_n$ und $\Re$ eingetragen.) Bezieht man die Kräftegruppe auf ein rechtwinkliges Achsenkreuz X, Y, dessen Y-Achse in die Richtung A—O fällt, und bezeichnen δ_1 bis δ_n bzw. δ die spitzen Winkel, welche die Kraftrichtungen mit der X-Achse einschließen, so ist, wie man der Abb. 21 sofort entnimmt,

$$l_i = \overline{AO} \cos \delta_i; \quad (i = 1 \text{ bis } n); \quad l = \overline{AO} \cos \delta. \tag{25}$$

Weiter folgt aus dem Projektionssatz [Gl. (20); man beachte hierbei die Vorzeichen, die sich aus der Richtung der Kraftprojektionen ergeben]:

$$R \cos \delta = K_1 \cos \delta_1 + \cdots + K_i \cos \delta_i + \cdots - K_n \cos \delta_n .$$

Nach Multiplikation mit der Länge $\overline{AO}$ folgt daraus unter Beachtung der Gl. (25)

$$R l = K_1 l_1 + \cdots + K_i l_i + \cdots - K_n l_n = \sum_{i=1}^{i=n} K_i l_i . \tag{26}$$

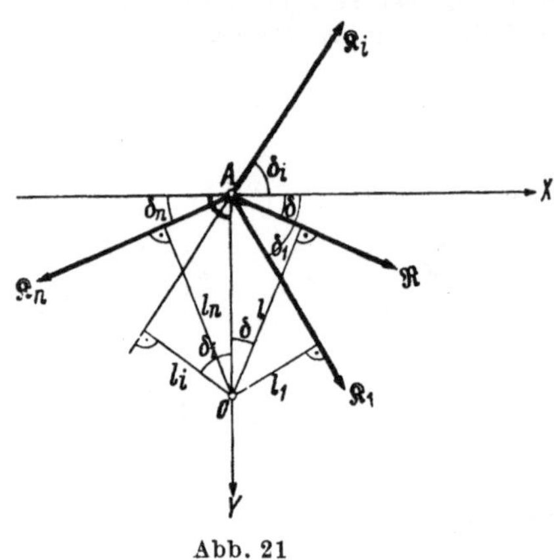
Abb. 21

$R l$ stellt das Moment der Resultante $\mathfrak{R}$ und $K_i l_i$ dasjenige der Kraft $\mathfrak{R}_i$ in bezug auf den Drehpunkt O dar. Gl. (26) spricht also den sogenannten Momentensatz aus: Das Moment der Resultante einer in einem Punkte A angreifenden Kräftegruppe in bezug auf einen beliebigen Drehpunkt O ist gleich der algebraischen Summe der Momente der Einzelkräfte. Dabei ist zu beachten, daß in der Momentensumme die einzelnen Momente mit ihren Vorzeichen einzusetzen sind, also positiv, wenn die Momente im Uhrzeigersinn drehen, negativ bei entgegengesetztem Drehsinn.

Wie man sieht, kommt einem Moment außer seiner Größe noch ein bestimmtes Vorzeichen zu. Indessen ist das Moment durch die bisherigen Festsetzungen noch nicht eindeutig bestimmt. In Abb. 20 ist zwar der Drehsinn vereinbarungsgemäß positiv, sobald man die Figur von oben betrachtet, er kehrt sich jedoch um, falls man die Figur von der Rückseite des Blattes ansehen würde. In der Ebene kommt dies allerdings im allgemeinen nicht in Frage; anders liegen die Dinge aber im Raume, wie später gezeigt wird.

Diese hier angedeutete Unbestimmtheit läßt sich beheben, wenn man das Moment, ähnlich wie die Kraft (aber von anderer Dimension als diese), als Vektor einführt. Zu diesem Zwecke denke man sich senkrecht zu der durch die Kraftrichtung und den Punkt O bestimmten Ebene (kurz Drehungsebene genannt) eine Strecke aufgetragen, deren Länge in einem entsprechenden Momentenmaßstabe (1[cm] $\triangleq n$ [kgm], wo n eine Zahl ist) gemessen, die Größe des Momentes, seinen Betrag, angibt. Damit ist zunächst die Lage der Drehungsebene und die Größe des Momentes zum Ausdruck gebracht; es fehlt aber noch der Drehsinn. Um auch diesen eindeutig zu bestimmen, soll für die Folge die — an sich willkürliche — Festsetzung getroffen werden, daß die gerichtete Strecke, welche das Moment als Vektor darstellt, der Momentenvektor $\mathfrak{M}$, nach derjenigen Seite der Drehungsebene aufgetragen werden soll, von der aus gesehen die Kraft positiv, d. h. im Uhrzeigersinn um den Punkt O dreht. In Abb. 20 wäre also der Momentenvektor $\mathfrak{M}$ rechtwinkelig zur Bildebene, und zwar nach

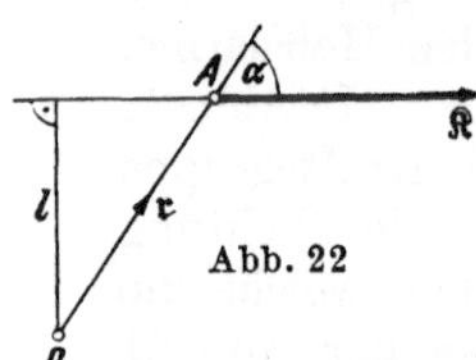
Abb. 22

dem Beschauer hin aufzutragen. Die Länge der ihn darstellenden Strecke, in dem vorher festzulegenden Momentenmaßstabe gemessen, gibt die Größe des Momentes, nämlich $M = K \cdot l$ an.

Durch diese Auffassung des Momentes als Vektor ergibt sich nun zwangsläufig seine Darstellung als äußeres Produkt zweier gerichteter Größen (vgl. S. 17). In Abb. 22 ist $\mathfrak{R}$ als Vektor aufgetragen und der Drehpunkt O mit dem Kraftangriffspunkt A durch den Radiusvektor $\mathfrak{r}$ verbunden, dessen Richtung von O nach A angenommen wird. Nach den Ausführungen auf S. 18 bezeichnet $[\Re\mathfrak{r}]$ das äußere Produkt der Vektoren $\Re$ und $\mathfrak{r}$, dessen Betrag

$$Kr \sin \alpha = Kl = M\,,$$

d. h. gleich dem Betrag des Momentes der Kraft $\Re$ in bezug auf O ist. Darin gibt α den Winkel an, den die positiven Richtungen von $\Re$ und $\mathfrak{r}$ miteinander bilden. Das äußere Produkt $[\Re\mathfrak{r}]$ ist selbst wieder ein Vektor, welcher lotrecht zur Ebene der Vektoren $\Re$ und $\mathfrak{r}$ steht, und dessen Sinn so zu wählen ist, daß die Richtungen von $\Re$, $\mathfrak{r}$ und $[\Re\mathfrak{r}]$ ein Rechtssystem im Raume bestimmen. Man erkennt daraus, daß $\mathfrak{M}$ mit $[\Re\mathfrak{r}]$ identisch ist, denn beide Vektoren haben den gleichen Betrag, stehen rechtwinklig zu der durch O und $\Re$ bestimmten Ebene und haben übereinstimmenden Richtungssinn. Für den Momentenvektor gilt also die Beziehung

$$\mathfrak{M} = [\Re\mathfrak{r}]\,.$$

Der oben für eine ebene Kräftegruppe bewiesene Momentensatz läßt sich nun unter Benutzung des Verteilungsgesetzes der äußeren Multiplikation sofort auch in vektorieller Form anschreiben. In Abb. 23 sei wieder

$$\Re = \Re_1 + \Re_2 + \cdots + \Re_n = \sum_{i=1}^{i=n} \Re_i \qquad (27)$$

die Resultante einer ebenen, in A angreifenden Kräftegruppe und O ein beliebiger in der Ebene liegender Drehpunkt, der mit A durch den Radiusvektor $\mathfrak{r}$ verbunden ist. Das Moment $\mathfrak{M}$ der Resultante ist das äußere Produkt aus $\Re$ und $\mathfrak{r}$, also

$$\mathfrak{M} = [\Re\mathfrak{r}]\,.$$

Ersetzt man hier $\Re$ durch die Summe (27), so folgt unter Beachtung der Gl. (16), S. 19

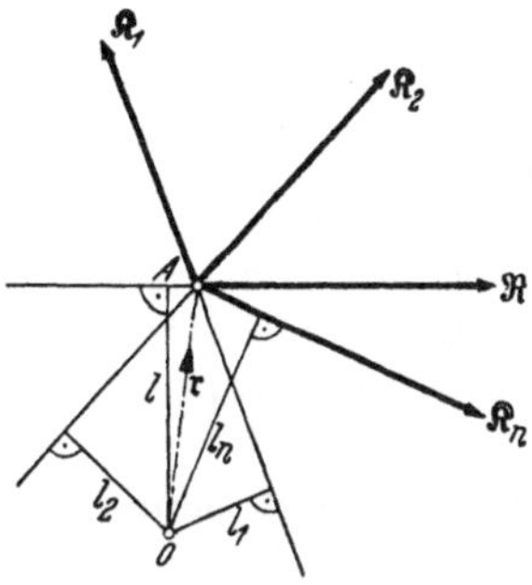

Abb. 23

$$\mathfrak{M} = [(\Re_1 + \Re_2 + \cdots + \Re_n)\mathfrak{r}] = [\Re_1\mathfrak{r}] + [\Re_2\mathfrak{r}] + \cdots + [\Re_n\mathfrak{r}]$$

oder

$$\mathfrak{M} = [\Re\mathfrak{r}] = \sum_{i=1}^{i=n} [\Re_i\mathfrak{r}]\,, \qquad (28)$$

wobei allgemein $[\Re_i\mathfrak{r}]$ das Moment der Kraft $\Re_i$ in bezug auf O darstellt ($i = 1, 2, \ldots n$). Gl. (28) spricht also den Satz aus: Der Momentenvektor der Resultante ist gleich der geometrischen Summe der Momentenvektoren der Einzelkräfte. Nun ist aber im vorliegenden Falle die Richtung aller Momentenvektoren durch die Normale zur Bildebene bestimmt, da alle Kräfte in der gleichen Ebene liegen. Der Pfeilsinn von $\mathfrak{M}_2$, $\mathfrak{M}_n$ und $\mathfrak{M}$ in Abb. 23 weist nach vorn, der von $\mathfrak{M}_1$ dagegen nach hinten, denn $\Re_2$, $\Re_n$ und $\Re$ drehen von vorn gesehen im Uhrzeigersinn um O, $\Re_1$ aber im entgegengesetzten Sinn. Die geometrische Summierung der Vektoren geht also bei einer ebenen Kräftegruppe in eine algebraische Summierung der Momentenbeträge über, weshalb Gl. (28) auch in der algebraischen Form (26) geschrieben werden kann. Bei Aufgaben der Ebene braucht man sich also um die Vektoreigenschaft des Momentes nicht weiter zu kümmern, sondern hat lediglich Größe und Vorzeichen (Drehsinn) der einzelnen Momente zu beachten. Je nachdem die rechte Seite von (26) ein positives oder negatives Vorzeichen liefert, wird das Moment der Resultante positiv oder negativ.

4. Zusammensetzung ebener Kräftegruppen am starren Körper.

Um die bisher besprochenen Regeln über die Zusammensetzung von Kräften mit gemeinsamem Angriffspunkt auch auf Kräfte anwenden zu können, die am starren Körper verstreut angreifen, stützt man sich zunächst auf das folgende durch die Erfahrung bestätigte Grundgesetz: Zwei gleichgroße, entgegengesetzt gerichtete Kräfte, deren Richtungslinien in dieselbe Gerade fallen, und die in zwei beliebigen Punkten dieser Geraden an einem starren Körper angreifen, haben auf den äußeren Zustand des Körpers keinen Einfluß. Sie heben sich gegenseitig auf bzw. halten sich im Gleichgewicht[1].

Aus diesem Grundgesetz läßt sich sofort der folgende wichtige Satz ableiten: An einem starren Körper kann jeder Punkt der Richtungslinie einer Kraft als ihr Angriffspunkt angesehen werden. Greift nämlich

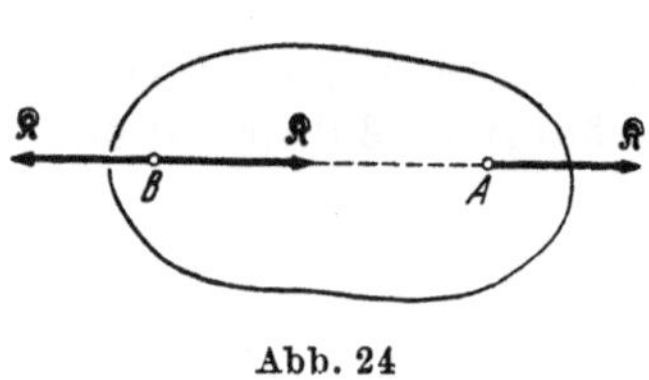

Abb. 24

eine Kraft $\Re$ im Punkte A eines starren Körpers an (Abb. 24) und ist B ein beliebiger, dem Körper angehöriger Punkt ihrer Richtungslinie, so kann man im Punkte B zwei in die Gerade A—B fallende, gleich große und entgegengesetzt gerichtete Kräfte $\Re$ und $-\Re$ anbringen, ohne an dem äußeren Zustand des Körpers etwas zu ändern. Da aber nach dem obigen Grundgesetz die in A angreifende Kraft $\Re$ die ihr entgegengesetzt gerichtete in B aufhebt, so bleibt als gleichwertig mit der ursprünglich angegebenen die in B angreifende Kraft $\Re$ von gleicher Größe und Richtung über. Man erkennt daraus, daß es am starren Körper überhaupt nicht auf den Angriffspunkt einer Kraft ankommt, sondern daß nur ihre Richtungslinie wesentlich ist. Aus diesem Grunde nennt man die Kraft auch einen linienflüchtigen Vektor.

a) Zusammensetzung zweier Kräfte mit sich schneidenden Richtungslinien.

Die gegebenen Kräfte $\Re_1$ und $\Re_2$ (Abb. 25) mit den Angriffspunkten A und B lassen sich nach dem vorstehenden Satz an den Schnittpunkt C ihrer Richtungslinien verlegen und hier durch ihre Resultante $\Re$ nach dem Parallelogrammgesetz ersetzen. Der Resultante darf dann aber wiederum irgend ein beliebiger Punkt D ihrer Richtungslinie als Angriffspunkt zugewiesen werden. Dabei ist es gleichgültig, ob der Schnittpunkt C der Kraftlinien dem Körper angehört oder nicht, weil die in D angreifende Kraft $\Re$ den gegebenen Kräften $\Re_1$ und $\Re_2$ in A und B völlig gleichwertig ist.

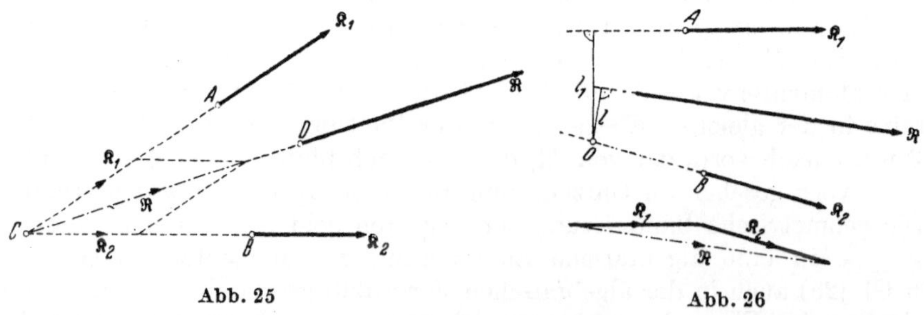

Abb. 25   Abb. 26

Mitunter ist der Schnittpunkt C der Kraftlinien wegen ungünstiger Lage nicht benutzbar. Man kann dann Größe, Richtung und Sinn der Resultante leicht finden, indem man das Krafteck an einer beliebigen anderen Stelle zeichnet.

---

[1] Vgl. hierzu S. 125.

Zur Bestimmung der richtigen Lage von $\Re$, die oben durch den Punkt C festgelegt war, benutzt man dann zweckmäßig den Momentensatz.

In Abb. 26 sind Größe, Richtung und Sinn von $\Re$ in einer Hilfsfigur bestimmt. Als Momentendrehpunkt kann ein beliebiger Punkt O der Kraftebene gewählt werden. Man wird ihm also zweckmäßig eine solche Lage geben, daß die Rechnung möglichst einfach wird. Dies ist der Fall, wenn man O auf einer der gegebenen Kraftrichtungen (z. B. von $\Re_2$) annimmt, da dann die betreffende Kraft nicht in die Momentengleichung eingeht (ihr Hebelarm wird gleich Null). Aus Abb. 26 folgt sofort

$$Rl = K_1 l_1 \qquad \text{oder} \qquad l = \frac{K_1 l_1}{R},$$

womit die Lage der Resultante $\Re$ bestimmt ist. Diese muß den gleichen Drehsinn um O haben wie $\Re_1$, da beide Momente auch im Vorzeichen übereinstimmen müssen. Um also die Lage von $\Re$ am starren Körper zu erhalten, hat man nur im Abstand l von O die Parallele zu der in der Hilfsfigur gefundenen Richtung von $\Re$ zu ziehen, und zwar auf derjenigen Seite von O, für welche sich gleicher Drehsinn von $\Re$ und $\Re_1$ in bezug auf O ergibt.

b) Graphische Ermittlung der Resultante einer ebenen Kräftegruppe. Seilpolygon.

α) **Kräfte verschiedener Richtung.** In Abb. 27 seien $\Re_1$ bis $\Re_4$ die gegebenen Kräfte, die ohne gemeinsamen Angriffspunkt, aber in derselben Ebene, an einem starren Körper (dessen Umgrenzung hier weggelassen ist) angreifen mögen. Man verschiebe zunächst zwei der Kräfte, $\Re_1$ und $\Re_2$, in ihrer Richtung bis zum Schnittpunkt a ihrer Richtungslinien, vereinige sie hier zur Mittelkraft $\Re'$, verschiebe diese und die folgende Kraft $\Re_3$ in ihren Richtungen bis zum Schnittpunkt b und setze sie hier zur Mittelkraft $\Re''$ zusammen. Verfährt man schließlich in gleicher Weise mit $\Re''$ und $\Re_4$, so stellt deren Mittelkraft die gesuchte Resultante $\Re$ der Kräftegruppe $\Re_1$ bis $\Re_4$ nach Größe, Sinn und Lage dar, da $\Re'$ die Kräfte $\Re_1$ und $\Re_2$, $\Re''$ die Kräfte $\Re_1$, $\Re_2$ und $\Re_3$ und schließlich $\Re$ alle vier Kräfte in ihrer Wirkung am starren Körper vollkommen ersetzt.

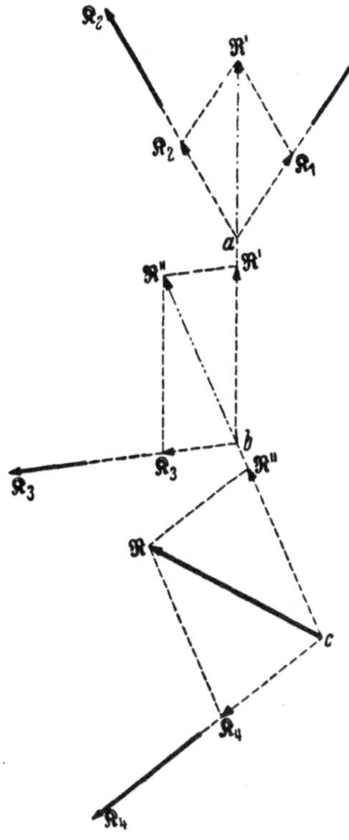

Größe, Richtung und Sinn der Kräfte $\Re'$, $\Re''$ und $\Re$ lassen sich auch, und zwar bequemer, in einer Hilfsfigur (Abb. 27a) ermitteln, indem man die im Lageplan gegebenen Kräfte $\Re_1$ bis $\Re_4$ durch Parallelverschiebung zu einem Krafteck aneinander reiht, so daß die Pfeilrichtungen einander folgen. Man erkennt daraus, daß die Resultante einer am Körper verstreut angreifenden Kräftegruppe nach Größe, Richtung und Sinn die gleiche ist, als wenn die Kräftegruppe in einem Punkte des Körpers angreifen würde, d. h. es ist auch hier

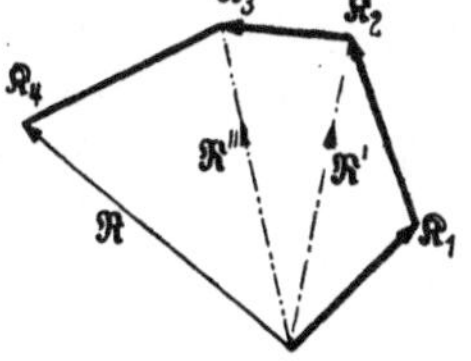

$$\Re = \Re_1 + \Re_2 + \cdots + \Re_n.$$

Nur die Lage der Resultante muß besonders bestimmt werden, da zunächst kein Punkt ihrer Richtungslinie bekannt ist. Wie man aus der obigen Darstellung sieht,

Abb. 27

Abb. 27a

kann diese Aufgabe durch wiederholte Anwendung des Satzes vom Kräfteparallelogramm gelöst werden.

Bei einer größeren Anzahl von Kräften ist das vorstehende Verfahren zu umständlich. Zur Darstellung der Resultante bedient man sich deshalb zweckmäßiger eines sogenannten Seilpolygons, dessen Konstruktion nachstehend besprochen werden soll.

Im Lageplan der Abb. 28 bezeichnen wieder $\mathfrak{K}_1$ bis $\mathfrak{K}_4$ die gegebenen Kräfte, deren Resultante $\mathfrak{R}$ bestimmt werden soll. Zunächst wird in einem Kräfteplan $\mathfrak{R}$ nach Größe, Richtung und Sinn als geometrische Summe der Einzelkräfte $\mathfrak{K}_1$ bis $\mathfrak{K}_4$ dargestellt (Abb. 28a). Darauf wähle man in der Ebene des Kraftsystems einen beliebigen Punkt — den Pol 0 — und ziehe von 0 nach den Eckpunkten 1 bis 5 des Kraftecks die Polstrahlen $\overline{01} = I$, $\overline{02} = II \cdots \overline{05} = V$. Der Pol 0 ist so zu wählen, daß die Figur möglichst übersichtlich wird; er kann natürlich auch außerhalb des Kraftecks angenommen werden, wenn dies als

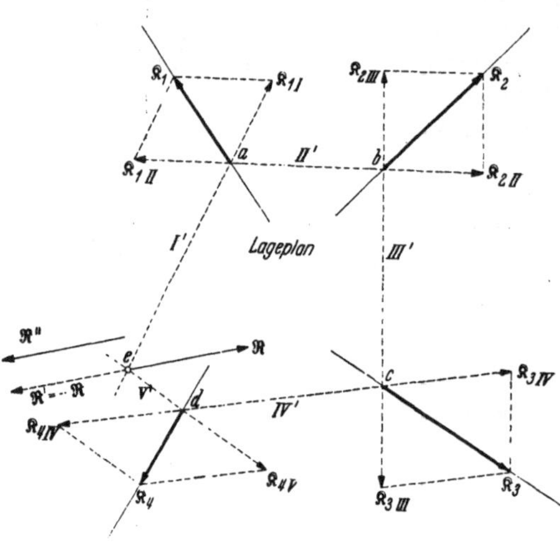

Abb. 28

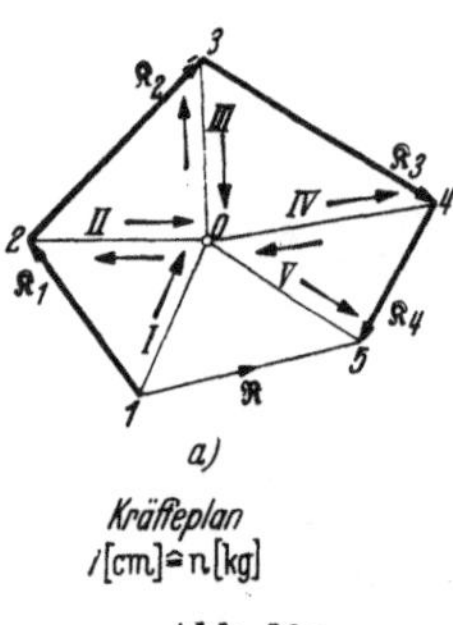

Abb. 28a

zweckmäßig erscheint. Durch einen im Lageplan auf der Kraftrichtung von $\mathfrak{K}_1$ geeignet gelegenen (im übrigen aber beliebigen) Punkt a ziehe man jetzt die Parallelen I' und II' zu den Polstrahlen I und II und zerlege $\mathfrak{K}_1$ nach diesen Richtungen in die Seitenkräfte $\mathfrak{K}_{1I}$ und $\mathfrak{K}_{1II}$, deren Beträge gleich den Längen der Polstrahlen I und II im Kräfteplan sind. Die Richtungslinie II' von $\mathfrak{K}_{1II}$ bringe man in b mit $\mathfrak{K}_2$ zum Schnitt, ziehe durch b die Parallele III' zum Polstrahl III und zerlege $\mathfrak{K}_2$ nach den Richtungen II' und III' in die Seitenkräfte K_{2II} und K_{2III}. Darauf geht man in gleicher Weise zu den Punkten c und d und führt die Zerlegung der Kräfte $\mathfrak{K}_3$ bzw. $\mathfrak{K}_4$ in ihre entsprechenden Seitenkräfte durch. Damit sind alle gegebenen Kräfte durch Seitenkräfte ersetzt, die den Richtungen der Polstrahlen parallel laufen. Aus dem Kräfteplan ersieht man, daß $\mathfrak{K}_{1II} = -\mathfrak{K}_{2II}$, $\mathfrak{K}_{2III} = -\mathfrak{K}_{3III}$ u. s. f. ist, da die Beträge dieser Kräfte gleich den Längen der Polstrahlen II bzw. III u. s. f., ihre Richtungen aber entgegengesetzt sind. Die Seitenkräfte heben sich also in ihrer Wirkung am starren Körper paarweise auf, und es bleiben nur die erste Seitenkraft $\mathfrak{K}_{1I}$ sowie die letzte Seitenkraft $\mathfrak{K}_{4V}$ über, welche das gegebene Kräftesystem vollkommen ersetzen. Bringt man diese allein übrigbleibenden Kräfte im Punkte e zum Schnitt, so muß durch diesen Punkt ihre Resultante R gehen, die zugleich Resultante der gegebenen Kräftegruppe $\mathfrak{K}_1$ bis $\mathfrak{K}_4$ ist. Damit ist die Lage der Resultante am starren Körper gefunden.

Würde man im Punkte e an Stelle von $\mathfrak{R}$ die Kraft $\mathfrak{R}' = -\mathfrak{R}$ wirken lassen, so wäre das Krafteck geschlossen und der Umfahrungssinn aller Kräfte stetig. Die Kräftegruppe $\mathfrak{K}_1$ bis $\mathfrak{K}_4$ würde mit der Kraft $\mathfrak{R}'$ gerade im Gleichgewicht stehen. Man kann sich diesen Zustand etwa so vorstellen, daß man sich die Punkte a bis e durch ein Seil verbunden denkt und die entsprechenden Kräfte in diesen Punkten angreifen läßt. Aus diesem Grunde nennt man den Linienzug a, b, $\cdots e$ das Seileck oder auch Seilpolygon der Kräftegruppe.

Die vorstehende Überlegung zeigt, daß bei einer im Gleichgewicht befindlichen Kräftegruppe sowohl das Krafteck als auch jedes mit Hilfe eines beliebigen Poles gezeichnete Seileck geschlossen sein muß. Das schließende Krafteck allein ist wohl eine notwendige, aber noch nicht hinreichende Bedingung für das Gleichgewicht, denn es setzt nur voraus, daß die gegebenen Kräfte die zum Gleichgewicht notwendige Größe und Richtung haben. Nun ist aber bei einer am Körper verstreut angreifenden Kräftegruppe das Gleichgewicht auch von der Lage der einzelnen Kräfte abhängig. Würde z. B. in Abb. 28 die das Gleichgewicht haltende Kraft $\Re'$ nicht in die gleiche Richtung fallen wie $\Re$, sondern die aus der Figur ersichtliche parallele Lage $\Re''$ haben, so würde zwar das Krafteck wegen $R'' = R$ auch schließen, nicht aber das Seileck. Die Resultante $\Re$ der Kräfte $\Re_1$ bis $\Re_4$ und die Kraft $\Re''$ würden ein „Kräftepaar“ (S. 33) bilden, das den Körper in Drehung zu setzen versucht. Die graphischen Kennzeichen für das Gleichgewicht einer ebenen Kräftegruppe sind also geschlossenes Krafteck und geschlossenes Seileck.

Bei der unmittelbaren Zeichnung des Seilpolygons zur Bestimmung der Lage von $\Re$ ist die Zerlegung der Kräfte $\Re_1$, $\Re_2$, $\ldots$ in den Punkten a, b, $\ldots$ nicht erforderlich. Sie ist hier nur geschehen, um das Wesen des Verfahrens klarer hervortreten zu lassen. Die Konstruktion des Seilpolygons gestaltet sich danach einfach wie folgt: Man zeichnet zunächst das Krafteck $1-2-3-4-5$ und erhält in dessen Schlußlinie $1-5$ die Resultante $\Re$ nach Größe, Richtung und Sinn. Zur Bestimmung ihrer Lage zeichnet man das Seileck, indem man einen geeigneten Pol 0 wählt, die Polstrahlen I bis V zieht und von irgendeinem Punkte a der

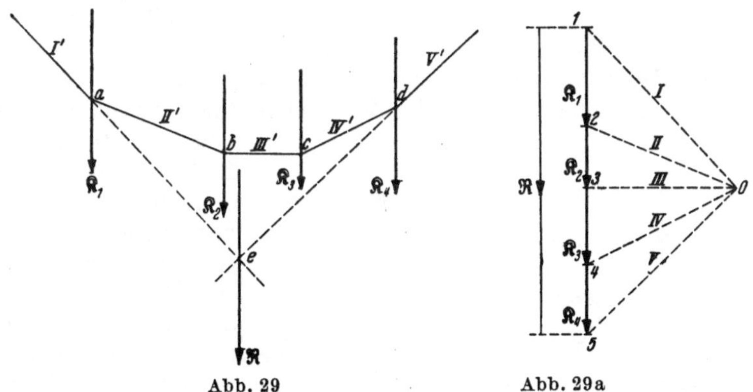

Abb. 29   Abb. 29a

Kraftrichtung $\Re_1$ ausgehend die Seileckseite I' parallel zum Polstrahl I, die Seileckseite II' parallel dem Polstrahl II bis zum Schnittpunkt b mit $\Re_2$ usw. alle Seileckseiten parallel den zugehörigen Polstrahlen zieht. Durch den Schnittpunkt der ersten und letzten Seileckseite I' und V' geht die Resultante. Damit ist ihre Lage am starren Körper bestimmt.

Mit Hilfe des einmal gezeichneten Kraft- und Seilecks kann ohne weiteres auch die Mittelkraft für einzelne Kräfte des Kraftsystems angegeben werden. Beispielsweise ist die Mittelkraft von $\Re_1$, $\Re_2$ und $\Re_3$ nach Richtung und Größe gleich der Linie $1-4$ des Kräfteplanes. Ihre Lage ist bestimmt durch den Schnittpunkt, der die Kräfte $\Re_1$, $\Re_2$ und $\Re_3$ einschließenden Seileckseiten I' und IV'.

Bei der Anwendung des vorstehenden Verfahrens erscheinen alle Kräfte im Lageplan nur in ihren Richtungslinien, im Kräfteplan dagegen nach Größe, Richtung und Sinn.

β) **Parallelkräfte.** Das oben beschriebene Verfahren läßt sich ohne weiteres auch auf Parallelkräfte anwenden. Das Krafteck geht in diesem Falle in eine gerade Linie über. Haben alle Kräfte gleichen Richtungssinn, so reihen sie sich in derselben Richtung aneinander, und die Schlußlinie des Kraftecks, die Mittelkraft, ist gleich der algebraischen Summe der Einzelkräfte (Abb. 29).

Haben die gegebenen Kräfte verschiedenen Richtungssinn (Abb. 30), so decken sie sich im Krafteck teilweise. Die Beiträge der Einzelkräfte zur Mittelkraft fallen z. T. negativ aus. In Abb. 30a ist beispielsweise die Kraft $\Re_1$ durch die abwärts gerichtete Strecke *1—2* dargestellt, die Kraft $\Re_2$ durch die aufwärts gerichtete Strecke *2—3*. Die Mittelkraft beider, die Strecke *1—3*, ist gleich der Differenz der beiden Kraftbeträge. Die abwärts gerichteten Kräfte $\Re_3$ und $\Re_4$ reihen sich als Strecken *3—4* und *4—5* an, und die Schlußlinie ist die Resultante der ganzen Kräftegruppe.

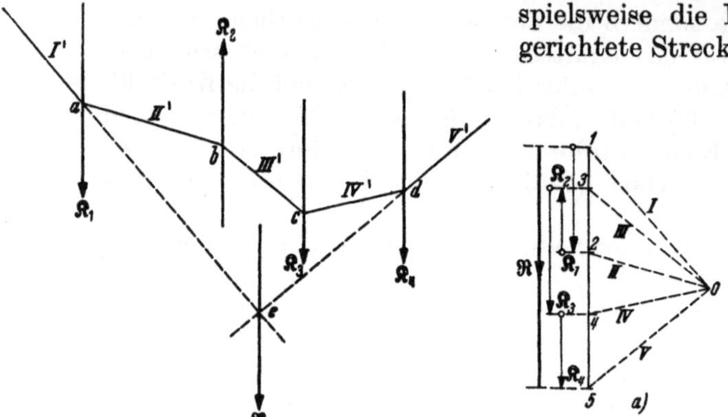

Abb. 30   Abb. 30a

Bei der Zeichnung des Seilpolygons ist hier besonders auf die Reihenfolge der Polstrahlen *I, II, III* ... zu achten. Durch den Schnittpunkt *e* der äußeren, d. h. der ersten und letzten Seileckseite *I'* und *V'*, ist die Mittelkraft $\Re$ ihrer Lage nach bestimmt.

γ) **Zwei Parallelkräfte von entgegengesetztem Richtungssinn — Kräftepaar.** Besondere Aufmerksamkeit verdient die Zusammensetzung zweier Parallelkräfte von entgegengesetztem Richtungssinn. Abb. 31 zeigt das nach dem oben beschriebenen Verfahren gezeichnete Kraft- und Seileck. Die Schlußlinie *1—3* des Kraftecks ist die Resultante der gegebenen Kräfte $\Re_1$ und $\Re_2$, von denen $\Re_1$ abwärts, $\Re_2$ dagegen aufwärts gerichtet ist $(K_1 > K_2)$. Der Schnittpunkt *c* der äußeren, die gegebenen Kräfte einschließenden Seileckseiten *I'* und *III'*, der die Lage der Resultante $\Re$ bestimmt, liegt auf der Seite der größeren Kraft $\Re_1$.

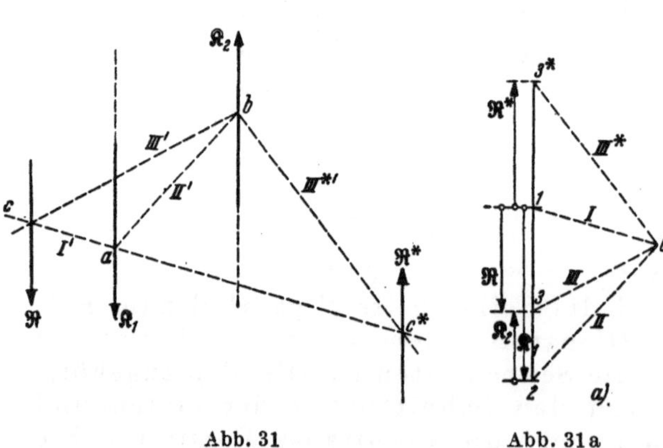

Abb. 31   Abb. 31a

Läßt man K_2 allmählich wachsen und schließlich gleich K_1 werden, so nähert sich im Krafteck der Punkt *3* allmählich dem Punkte *1* und fällt schließlich mit *1* zusammen; ebenso der Polstrahl *III* mit dem Polstrahl *I*. Die Schlußlinie *1—3*, welche die Größe der Resultante angibt, wird zu Null, die äußeren Seileckseiten *I'* und *III'* werden einander parallel. In diesem Grenzfalle, gekennzeichnet durch eine Resultante $\Re = 0$, die durch den unendlich fernen Punkt der Ebene geht, nennt man die beiden Parallelkräfte ein **Kräftepaar**. Die mechanischen Eigenschaften eines solchen werden später erörtert (S. 35).

Läßt man K_2 noch weiter wachsen, so rückt der Punkt *3* des Kraftecks über *1* hinaus nach *3**, die Mittelkraft $\Re^*$ wechselt ihr Vorzeichen, und der Schnittpunkt *c** der Seileckseiten *I'* und *III*'* fällt auf die rechte Seite der Kraft $\Re_2$, die jetzt die größere ist. Die Mittelkraft zweier Parallelkräfte von entgegengesetztem Richtungssinn liegt also stets außerhalb der beiden Kräfte, und zwar auf der Seite der größeren von ihnen.

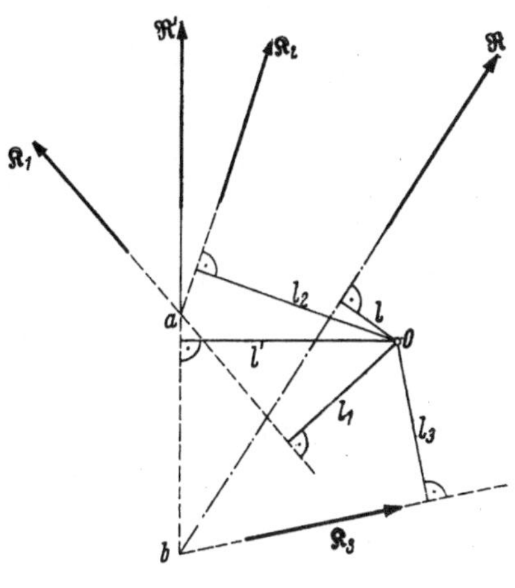

Abb. 32

c) Der Momentensatz
für eine am starren Körper verstreut
angreifende ebene Kräftegruppe.

In Abb. 32 bezeichnen $\Re_1$, $\Re_2$, $\Re_3$ eine in derselben Ebene des Körpers liegende Kräftegruppe. *O* sei ein in die gleiche Ebene fallender beliebiger Drehpunkt, l_1, l_2, l_3 die Hebelarme der Kräfte in bezug auf *O*. Bringt man $\Re_1$ und $\Re_2$ in *a* zum Schnitt und bestimmt die Resultante $\Re'$ dieser Kräfte, so ist, wenn l' den Hebelarm von $\Re'$ bezeichnet, nach dem Momentensatz einer in einem Punkte angreifenden Kräftegruppe

$$R'l' = K_1 l_1 + K_2 l_2.$$

Nun bringe man $\Re'$ mit $\Re_3$ in *b* zum Schnitt und bestimme deren Resultante $\Re$, die in bezug auf *O* den Hebelarm *l* haben möge. Dann ist unter Beachtung des Momentendrehsinns der Abb. 32

$$Rl = R'l' - K_3 l_3 = K_1 l_1 + K_2 l_2 - K_3 l_3 = \sum_{i=1}^{i=3} K_i l_i.$$

Da aber $\Re$ zugleich die Resultante der gegebenen Kräftegruppe ist, so sagt die vorstehende Gleichung aus, daß auch für eine verstreut am Körper angreifende Kräftegruppe das Moment der Resultante in bezug auf einen in der Ebene der Kräftegruppe beliebig gewählten Drehpunkt *O* gleich der algebraischen Summe der Momente der Einzelkräfte ist. Was hier für drei Kräfte gezeigt wurde, gilt in analoger Weise auch für beliebig viele Kräfte.

d) Rechnerische Ermittlung der Resultante.

Bei der rechnerischen Bestimmung der Resultante bedient man sich zweckmäßig wieder der Komponentendarstellung, indem man die gegebenen Kräfte durch ihre Komponenten nach zwei rechtwinkeligen Koordinatenachsen *X* und *Y* ersetzt (Abb. 33). Zu diesem Zwecke zerlegt man zunächst die gegebenen Kräfte $\Re_i$ ($i = 1, 2, \ldots n$) in einem beliebigen Punkt *i* ihrer Richtungslinie (bei einer Kraft kann ja jeder Punkt der Richtungslinie als Angriffspunkt angesehen werden, S. 28) in ihre Komponenten

$$X_i = K_i \cos \alpha_i; \quad Y_i = K_i \sin \alpha_i.$$

Da nach den Ausführungen auf S. 29 die Resultante einer verstreut am Körper angreifenden Kräftegruppe nach Größe, Richtung und Sinn die gleiche ist, als wenn alle Kräfte in einem Punkte angreifen würden, so gelten auch hier zu deren Bestimmung die Gl. (20), (21) und (22) unverändert.

Aus dem Vorzeichen von R_x und R_y ergibt sich der Richtungssinn von $\Re$. Sind z. B. R_x und R_y beide positiv (Abb. 33a), so liegt α im 1. Quadranten $\left(0 < \alpha < \dfrac{\pi}{2}\right)$. Ist dagegen etwa R_x positiv, R_y aber negativ (Abb. 33b), so liegt α im 4. Quadranten $(\tfrac{3}{2}\,\pi < \alpha < 2\,\pi)$.

Es bedarf jetzt nur noch der Bestimmung der Lage von $\Re$. Diese kann mit Hilfe des Momentensatzes sofort angegeben werden. Wählt man den Koordinatenursprung O als Drehpunkt, so liefert der Momentensatz

$$R\,l = \sum_{i=1}^{i=n} X_i\,y_i - \sum_{i=1}^{i=n} Y_i\,x_i = M_0 , \qquad (29)$$

wobei x_i, y_i die Koordinaten des Punktes i und l den Hebelarm der Resultante in bezug auf O bezeichnen. Da R bereits bekannt ist, kann l aus vorstehender

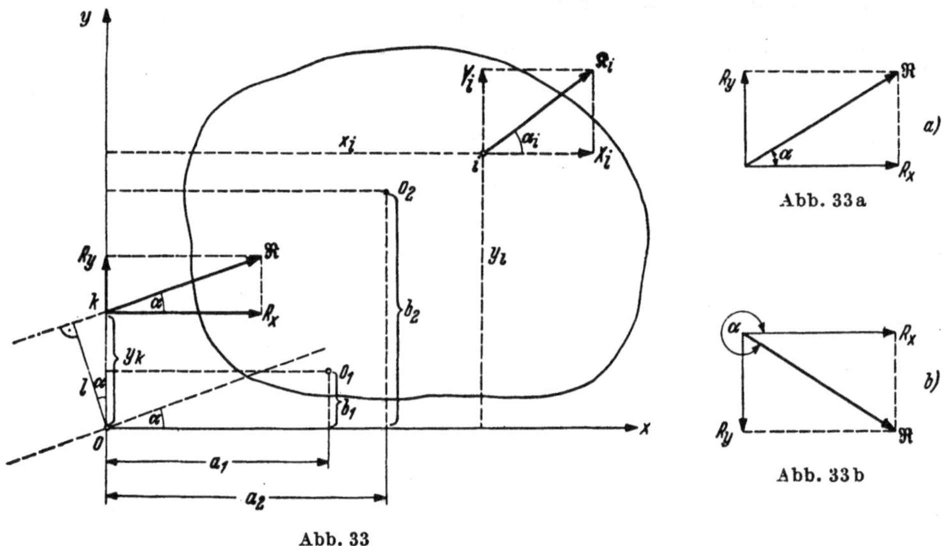

Abb. 33

Gleichung berechnet werden. Um nun die Lage von $\Re$ am starren Körper zu finden, lege man durch O eine Gerade, die mit der X-Achse den bereits berechneten Neigungswinkel α einschließt, und ziehe zu dieser die Parallele im Abstand l von O. Welche der beiden möglichen Tangentenlagen (ober- oder unterhalb von O) die richtige ist, darüber entscheidet der Momentendrehsinn. Ist nämlich in Gl. (29) die rechte Seite positiv, so muß auch das Moment der Resultante $\Re$ positiv sein. Da durch Gl. (22) der Richtungssinn der Kraft $\Re$ bestimmt ist, ergibt sich somit auch eindeutig ihre Lage am Körper. Aus Abb. 33 folgt weiter

$$y_k = \frac{l}{\cos \alpha} ,$$

womit der Punkt k festgelegt ist, in dem die Kraftlinie von $\Re$ die Y-Achse schneidet. Dieser Punkt kann unmittelbar zur Konstruktion der Lage von $\Re$ benutzt werden.

Es sei jetzt noch auf drei Sonderfälle hingewiesen: Wird die rechte Seite von Gl. (29), d. h. M_0, gerade gleich Null, und ist $R > 0$, dann wird $l = 0$, und die Resultante geht durch den Koordinatenursprung O. Ist dagegen $R = 0$, M_0 aber $\gtrless 0$, so wird $l = \pm \infty$, und Gl. (29) nimmt die Form an

$$0 \cdot \infty = M_0.$$

Die Kräftegruppe hat dann die Wirkung eines Kräftepaares (S. 33). Ihr mechanischer Wert besteht in diesem Falle lediglich in einem Drehmoment. Wird schließlich $R = 0$ und außerdem $M_0 = 0$, so hat die Kräftegruppe keinerlei Wirkung auf den starren Körper; die Kräfte stehen miteinander im Gleichgewicht (vgl. hierzu S. 38).

Besonders einfach gestaltet sich die Ermittlung der Resultante $\mathfrak{R}$, wenn die gegebene Kräftegruppe aus lauter Parallelkräften besteht. Dann ergibt sich die Größe von $\mathfrak{R}$ als algebraische Summe der gegebenen Einzelkräfte, im Falle der Abb. 34 also

$$R = K_1 - K_2 + K_3,$$

wobei die Abwärtsrichtung als positiv angenommen ist. Zur Bestimmung der Lage von $\mathfrak{R}$ wendet man wieder den Momentensatz an und wählt dabei zweckmäßig den Momentendrehpunkt O auf einer der gegebenen Kraftrichtungen, z. B. auf $\mathfrak{K}_1$. Mit den Bezeichnungen der Abb. 34 erhält man

$$M_0 = - K_2 l_2 + K_3 l_3 = Rl,$$

woraus l berechnet werden kann. Je nach dem Vorzeichen von M_0 wird l positiv oder negativ. Im ersten Falle liegt $\mathfrak{R}$ (bei positivem R) rechts von O, andernfalls links davon.

Es sei jetzt noch der Fall betrachtet, bei dem die gegebene Kräftegruppe lediglich aus einem Kräftepaar besteht, dessen Einzelkräfte die Größe P und

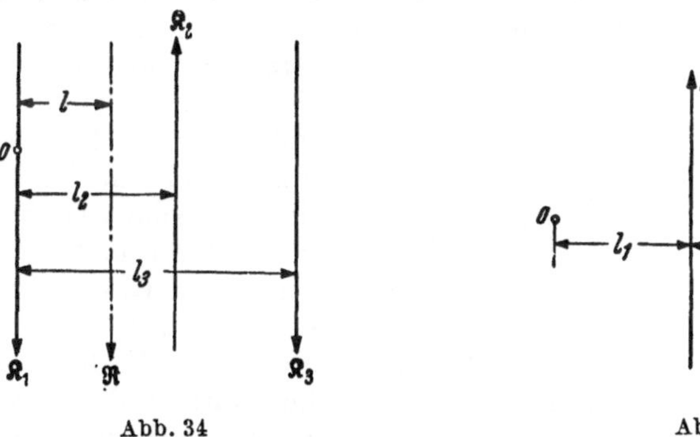

Abb. 34   Abb. 35

den senkrechten Abstand a haben mögen. Wendet man wieder den Momentensatz auf einen beliebigen Drehpunkt O in der Ebene des Kräftepaares an, dann wird, da die Resultante den Wert Null hat, nach Abb. 35

$$M_0 = P\,(a + l_1) - Pl_1 = 0 \cdot l$$

oder

$$M_0 = Pa = 0 \cdot \infty.$$

Das Moment der Resultante „Null", am Hebelarm $l = \infty$ wirkend, hat also den bestimmten Wert $P \cdot a$, unabhängig von der Lage des gewählten Momentendrehpunktes O. Der mechanische Wert eines Kräftepaares besteht somit lediglich in einem Moment von der Größe $P \cdot a$. Da es keine im Endlichen liegende Resultante hat, kann es auch durch keine im Endlichen liegende Einzelkraft im Gleichgewicht gehalten werden.

3 *

5. Zerlegung einer Kraft in Seitenkräfte.

a) Zerlegung einer Kraft in zwei Seitenkräfte.

Die Zerlegung einer Kraft in zwei Seitenkräfte von beliebigen Richtungen ist nur möglich, wenn sich die Kraft und die gegebenen Richtungen in einem Punkte schneiden, denn andernfalls könnte die Mittelkraft der gesuchten Seiten-kräfte nicht in die gleiche Richtung fallen wie die ge-gebene Kraft. Der Fall, bei dem die Richtungslinien der gesuchten Seitenkräfte der ge-gebenen Kraft nicht parallel sind, ist bereits bei der Zer-legung einer an einem Massen-punkt angreifenden Kraft nach zwei gegebenen durch diesen gehenden Richtungslinien be-handelt worden (S. 23). Hier bleibt noch die Zerlegung in zwei parallele Seitenkräfte nachzuholen.

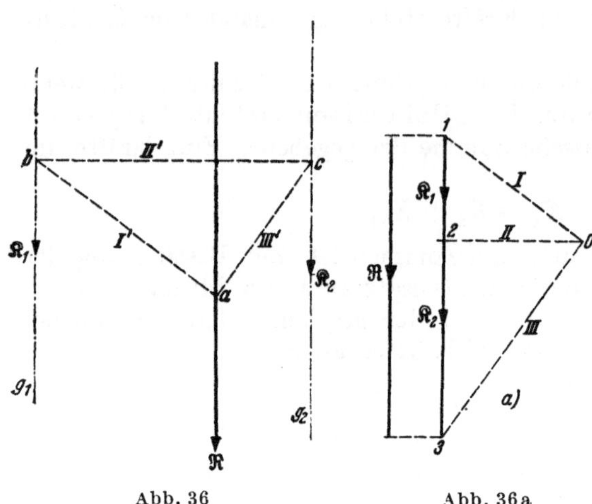

Abb. 36   Abb. 36a

In Abb. 36 sind die Kraft $\Re$ und die ihr parallelen Rich-tungen g_1 und g_2 gegeben. Man denke sich $\Re$ als Schlußlinie *1—3* eines Kraftecks (Abb. 36a), wähle einen beliebigen Pol *O*, ziehe die Polstrahlen *O—1 = I* und *O—3 = III* und darauf im Lageplan durch einen beliebigen Punkt *a* der gegebenen Kraft die zu den Pol-strahlen *I* und *III* parallelen Seilstrahlen *I'* und *III'*. Die mittlere Seite *II'* des Seilecks ergibt sich als Verbindungs-linie der Schnittpunkte *b* und *c* der Seiten *I'* und *III'* mit den gegebenen Kraftlinien g_1 und g_2. Schließlich liefert die Par-allele *II* zu *II'* durch den Pol *O* im Krafteck den zugehörigen Polstrahl *O—2*, und in den Strecken *1—2* und *2—3* findet man die gesuchten Seiten-kräfte $\Re_1$ und $\Re_2$. Der Beweis folgt einfach daraus, daß nach der hier durchgeführten Kon-struktion $\Re$ die Resultante der Einzelkräfte $\Re_1$ und $\Re_2$ ist.

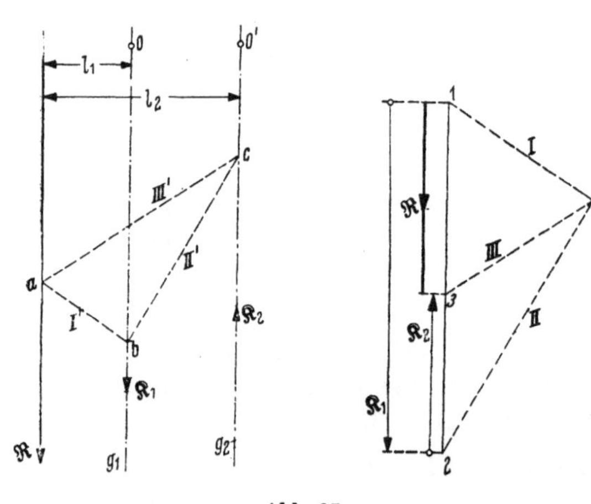

Abb. 37

Liegen die gegebenen Richtungslinien g_1 und g_2 nicht wie in Abb. 36 beider-seits der zu zerlegenden Kraft, sondern auf derselben Seite von $\Re$ (Abb. 37), so bleibt die Konstruktion grundsätzlich die gleiche. Der Teilpunkt *2* fällt dann außerhalb der Strecke *1—3*. Die $\Re$ am nächsten gelegene Kraft $\Re_1$ ist größer als $\Re$, und $\Re_2$ besitzt entgegengesetzten Richtungssinn; es ist also $R = K_1 - K_2$.

Rechnerisch geht die Zerlegung wie folgt vor sich: In bezug auf irgendeinen Drehpunkt *O*, der zweckmäßig auf einer der Richtungslinien g_1 oder g_2 angenommen wird, muß die Summe der Momente der gesuchten Kräfte gleich dem Moment der gegebenen Kraft $\Re$ sein. Mit den Bezeichnungen der Abb. 37 ist also, wenn O auf g_1 angenommen wird:

$$- R \cdot l_1 = - K_2 (l_2 - l_1) \quad \text{oder} \quad K_2 = R \frac{l_1}{l_2 - l_1}.$$

Wählt man dagegen den Drehpunkt O' auf g_2, so wird:

$$- R l_2 = - K_1 (l_2 - l_1) \quad \text{oder} \quad K_1 = R \frac{l_2}{l_2 - l_1}.$$

b) Zerlegung einer Kraft in drei Seitenkräfte.

Die Zerlegung einer Kraft in drei Seitenkräfte, deren Richtungslinien gegeben sind, ist in der Ebene nur dann eindeutig möglich, wenn die Richtungslinien keinen gemeinsamen Schnittpunkt haben. Die Richtigkeit dieser Behauptung ergibt sich aus folgender Überlegung. Durch einen gemeinsamen Schnittpunkt der drei gesuchten Kräfte $\Re_1$, $\Re_2$ und $\Re_3$ außerhalb der Richtung der gegebenen Kraft müßte auch deren Resultante gehen und könnte sich daher nicht mit $\Re$ decken. Schneiden sich dagegen die drei gegebenen Richtungslinien auf der Richtung von $\Re$, so ist — wie früher bereits gezeigt wurde (S. 24) — die Aufgabe unbestimmt.

Für den Fall, daß die drei

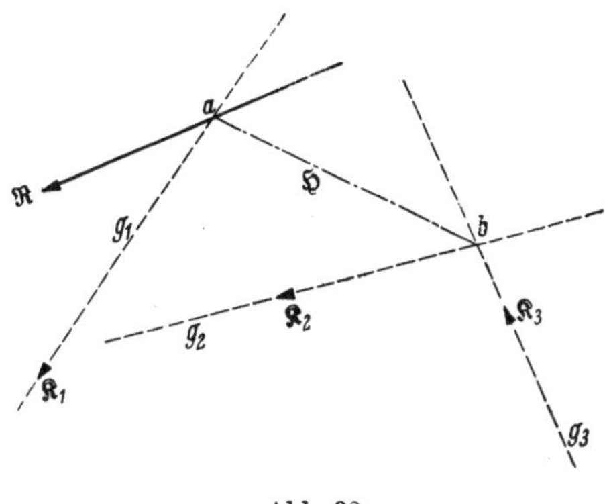

Abb. 38

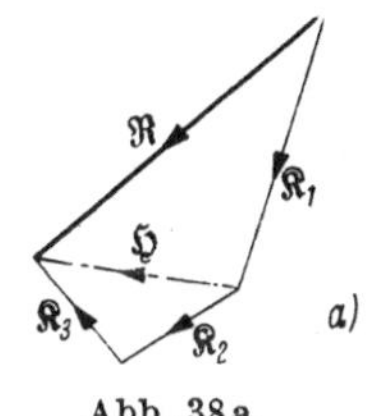

Abb. 38a

gegebenen Richtungslinien g_1, g_2, g_3 keinen gemeinsamen Schnittpunkt haben, gestaltet sich die Lösung wie folgt:

α) **Zeichnerische Lösung:** Man bringe eine der gegebenen Richtungslinien, z. B. g_1 (Abb. 38) im Punkte a zum Schnitt mit der Kraft $\Re$ und verbinde a mit dem Schnittpunkt b der beiden anderen Richtungslinien g_2 und g_3. In einem Kräfteplan (Abb. 38a) zerlege man jetzt die Kraft $\Re$ nach den Richtungen g_1 und a—b und erhält auf diese Weise die Kraft $\Re_1$ und die Hilfskraft $\mathfrak{H}$, wobei $\Re = \Re_1 + \mathfrak{H}$ ist. Jetzt denke man sich im Lageplan die Hilfskraft $\mathfrak{H}$ nach dem Punkte b verschoben und zerlege sie dort nach den Richtungen g_2 und g_3 in die Seitenkräfte $\Re_2$ und $\Re_3$. Da somit $\mathfrak{H}$ die Resultante aus $\Re_2$ und $\Re_3$ ist und $\Re$ die Resultante aus $\mathfrak{H}$ und $\Re_1$, so muß auch $\Re$ die Resultante aus $\Re_1$, $\Re_2$ und $\Re_3$ sein. Die auf diese Weise gefundenen Kräfte $\Re_1$, $\Re_2$, $\Re_3$ stellen also die gesuchten Seitenkräfte von $\Re$ nach den Richtungen g_1, g_2, g_3 dar. Bei der Zeichnung des Kräfteplanes ist zu beachten, daß der Pfeilsinn von $\Re_1$ bis $\Re_3$ stetig und demjenigen von $\Re$ entgegengesetzt sein muß.

β) **Rechnerische Lösung.** Diese stützt sich wieder auf den Momentensatz, wobei der Momentendrehpunkt jeweils in den Schnittpunkt zweier der gegebenen Richtungslinien gelegt wird. Auf diese Weise tritt in der Momentengleichung immer nur eine Unbekannte auf. Um also z. B. die in die Richtung g_1 fallende

Seitenkraft $\mathfrak{R}_1$ von $\mathfrak{R}$ zu bestimmen, bringe man die Geraden g_2 und g_3 im Punkte 1 zum Schnitt (Abb. 39) und setze für diesen Punkt die Momentengleichung an, also

$$R l_1 = K_1 r_1,$$

woraus folgt

$$K_1 = R \frac{l_1}{r_1}.$$

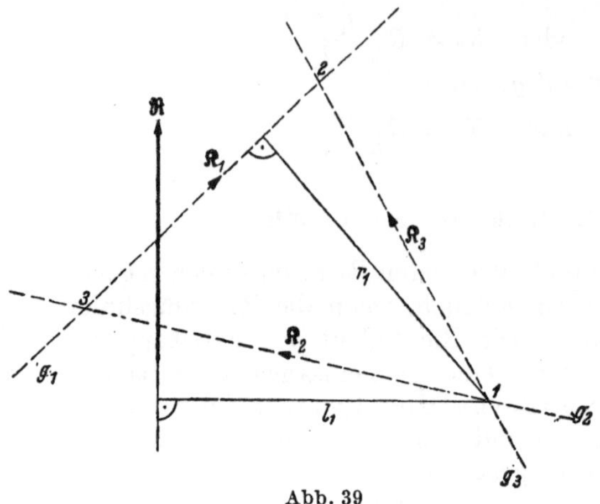

Abb. 39

Die Hebelarme l_1 und r_1 müssen aus dem Lageplan entnommen werden.

In analoger Weise werden die Seitenkräfte K_2 und K_3 bestimmt, indem man die Schnittpunkte 2 bzw. 3 als Momentendrehpunkte wählt. Der Richtungssinn der gesuchten Kräfte ergibt sich aus der Bedingung, daß jeweils der Drehsinn ihres Momentes mit demjenigen der Kraft $\mathfrak{R}$ übereinstimmt.

Die Zerlegung einer Kraft nach mehr als drei in der gleichen Ebene liegenden Richtungslinien ist unbestimmt und nur unter Zuhilfenahme weiterer Bedingungen möglich.

6. Gleichgewicht einer ebenen Kräftegruppe.

Auf Seite 35 war bereits gezeigt, daß eine ebene Kräftegruppe sich im Gleichgewicht befindet, wenn sowohl ihre Resultante, als auch die Summe der Momente aller Kräfte in bezug auf einen beliebigen, in der Ebene des Kraftsystems liegenden Drehpunkt O zu Null wird.

Wenn die Resultante verschwindet, muß dieses auch für ihre Projektionen auf zwei rechtwinkelige Koordinatenachsen X und Y der Fall sein.

Als notwendige und hinreichende Bedingungen für das Gleichgewicht einer ebenen Kräftegruppe erhält man somit unter Beachtung der Gl. (20) und (29) mit den Bezeichnungen der Abb. 33

$$\sum_{i=1}^{i=n} X_i = 0; \quad \sum_{i=1}^{i=n} Y_i = 0; \quad \sum_{i=1}^{i=n} X_i y_i - \sum_{i=1}^{i=n} Y_i x_i = 0. \tag{30}$$

Sie sagen aus, daß im Gleichgewichtsfalle die algebraischen Summen der Projektionen aller gegebenen Kräfte auf zwei rechtwinkelige Koordinatenachsen und die algebraische Summe aller Momente dieser Kräfte in bezug auf einen beliebigen Drehpunkt O der Kraftebene je gleich Null sein müssen.

Wie man sieht, stehen in der Ebene drei und nur drei Gleichgewichtsbedingungen zur Verfügung. Die Lage des Momentendrehpunktes ist dabei vollkommen willkürlich, jedoch liefert die Wahl eines anderen Drehpunktes keine neue Bedingung, sagt also nichts Neues aus. Davon kann man sich leicht durch folgende Betrachtung überzeugen.

In Abb. 33 bezeichne O_1 einen weiteren Momentendrehpunkt; a_1 und b_1 seien seine Koordinaten. Dann lautet die Momentengleichgewichtsbedingung für diesen Punkt

$$\sum_{i=1}^{i=n} X_i (y_i - b_1) - \sum_{i=1}^{i=n} Y_i (x_i - a_1) = 0.$$

Nach Auflösung der Klammern folgt daraus, da a_1 und b_1 als konstant vor das Summenzeichen gesetzt werden können,

$$\sum_{i=1}^{i=n} X_i\, y_i - b_1 \sum_{i=1}^{i=n} X_i - \sum_{i=1}^{i=n} Y_i\, x_i + a_1 \sum_{i=1}^{i=n} Y_i = 0.$$

Im Gleichgewichtsfalle ist $\sum_{i=1}^{i=n} X_i = 0$ und $\sum_{i=1}^{i=n} Y_i = 0$.

Die vorstehende Gleichung sagt also dasselbe aus wie die dritte der Gleichgewichtsbedingungen (30), liefert somit keine weitere Bedingung.

Andererseits erweist es sich mitunter als zweckmäßig, für die Untersuchung des Gleichgewichts zwei Momentenbedingungen und nur eine Komponentengleichung $\sum_i X_i = 0$ oder $\sum_i Y_i = 0$ zu verwenden[1]. Es zeigt sich, daß bei Erfüllung dieser drei Bedingungen auch die andere (nicht benutzte) Komponentengleichung erfüllt wird.

Um dieses zu beweisen, schreibe man die zwei Momentenbedingungen in bezug auf die Drehpunkte O und O_1 an (Abb. 33), also

$$\left.\begin{array}{l} \sum_i X_i\, y_i - \sum_i Y_i\, x_i = 0 \\[4pt] \sum_i X_i\,(y_i - b_1) - \sum_i Y_i\,(x_i - a_1) = 0 \end{array}\right\} \tag{31}$$

Durch Subtraktion der zweiten von der ersten Gleichung folgt daraus

$$b_1 \sum_i X_i - a_1 \sum_i Y_i = 0. \tag{32}$$

Wählt man nun als dritte Gleichgewichtsbedingung etwa $\sum_i X_i = 0$, dann liefert die vorstehende Gleichung auch $\sum_i Y_i = 0$ und umgekehrt. Die **zwei Momenten- und eine Komponentengleichung sichern somit auch das Gleichgewicht der Kräftegruppe.**

Schließlich kann man auch für die Beschreibung des Gleichgewichts **drei Momentengleichungen** für drei verschiedene, in der Kraftebene liegende Drehpunkte benutzen, vorausgesetzt, daß diese drei Punkte nicht auf einer Geraden liegen.

Als Drehpunkte seien wieder die Punkte O und O_1 sowie ein weiterer Punkt O_2 mit den Koordinaten a_2 und b_2 gewählt (Abb. 33). Dann gelten zunächst wieder die Gl. (31), zu denen als dritte Bedingung die Momentengleichung in bezug auf O_2 tritt, nämlich

$$\sum_i X_i\,(y_i - b_2) - \sum_i Y_i\,(x_i - a_2) = 0.$$

Subtrahiert man die vorstehende Gleichung von der ersten der Gl. (31), so erhält man die zu (32) analoge Bedingung

$$b_2 \sum_i X_i - a_2 \sum_i Y_i = 0. \tag{33}$$

Durch Verbindung der Gl. (32) und (33) folgt

$$\sum_i X_i = 0; \qquad \sum_i Y_i = 0,$$

vorausgesetzt, daß nicht $\dfrac{b_1}{a_1} = \dfrac{b_2}{a_2}$ ist, d. h. daß die **drei Punkte** O, O_1 und O_2

nicht auf einer Geraden liegen. Man erkennt daraus, daß die Erfüllung der drei Momentenbedingungen das Gleichgewicht der Kräftegruppe sicherstellt, indem damit auch die Bedingungen $\sum_i X_i = 0$ und $\sum_i Y_i = 0$ erfüllt werden.

---

[1] An Stelle von $\sum_{i=1}^{i=n}$ wird in Zukunft einfach $\sum_i$ geschrieben.

7. Zeichnerische Ermittlung des Momentes einer ebenen Kräftegruppe.

Nach dem Momentensatz ist das Moment der Resultante $\Re$ einer gegebenen Kräftegruppe $\Re_1$, $\Re_2 \ldots \Re_n$ in bezug auf einen beliebigen Drehpunkt O der Kraftebene gleich der Summe der Momente aller gegebenen Kräfte. In Abb. 40 ist für die Kräftegruppe $\Re_1$ bis $\Re_4$ das Krafteck gezeichnet und mittels eines Seilpolygons die Lage der Resultante $\Re$ bestimmt. Diese — und somit die ganze Kräftegruppe — liefert in bezug auf den beliebigen Drehpunkt A des Lageplanes das Moment

$$M_A = R \cdot r, \tag{34}$$

wenn r den Hebelarm von $\Re$ in bezug auf A bezeichnet. Zieht man jetzt durch A die Parallele zu $\Re$ bis zum Schnitt f bzw. g mit den die Kräftegruppe einschließenden Seileckseiten I' und V', so ist das entstehende Dreieck efg ähnlich dem Drei-

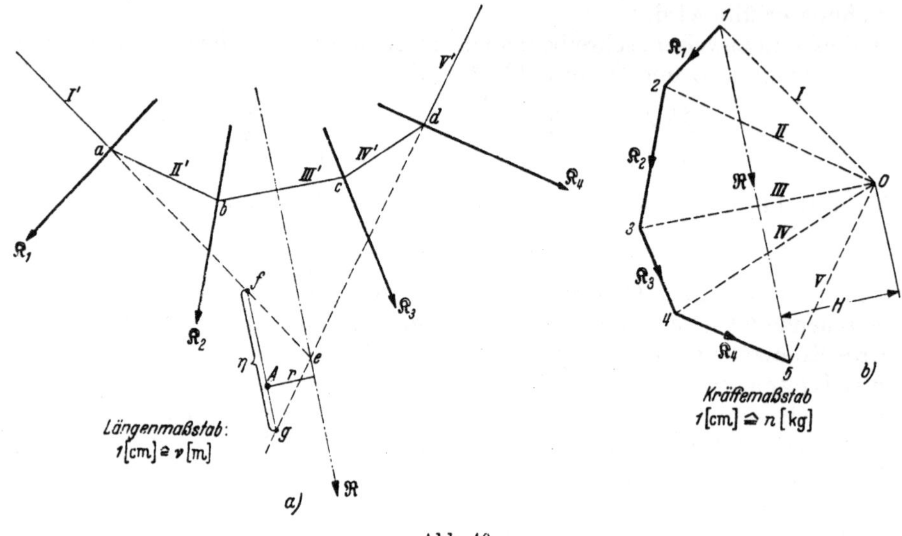

Abb. 40

eck O—1—5 des Kräfteplanes. Demnach verhält sich, wenn man die Länge $\overline{fg}$ mit η und den rechtwinkeligen Abstand des Poles O von der Resultante — die sogenannte Polweite — mit H bezeichnet,

$$\eta : r = R : H.$$

Daraus folgt

$$\eta H = R r,$$

und Gl. (34) geht mit diesem Wert über in

$$M_A = \eta H. \tag{35}$$

Es ergibt sich somit folgender Satz: **Das Moment einer ebenen Kräftegruppe ist gleich dem Produkt aus der Polweite H ihrer Resultante und der Strecke η, welche die äußeren, die Kräftegruppe einschließenden Seileckseiten auf der durch den Drehpunkt A zur Resultante gezogenen Parallelen abschneiden.** Das Vorzeichen des Momentes ist aus dem Drehsinn der Resultante in bezug auf A sofort zu erkennen.

Die Strecke η ist eine Länge und als solche im Längenmaßstab der Abb. 40 zu messen. Dagegen stellt die Polweite H — wie jede Strecke des Kraftecks —

eine **Kraft** dar und muß im Kräftemaßstab gemessen werden. Die Dimension des Produktes ηH ist die eines Momentes, also [kgm], wenn die Kräfte in Kilogramm und die Längen in Meter gemessen werden.

Der vorstehende Satz kann mit Vorteil bei der Untersuchung der Momentenverteilung an gestützten Trägern angewendet werden, die durch lotrechte Kräfte belastet sind, wie später gezeigt wird (S. 83).

8. Polarachse zweier Seilecke, die zu der gleichen Kräftegruppe gehören.

Wie früher bereits gezeigt wurde, bestimmt der Schnittpunkt der beiden „äußersten" Seiten eines Seilecks, das zu einer bestimmten Kräftegruppe mit einem beliebigen Pol O gezeichnet wird, einen Punkt der Resultante dieser Kräftegruppe. Die **Wahl** eines anderen Poles O_1 führt zu einem **anderen** Seileck. Dagegen bleibt die mit Hilfe des zweiten Seilecks gefundene Resultante die gleiche wie im ersten Falle, da es für eine bestimmte Kräftegruppe nur **eine** Resultante gibt.

Zwischen den beiden Seilecken, die mit verschiedenen Polen O und O_1 zu der gleichen Kräftegruppe gezeichnet sind, besteht eine wichtige Beziehung: Die einander entsprechenden Seiten der Seilecke schneiden sich nämlich auf einer Geraden, welche der Verbindungslinie O—O_1 der Pole parallel ist. Sie wird die **Polarachse** der Seilecke oder die **Culmannsche Gerade** genannt.

Dieser Satz läßt sich folgendermaßen beweisen: In Abb. 41 stellen die Linienzüge I', II', III', IV' und I_1', II_1', III_1', IV_1' zwei Seilecke dar, die zu der gegebenen Kräftegruppe $\Re_1$, $\Re_2$, $\Re_3$ mit den Polen O und O_1 gezeichnet sind. Man

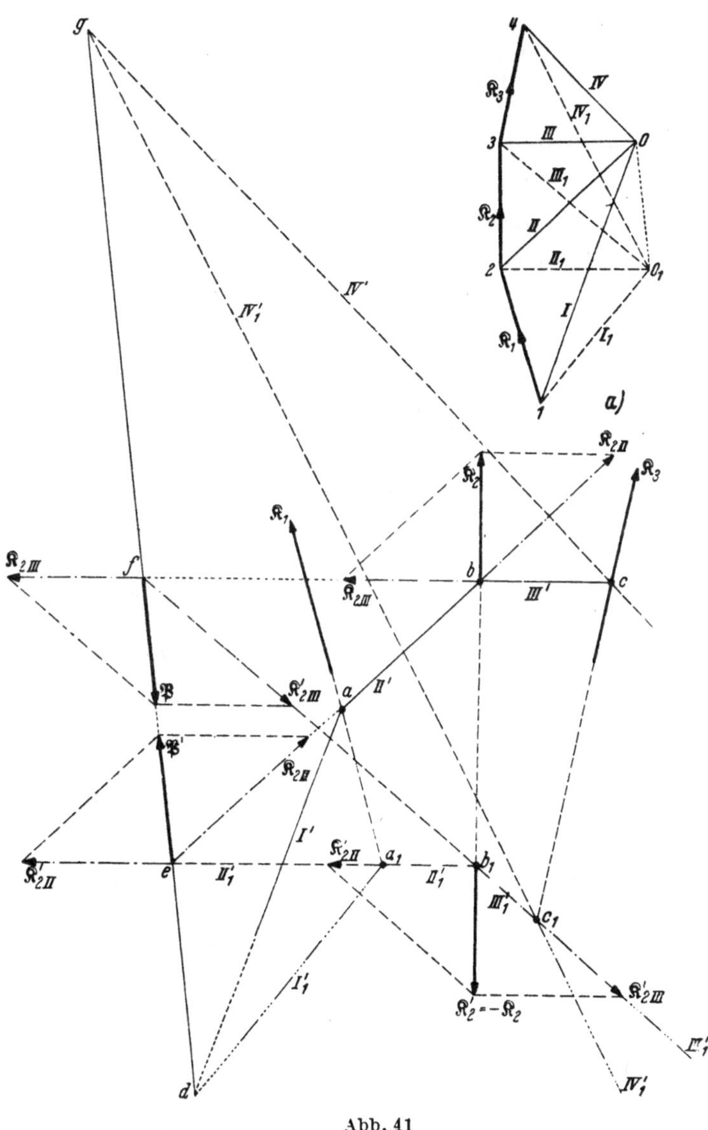

Abb. 41

denke sich nun eine der Kräfte, etwa $\Re_2$, im Punkte b in ihre Seitenkräfte $\Re_{2\,II}$ und $\Re_{2\,III}$ nach den Richtungen der von b ausgehenden Seilstrahlen II' und III' zerlegt. Darauf bringe man im Schnittpunkt b_1 der Seileckseiten $II_1{}'$ und $III_1{}'$ die mit $\mathfrak{R}_2$ im Gleichgewicht stehende Kraft $\mathfrak{R}_2{}' = -\,\mathfrak{R}_2$ an und zerlege diese entsprechend in ihre Seitenkräfte $\mathfrak{R}_2{}'_{II}$ und $\mathfrak{R}_2{}'_{III}$ nach den Richtungen $II_1{}'$ und $III_1{}'$. Dann müssen auch die vier Seitenkräfte $\mathfrak{R}_{2\,II}$, $\mathfrak{R}_{2\,III}$, $\mathfrak{R}_2{}'_{II}$ und $\mathfrak{R}_2{}'_{III}$ eine Gleichgewichtsgruppe bilden. Vereinigt man nun die Seitenkräfte $\mathfrak{R}_{2\,III}$ und $\mathfrak{R}_2{}'_{III}$ in ihrem Schnittpunkt f zur Resultante $\mathfrak{P}$ und ebenso $\mathfrak{R}_{2\,II}$ und $\mathfrak{R}_2{}'_{II}$ in ihrem Schnittpunkt e zur Resultante $\mathfrak{P}'$, so müssen sich wegen des Gleichgewichts der Kräfte $\mathfrak{R}_2$ und $\mathfrak{R}_2{}'$ auch $\mathfrak{P}$ und $\mathfrak{P}'$ Gleichgewicht halten, also in dieselbe Gerade, nämlich $e{-}f$, fallen. Im Kräfteplan werden die Seitenkräfte $\mathfrak{R}_{2\,II}$ und $\mathfrak{R}_{2\,III}$ durch die Polstrahlen II und III, entsprechend die Seitenkräfte $\mathfrak{R}_2{}'_{II}$ und $\mathfrak{R}_2{}'_{III}$ durch die Polstrahlen II_1 und III_1 dargestellt. Die Resultante $\mathfrak{P}$ aus $\mathfrak{R}_{2\,III}$ und $\mathfrak{R}_2{}'_{III}$ ist also nach Größe und Richtung durch die Verbindungslinie $O{-}O_1$ der beiden Pole bestimmt, entsprechend die Resultante $\mathfrak{P}'$ durch die Strecke $O_1{-}O$. Die Gerade ef muß daher der Verbindungslinie der beiden Pole O und O_1 parallel sein. In gleicher Weise läßt sich zeigen, daß auch die Geraden de und fg parallel zu $O{-}O_1$ sind, daß also die Schnittpunkte d, e, f, g der einander entsprechenden Seileckseiten I' und $I_1{}'$, II' und $II_1{}'$ u. s. f. auf einer Geraden liegen, die $O{-}O_1$ parallel ist.

9. Zeichnung eines Seilecks durch vorgeschriebene Punkte.

Ein zu einer gegebenen Kräftegruppe gehöriges Seileck ist vollständig bestimmt, wenn der Pol O und die Lage irgendeiner Seileckseite — bzw. ein Punkt derselben — gegeben sind. Der Pol kann durch zwei Bestimmungsstücke fest

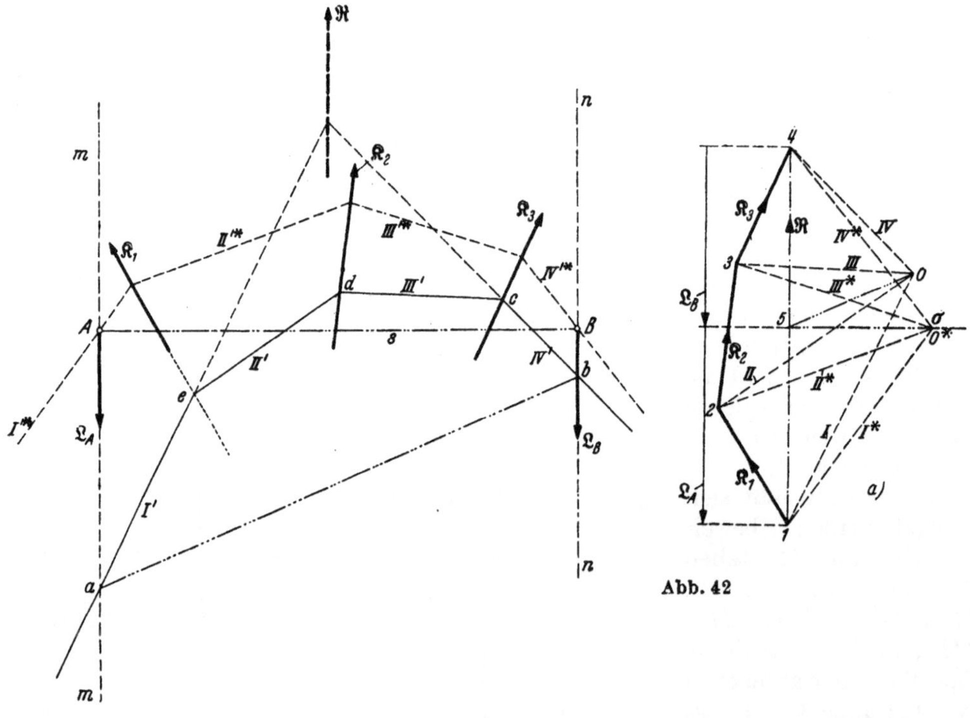

Abb. 42

gelegt sein, z. B. durch die Länge und Richtung eines Polstrahles oder durch die Länge zweier Polstrahlen u. s. f. Zur Festlegung eines Seilecks sind also insgesamt drei Bestimmungsstücke erforderlich. An Stelle des durch zwei Stücke bestimmten Poles können auch zwei weitere Punkte des Seilecks gegeben sein, so daß ein Seileck (ähnlich wie ein Kreis) durch drei Punkte bestimmt wird. Sind nur zwei Punkte gegeben, dann lassen sich durch sie beliebig viele Seilecke legen.

Geometrischer Ort für den Pol eines durch zwei Punkte A und B gehenden Seilecks.

Man zeichne zu der gegebenen Kräftegruppe $\mathfrak{K}_1$, $\mathfrak{K}_2$, $\mathfrak{K}_3$ zunächst das Krafteck und darauf mit einem beliebigen Pol O ein Seileck I', II', III', IV' (Abb. 42). Dadurch wird in bekannter Weise Größe, Richtung und Lage der Resultante $\mathfrak{R}$ bestimmt. Nun lege man durch die vorgegebenen Punkte A und B die Parallelen m—m bzw. n—n zur Resultante $\mathfrak{R}$, bringe sie in a und b zum Schnitt mit den äußeren Seilstrahlen I' bzw. IV', ziehe die Gerade a—b und zu dieser im Krafteck die Parallele 0—5 durch den Pol O. Schließlich denke man sich im Punkte A die in die Richtung m—m fallende Hilfskraft $\mathfrak{L}_A$ angebracht, deren Größe durch die Strecke 5—1 im Krafteck bestimmt ist, entsprechend in B die in die Richtung n—n fallende Kraft $\mathfrak{L}_B$, deren Größe durch die Strecke 4—5 bestimmt ist. Diese beiden Hilfskräfte stehen mit den gegebenen

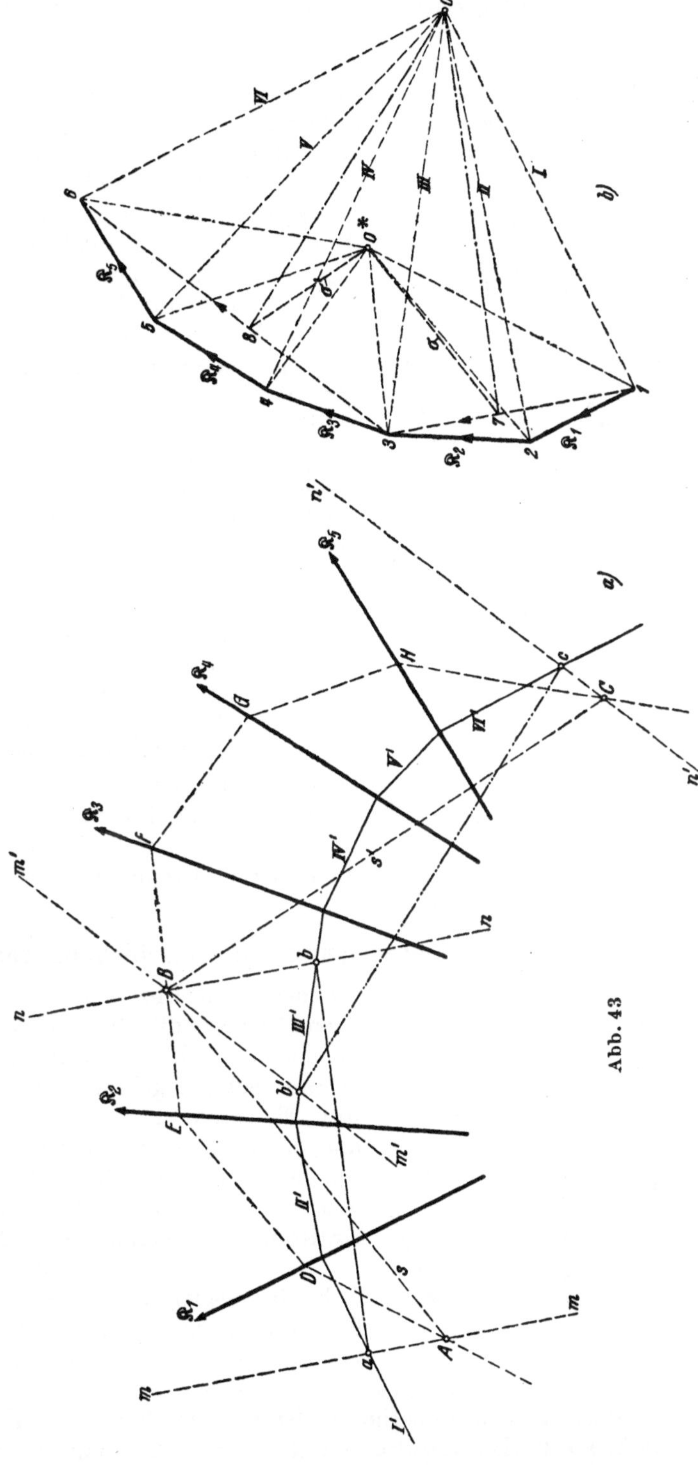

Kräften $\mathfrak{K}_1$ bis $\mathfrak{K}_3$ im Gleichgewicht, denn sowohl das zu dieser Kräftegruppe gehörige Krafteck 1—2—3—4—5—1, als auch das zugehörige Seileck a—b—c—d—e—a ist geschlossen (vgl. S. 31). Demnach muß auch jedes andere zu diesen

fünf Kräften gezeichnete Seileck zum Schluß kommen. Legt man also die sogenannte Schlußlinie s des Seilpolygons in die Richtung $A-B$, so geht das neue Seilpolygon durch die Punkte A und B. Der dem Seilstrahl s entsprechende Polstrahl σ muß der Geraden $A-B = s$ parallel sein und durch den Punkt 5 des Kraftecks gehen. Die Gerade σ stellt also einen geometrischen Ort des Poles O^*

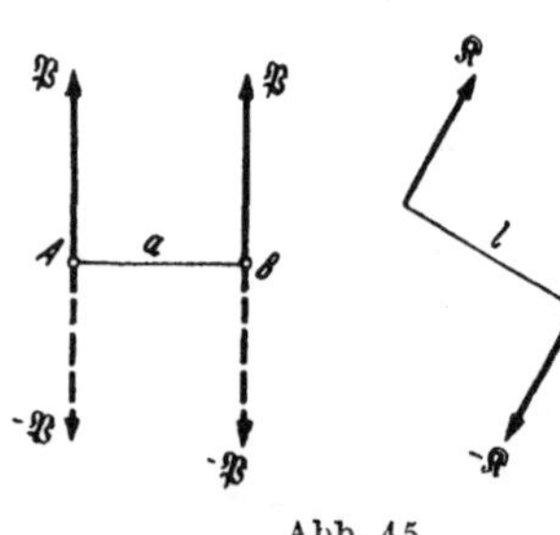

Abb. 44

dar für alle durch die Punkte A und B zu den Kräften $\mathfrak{L}_A$, $\mathfrak{K}_1$, $\mathfrak{K}_2$, $\mathfrak{K}_3$, $\mathfrak{L}_B$ und mithin auch zu den Kräften $\mathfrak{K}_1$, $\mathfrak{K}_2$, $\mathfrak{K}_3$ gezeichneten Seilecke. Bei der zeichnerischen Durchführung der Aufgabe braucht man die Hilfskräfte $\mathfrak{L}_A$ und $\mathfrak{L}_B$ natürlich nicht in die Figur einzutragen.

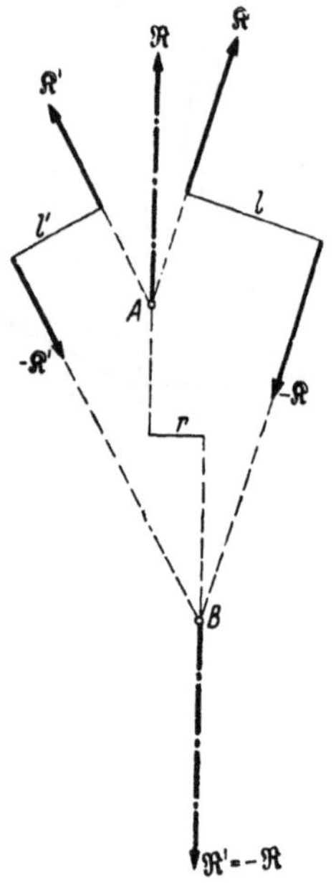

Seilpolygon durch drei Punkte.

Wie bereits weiter oben festgestellt wurde, ist ein zu einer gegebenen Kräftegruppe gehöriges Seileck durch drei Punkte vollkommen bestimmt. In Abb. 43 seien A, B, C die vorgeschriebenen Punkte und $\mathfrak{K}_1$ bis $\mathfrak{K}_5$ die ebene Kräftegruppe. Um den zu dem gesuchten Seileck gehörigen Pol O^* zu erhalten, geht man unter Beachtung der vorstehend erläuterten Konstruktion wie folgt vor: Man zeichnet zunächst mit einem beliebigen Pol O zu der gegebenen Kräftegruppe ein Seileck $I'-II'-\cdots VI'$, bestimmt darauf in der oben beschriebenen Weise für die zwischen A und B liegende Kräftegruppe den geometrischen Ort σ des Poles der Seilecke, die durch A und B gehen, sowie für die zwischen B und C liegende Kräftegruppe den geometrischen Ort σ' des Poles der Seilecke, die durch B und C gehen. Der Schnittpunkt der Geraden σ und σ' ist der gesuchte Pol O^*, und der Linienzug $ADEBFGHC$ ist das gesuchte Seileck. Die hier beschriebene Konstruktion findet häufig Verwendung bei der statischen Untersuchung des Dreigelenkbogens (vgl. S. 92).

10. Zusammensetzung und Verschiebung von Kräftepaaren.

In Abb. 44 sind zwei in derselben Ebene eines starren Körpers wirkende Kräftepaare dargestellt, deren Momente die Größe Kl und $-K'l'$ haben mögen. Denkt man sich je zwei der Kräfte $\mathfrak{K}$ und $\mathfrak{K}'$ in A bzw. B zum Schnitt gebracht und dort zur Resultante $\mathfrak{R}$ bzw. $\mathfrak{R}'$ vereinigt, so muß $\mathfrak{R}'=-\mathfrak{R}$ sein, weshalb $\mathfrak{R}$ und $\mathfrak{R}'$ im allgemeinen wieder ein Kräftepaar bilden, dessen Moment die Größe Rr hat. Nach dem Momentensatz, angewandt auf die sich in A schneidenden Kräfte und bezogen auf B als Momentendrehpunkt, ist

$$Rr = Kl - K'l',$$

d. h. die beiden Kräftepaare von entgegengesetztem Drehsinn lassen sich durch ein einziges Kräftepaar ersetzen, dessen Moment gleich der Momentendifferenz der gegebenen Kräftepaare ist, und dessen Drehsinn mit demjenigen des stärkeren Kräftepaares übereinstimmt. Ist insbesondere $Kl = K'l'$, dann wird $Rr = 0$, d. h. $r = 0$. Die Resultanten $\mathfrak{R}$ und $\mathfrak{R}'$ fallen dann in dieselbe Gerade, und die gegebene Kräftegruppe befindet sich im Gleichgewicht.

In Abb. 45 mögen wieder die Kräfte $\mathfrak{K}$ und $-\mathfrak{K}$ ein Kräftepaar bilden. In zwei Punkten A und B der Ebene bringe man je zwei gleich große und ent-

Abb. 45

gegengesetzt gerichtete Kräfte $\mathfrak{P}$ bzw. — $\mathfrak{P}$ an, deren Richtungslinien den Abstand a haben mögen. Wählt man die Lage der Punkte A und B so, daß $Kl = Pa$ wird, so hebt das Kräftepaar vom Momente — Pa das gegebene Kräftepaar Kl auf, und es bleibt allein ein Kräftepaar vom Momente $Pa = Kl$ übrig, das dem gegebenen Kräftepaar gleichwertig ist. Hiernach ist die Wirkung eines Kräftepaares auf den äußeren Zustand des Körpers gar nicht von der Größe der Kräfte, sowie von ihrer Richtung und Lage, sondern nur von der Größe, dem Drehsinn und der Wirkungsebene ihres Momentes abhängig. Ein Kräftepaar in einer bestimmten Ebene ist daher durch einen Drehungspfeil $\curvearrowright$ und die Momentengröße M hinreichend gekennzeichnet.

Sind in einer Ebene mehrere Kräftepaare von beliebigem Drehsinn gegeben, so kann man sie nach den obigen Darlegungen zu einem einzigen Paar vereinigen, dessen Moment gleich der algebraischen Summe der Einzelmomente ist.

Kräftepaare können aber auch aus ihrer Drehungsebene heraus in eine dazu parallele Ebene verschoben werden, ohne daß dadurch an dem äußeren Zustand des Körpers etwas geändert wird. Um dieses zu beweisen, betrachte man ein Kräftepaar, das in den Punkten A und B der rechten Stirnebene eines Parallelepipeds angreift (Abb. 46). In den Punkten C und D der gegenüberliegenden Ebene, die mit A und B ein Rechteck bilden, füge man jetzt je zwei gleich große und entgegengesetzt gerichtete Kräfte hinzu, durch welche an dem äußeren Zustand des starren Körpers nichts geändert wird. Die in A und C angreifenden Kräfte $\mathfrak{K}$ liefern die durch den Schnittpunkt E der beiden Rechteckdiagonalen gehende Resultante $2\,\mathfrak{K}$, die in B und D angreifenden Kräfte — $\mathfrak{K}$ entsprechend die Resultante — $2\,\mathfrak{K}$. Diese beiden Resultierenden heben sich gegenseitig auf, und es bleiben allein die Kraft $\mathfrak{K}$ in D und die Kraft — $\mathfrak{K}$ in C übrig. Wie man sieht, bilden letztere ein Kräftepaar, das dem gegebenen gleich-

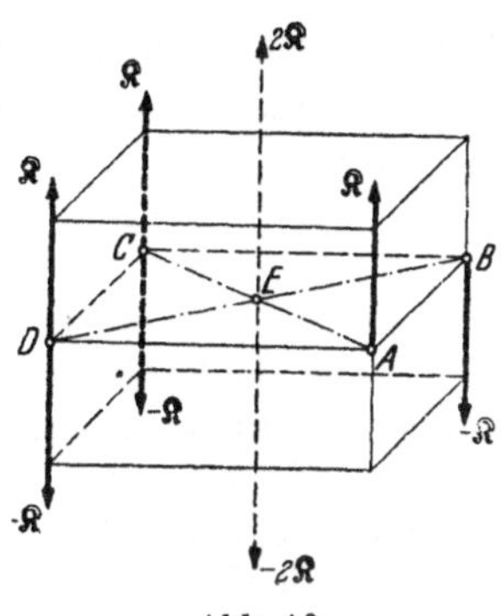

Abb. 46

wertig ist. Es zeigt sich also, daß ein Kräftepaar am starren Körper ohne an der Wirkung etwas zu ändern aus seiner Drehungsebene in eine ihr parallele Ebene verschoben werden kann.

Die hier gefundenen Ergebnisse über die Zusammensetzung und Verschiebung von Kräftepaaren lassen sich in besonders einfacher Weise mit Hilfe der Momentenvektoren darstellen. Das Moment eines Kräftepaares ist, wie bereits früher gezeigt wurde (S. 35), von der Wahl des Bezugspunktes O in der Drehungsebene unabhängig. Es ist nach den auf S. 26 getroffenen Festsetzungen ein Vektor, welcher rechtwinkelig zur Ebene des Kräftepaares steht und nach derjenigen Seite gerichtet ist, von der aus gesehen die Drehung im Uhrzeigersinn erfolgt. Da die Größe des Momentes von der Wahl des Bezugspunktes unabhängig ist, kann der Momentenvektor $\mathfrak{M}$ in jedem Punkte der Drehungsebene aufgetragen werden. Er darf also — im Gegensatz zum Vektor einer Einzelkraft — aus seiner Richtungslinie heraus parallel verschoben werden.

Weiter ist oben gezeigt, daß Kräftepaare aus ihrer Ebene heraus in eine parallele Ebene verschoben werden können. Demnach darf auch der Momentenvektor eines Kräftepaares in seiner Richtungslinie beliebig vor- oder rückwärts verschoben werden. Zur eindeutigen Bestimmung des Momentenvektors eines Kräftepaares genügt also vollständig die Angabe seiner Größe und seiner Richtung im Raume.

11. Reduktion einer ebenen Kräftegruppe.

Wie früher bereits gezeigt wurde (S. 28), ist die Kraft ein „linienflüchtiger Vektor", d. h. sie darf am starren Körper in ihrer Richtungslinie beliebig nach vor- oder rückwärts verschoben werden. Will man sie dagegen aus ihrer Richtungslinie heraus in eine dazu parallele Linie verschieben, so muß man, um den anfänglichen Zustand zu erhalten, ein sogenanntes „Versetzungsmoment" hinzufügen.

In Abb. 47 sei $\mathfrak{K}$ die gegebene durch den Punkt A gehende Kraft. Man kann nun, ohne an dem äußeren Zustand des Körpers etwas zu ändern, in einem beliebigen Punkte B zwei gleich große, aber entgegengesetzt gerichtete Kräfte $\mathfrak{K}$

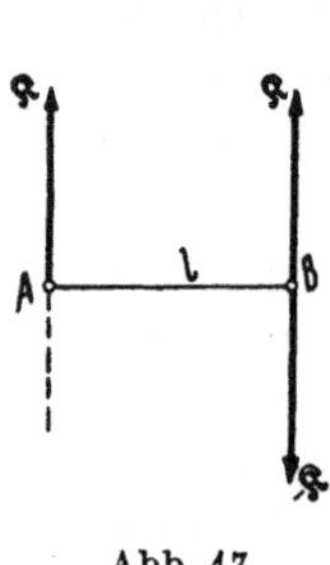

und $-\mathfrak{K}$ hinzufügen, so daß jetzt die gegebene Kraft $\mathfrak{K}$ und von den hinzugefügten die Kraft $-\mathfrak{K}$ ein Kräftepaar vom Momente Kl bilden (l = Hebelarm), während außerdem die Kraft $\mathfrak{K}$ im Punkte B übrig bleibt. Die Parallelverschiebung einer Kraft $\mathfrak{K}$ um die Strecke l verlangt also die Hinzufügung eines Momentes Kl, und zwar ist dessen Drehsinn positiv, wenn das Moment der gegebenen Kraft in bezug auf einen Punkt ihrer parallel verschobenen Richtungslinie positiv ist.

Umgekehrt kann ein an einem starren Körper wirkendes Moment M mit einer in dessen Drehungsebene liegenden Einzelkraft $\mathfrak{K}$ zu einer resultierenden Kraft $\mathfrak{K}$ von gleicher Größe und

Abb. 47

Richtung zusammengesetzt werden, welche um die Strecke $l = \dfrac{M}{K}$ gegen die gegebene Kraft $\mathfrak{K}$ verschoben ist, und zwar so, daß das Moment der resultierenden Kraft in bezug auf einen Punkt der Richtungslinie der gegebenen Kraft den gleichen Drehsinn hat wie das gegebene Moment M.

Wird nun ein starrer Körper von beliebigen, in einer Ebene liegenden Kräften $\mathfrak{K}_i$ ergriffen, und ist O ein beliebiger Punkt dieser Ebene, so kann jede der gegebenen Kräfte im Sinne der obigen Ausführungen parallel nach O verschoben werden, wenn man gleichzeitig die entsprechenden Versetzungsmomente M_i hinzufügt. Die gegebenen Kräfte bilden dann in O ein Strahlenbüschel und können zu einer Resultante $\mathfrak{R} = \sum_i \mathfrak{K}_i$ zusammengesetzt werden, während die Versetzungsmomente M_i ein resultierendes Moment $M = \sum_i M_i$ liefern. Durch diese **Reduktion des gegebenen Kraftsystems nach dem Punkte O** wird an dem äußeren Zustand des Körpers nichts geändert. Denkt man sich schließlich $\mathfrak{R}$ parallel zu sich selbst um den Abstand $l = \dfrac{M}{R}$ in der Kraftebene verschoben, so ersetzt diese neue Kraft $\mathfrak{R}$ die durch O gehende und das Moment $M = \sum_i M_i$ vollständig, stellt also die wahre Resultante der gegebenen Kräftegruppe nach Größe, Sinn und Lage dar.

B. Räumliche Kräftegruppen.

12. Zusammensetzung und Zerlegung der Kräfte am Massenpunkt.

Die Zusammensetzung zweier an einem Massenpunkt angreifenden Kräfte von beliebiger Größe und Richtung zu einer resultierenden Kraft ist bereits auf S. 20 besprochen worden. Greifen mehr als zwei nicht in derselben Ebene liegende Kräfte an, so kann deren Resultante nach den Regeln der Vektorrechnung als geometrische Summe dieser Kräfte gefunden werden (S. 14). Zu diesem Zwecke ist die Zeichnung eines aus den gegebenen Kräften gebildeten räumlichen Streckenzuges erforderlich, dessen Schlußlinie, vom Anfangs- nach dem Endpunkt gerichtet, die gesuchte Resultante angibt. Zur Konstruktion dieses Streckenzuges kann man wie folgt verfahren: man setzt zunächst die Kräfte $\mathfrak{K}_1$ und $\mathfrak{K}_2$ in deren Ebene zur Resultante $\mathfrak{R}_1$ zusammen, diese mit $\mathfrak{K}_3$ zur Resultante $\mathfrak{R}_2$ und so fort, bis schließlich alle Kräfte zur Gesamtresultante $\mathfrak{R}$ zusammengefaßt sind. Bei der zeichnerischen Durchführung dieser Aufgabe macht man zweckmäßig von den Methoden der darstellenden Geometrie Gebrauch und projiziert die gegebenen Kräfte auf eine Aufriß- und Grundrißebene.

In Abb. 48 seien m' der Aufriß und m'' der Grundriß des Massenpunktes m, $\Re_1'$ bis $\Re_4'$ entsprechend die Aufriß- und $\Re_1''$ bis $\Re_4''$ die Grundrißprojektionen

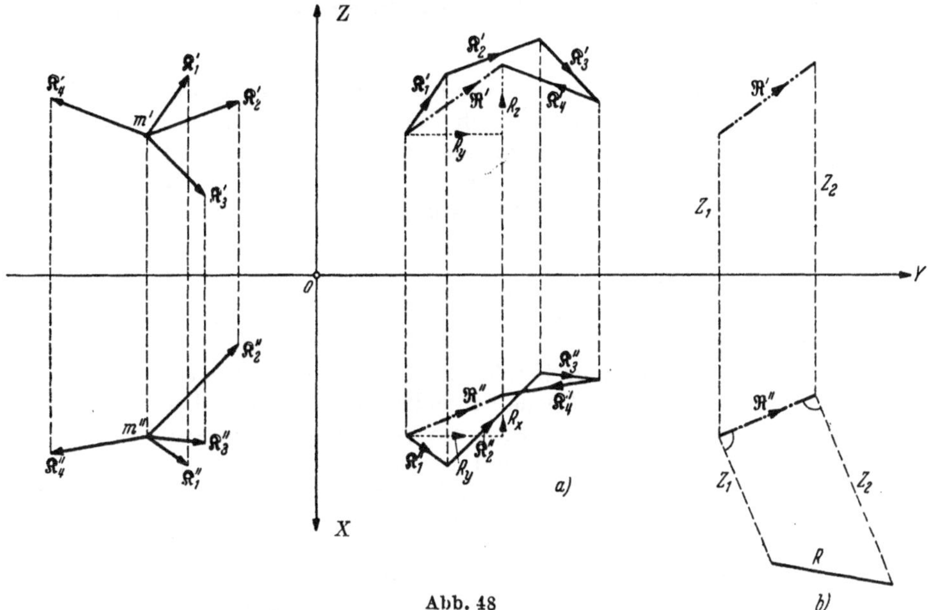

Abb. 48

der an m angreifenden Kräfte $\Re_1$ bis $\Re_4$. Man setzt nun zunächst die Aufrißprojektionen zur Mittelkraft $\Re'$ und darauf die Grundrißprojektionen zur Mittelkraft $\Re''$ in den entsprechenden Projektionsebenen zusammen (Abb. 48a). Dann stellen $\Re'$ und $\Re''$ die Projektionen der gesuchten Resultante $\Re$ dar, deren Größe zeichnerisch durch Umklappung gemäß Abb. 48b gefunden wird.

Faßt man die Aufrißebene als YZ-Ebene, die Grundrißebene als XY-Ebene eines rechtwinkeligen, räumlichen Koordinatensystems auf (Abb. 48a), so liefert die Zerlegung von $\Re'$ nach den Richtungen der Y- und Z-Achse und von $\Re''$ nach den Richtungen der X- und Y-Achse sofort die Komponenten R_x, R_y, R_z der Resultante nach diesen Achsen. Damit erhält man als Größe der Resultante den Wert

$$R = \sqrt{R_x^2 + R_y^2 + R_z^2} \qquad (36)$$

Aus Abb. 48a erkennt man überdies wieder die Gültigkeit des **Projektionssatzes**, wonach

$$\left.\begin{aligned} R_x &= \textstyle\sum^i K_i \cos\alpha_i = \sum^i X_i \\ R_y &= \textstyle\sum^i K_i \cos\beta_i = \sum^i Y_i \\ R_z &= \textstyle\sum^i K_i \cos\gamma_i = \sum^i Z_i \end{aligned}\right\} \qquad (37)$$

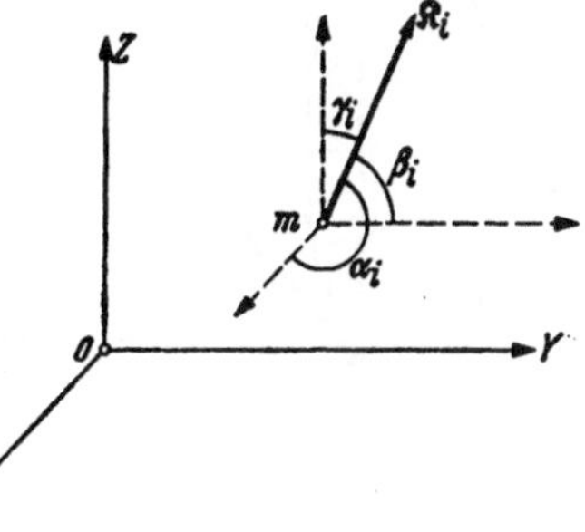

Abb. 49

ist, wenn α_i, β_i, γ_i die Richtungswinkel der Kraft $\Re_i$ gegen die X- bzw. Y- bzw. Z-Achse bezeichnen (Abb. 49). Sind ferner α, β, γ die entsprechenden Richtungswinkel der Resultante $\Re$, so ist

$$R_x = R\cos\alpha; \qquad R_y = R\cos\beta; \qquad R_z = R\cos\gamma, \qquad (38)$$

woraus α, β, γ berechnet werden können, nachdem R, R_x, R_y, R_z mit Hilfe der Gl. (36) und (37) bestimmt sind.

In vektorieller Schreibweise wird die Vereinigung der gegebenen Kräfte zu ihrer Resultante wieder durch die Vektorgleichung

$$\mathfrak{R} = \sum{}^{i} \mathfrak{R}_i$$

ausgedrückt. Sollen nun die am Massenpunkt m angreifenden Kräfte im Gleichgewicht sein, so muß ihre Resultante verschwinden, d. h. es muß sein

$$\mathfrak{R} = \sum{}^{i} \mathfrak{R}_i = 0 \tag{39}$$

Das räumliche Krafteck muß schließen, Anfangs- und Endpunkt desselben fallen zusammen. Wenn $\mathfrak{R} = 0$ ist, müssen auch die drei Projektionen von $\mathfrak{R}$ verschwinden. An Stelle der Gl. (39) kann also das **Gleichgewicht einer an einem Massenpunkt angreifenden räumlichen Kräftegruppe** unter Beachtung von (37) auch durch die drei Komponentengleichungen

$$\sum{}^{i} X_i = 0; \quad \sum{}^{i} Y_i = 0; \quad \sum{}^{i} Z_i = 0 \tag{40}$$

ausgedrückt werden.

Zerlegung einer Kraft.

Eine in einem Punkte m angreifende Kraft $\mathfrak{R}$ kann nach **drei** sich in m schneidenden, nicht in dieselbe Ebene fallenden, im übrigen aber beliebigen Richtungen zerlegt werden. Es seien wieder α, β, γ die Richtungswinkel von $\mathfrak{R}$ gegen die Koordinatenachsen X, Y, Z und $\alpha_1, \beta_1, \gamma_1; \alpha_2, \beta_2, \gamma_2; \alpha_3, \beta_3, \gamma_3$ die entsprechenden Winkel der drei gegebenen Richtungen, nach denen $\mathfrak{R}$ zerlegt werden soll. Nach dem Projektionssatz ist

$$\left. \begin{aligned} R_x &= R\cos\alpha = K_1\cos\alpha_1 + K_2\cos\alpha_2 + K_3\cos\alpha_3 \\ R_y &= R\cos\beta = K_1\cos\beta_1 + K_2\cos\beta_2 + K_3\cos\beta_3 \\ R_z &= R\cos\gamma = K_1\cos\gamma_1 + K_2\cos\gamma_2 + K_3\cos\gamma_3 \end{aligned} \right\} \tag{41}$$

Aus diesen drei Gleichungen können die drei unbekannten Kraftbeträge K_1, K_2, K_3 eindeutig berechnet werden, vorausgesetzt, daß die gegebenen Richtungen nicht in derselben Ebene liegen. Wäre dieses nämlich der Fall, so könnte man $\mathfrak{R}$ zerlegen in eine in diese Ebene fallende und eine dazu senkrechte Komponente. Die erste Komponente würde zu dem bereits auf S. 24 besprochenen Ausnahmefall führen, während die zweite Komponente niemals durch drei zu ihr senkrechte Kräfte ersetzt werden kann.

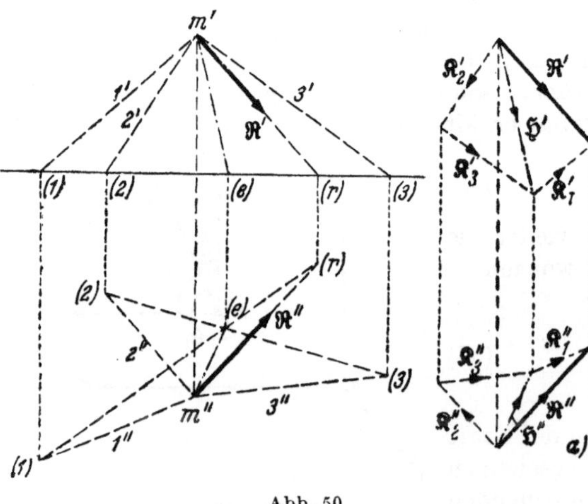

Abb. 50

Wären nicht drei, sondern vier oder mehr Richtungen gegeben, nach denen $\mathfrak{R}$ zerlegt werden soll, so würden zur Berechnung der vier oder mehr Unbekannten K_i ($i = 1, 2, 3, 4 \ldots$) immer nur **drei** Projektionsgleichungen zur Verfügung stehen, welche zur eindeutigen Berechnung der Unbekannten nicht ausreichen; die Aufgabe ist statisch unbestimmt.

Andererseits wären bei nur zwei gegebenen Richtungen mit zwei Unbekannten ebenfalls die drei Projektionsgleichungen zu befriedigen, was ebenfalls nicht möglich ist, sofern nicht gerade die Kraft $\Re$ in die durch beide Richtungen bestimmte Ebene fällt. In diesem Falle genügen aber zwei Gleichungen, und die Aufgabe ist eine solche der Ebene.

Die eindeutige Zerlegung einer Kraft in einem Punkte ist somit im Raume nur nach drei nicht in einer Ebene liegenden Richtungen möglich.

Schneller als durch Rechnung kann die vorstehende Zerlegungsaufgabe auf graphischem Wege mittels des Culmannschen Verfahrens gelöst werden. Abb. 50 zeigt den Punkt m im Aufriß (m') und Grundriß (m''), ferner die von ihm ausgehenden drei Richtungen 1, 2, 3 und die gegebene Kraft $\Re$ in den beiden Projektionsebenen. Man denke sich die Richtungen 1, 2, 3 und die Richtungslinie von $\Re$ in den Punkten (1), (2), (3) und (r) mit der Grundrißebene zum Schnitt gebracht und bestimme die horizontalen Spuren (1)—(r) der durch die Richtungen 1 und $\Re$, sowie (2)—(3) der durch die Richtungen 2 und 3 gelegten Ebenen. Diese beiden Ebenen durchdringen sich in der Geraden m—(e), deren Projektionen sofort zu bestimmen sind. Jetzt kann $\Re$ in der durch die Richtungen 1 und $\Re$ bestimmten Ebene eindeutig zerlegt werden nach der Richtung 1 und der Geraden m—(e), darauf die in die letztere Richtung fallende Hilfskraft $\mathfrak{H}$ in der durch die Richtungen 2 und 3 bestimmten Ebene nach diesen Richtungen, womit die Zerlegung der Kraft $\Re$ erledigt ist.

Die Zeichnung wird wieder in den beiden Projektionsebenen ausgeführt. Zu diesem Zwecke trägt man in Abb. 50a zunächst $\Re''$ in einem beliebigen Kräftemaßstab und von einem beliebigen Anfangspunkt aus auf und zerlegt diese Kraft in die Seitenkräfte $\Re_1''$ und $\mathfrak{H}''$ parallel den Geraden (1)—m'' und (e)—m'', ferner die Hilfskraft $\mathfrak{H}''$ in die Seitenkräfte $\Re_2''$ und $\Re_3''$ parallel den Geraden (2)—m'' und (3)—m''. Im Aufriß verfährt man in der gleichen Weise und findet somit die Auf- und Grundrißprojektion der gesuchten Kräfte $\Re_1$, $\Re_2$ und $\Re_3$. Der Pfeilsinn ergibt sich aus der Bedingung, daß $\Re''$ die Resultante aus $\Re_1''$, $\Re_2''$ und $\Re_3''$, ebenso $\Re'$ die Resultante aus $\Re_1'$, $\Re_2'$ und $\Re_3'$ sein muß.

13. Der Momentensatz für eine räumliche Kräftegruppe mit gemeinsamem Angriffspunkt.

Unter dem Moment einer im Punkte A angreifenden Kraft $\Re$ in bezug auf eine beliebige Achse im Raume versteht man das Moment der Kraft $\Re_0$, die sich als Projektion von $\Re$ auf eine zu dieser Achse rechtwinklige Ebene ergibt. Macht man die gegebene Achse zur Z-Achse eines rechtwinkligen räumlichen Koordinatensystems (Abb. 51), so ist die fragliche Projektionsebene parallel der XY-Ebene. Die Projektion $\Re_0$ von $\Re$ ist dann zugleich die Resultante der

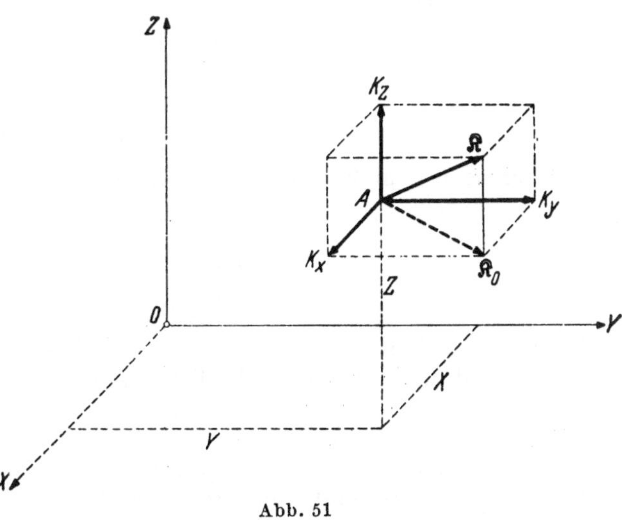

Abb. 51

Komponenten K_x und K_y von $\Re$, und demnach ihr Moment in bezug auf die Achse OZ gleich der Momentensumme von K_x und K_y. Das Moment der Kraft $\Re$

in bezug auf die gegebene Achse OZ wird also dargestellt durch den Ausdruck

$$M_z = K_x y - K_y x, \tag{42}$$

wobei der Zeiger z die Momentenbezugsachse bezeichnen soll. Die der gegebenen Achse parallele Kraftkomponente K_z liefert keinen Beitrag zu diesem Moment.

Durch zyklische Vertauschung der Indices in (42) erhält man die Momente der Kraft $\mathfrak{K}$ in bezug auf die beiden anderen Koordinatenachsen OX und OY, nämlich

$$\left.\begin{aligned} M_x &= K_y z - K_z y \\ M_y &= K_z x - K_x z \end{aligned}\right\} \tag{42a}$$

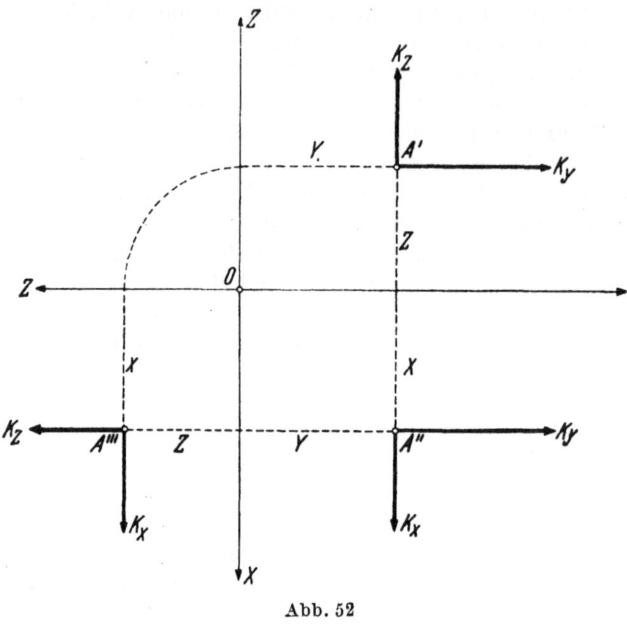

Abb. 52

Eine übersichtliche graphische Darstellung dieser Zusammenhänge zeigt Abb. 52, in der die Kraft $\mathfrak{K}$ in den drei Projektionsebenen (Aufriß, Grundriß, Seitenriß) dargestellt ist. Zur Bestimmung von M_x, M_y und M_z betrachtet man nacheinander die YZ-, ZX- und die XY-Ebene und faßt jeweils O als Momentendrehpunkt auf.

Greifen nun im Punkte A mehrere beliebig gerichtete Kräfte $\mathfrak{K}_i$ an, und ist wieder O der Ursprung eines beliebigen rechtwinkligen Koordinatensystems, so denke man sich alle Kräfte in ihre Komponenten $X_i = K_{ix}$, $Y_i = K_{iy}$, $Z_i = K_{iz}$ zerlegt und bilde die Summe der Momente aller Einzelkräfte in bezug auf die drei Koordinatenachsen. Dann erhält man

$$\left.\begin{aligned} \textstyle\sum^i M_{ix} &= \textstyle\sum^i Y_i z - \textstyle\sum^i Z_i y \\ \textstyle\sum^i M_{iy} &= \textstyle\sum^i Z_i x - \textstyle\sum^i X_i z \\ \textstyle\sum^i M_{iz} &= \textstyle\sum^i X_i y - \textstyle\sum^i Y_i x \end{aligned}\right\} \tag{43}$$

Da aber nach dem Projektionssatz die Gl. (37) gelten, so folgt aus (43)

$$\left.\begin{aligned} \textstyle\sum^i M_{ix} &= R_y z - R_z y \\ \textstyle\sum^i M_{iy} &= R_z x - R_x z \\ \textstyle\sum^i M_{iz} &= R_x y - R_y x \end{aligned}\right\} \tag{44}$$

Die rechten Seiten der Gl. (44) stellen die Momente der Resultante $\mathfrak{R} = \sum^i \mathfrak{K}_i$ in bezug auf die drei Achsen X, Y und Z dar. Da die Lage des gewählten Koordinatensystems ganz beliebig ist, so gilt folgender Momentensatz: Das Moment der Resultante einer durch den Punkt A gehenden räumlichen Kräftegruppe in bezug auf eine beliebige Achse im Raume ist gleich der Summe der Momente der Einzelkräfte in bezug auf diese Achse.

Zu den vorstehenden Gleichungen gelangt man auch in einfacher Weise mittels der auf S. 19 besprochenen äußeren Multiplikation gerichteter Größen. Bezeichnet nämlich $\mathfrak{r} = \overrightarrow{OA}$ den Radiusvektor, welcher einen beliebigen Anfangspunkt O mit dem Kraftangriffspunkt A

verbindet (Abb. 53), so ist nach Gl. (16) auf S. 19 wegen $\Re = \Re_1 + \Re_2 + \cdots + \Re_n$

$$[\Re\, \mathfrak{r}] = [\Re_1\mathfrak{r}] + [\Re_2\mathfrak{r}] + \cdots + [\Re_n\mathfrak{r}] = \sum^i [\Re_i\mathfrak{r}]. \tag{45}$$

Nach den früheren Festsetzungen (vgl. S. 27) stellt das äußere Produkt $[\Re\,\mathfrak{r}]$ der Vektoren $\Re$ und $\mathfrak{r}$ das Moment der Kraft $\Re$ in bezug auf den Punkt O dar. Gl. (45) sagt also aus, daß das Moment der Resultante einer beliebigen räumlichen, durch einen Punkt A gehenden Kräftegruppe in bezug auf einen beliebigen Punkt O gleich der geometrischen Summe der Momente der Einzelkräfte ist. Drückt man $\Re$ und $\mathfrak{r}$ durch ihre Komponenten R_x, R_y, R_z bzw. x, y, z aus, so folgt nach Gl. (18) auf S. 19

$$[\Re\,\mathfrak{r}] = \mathfrak{i}(R_y z - R_z y) + \mathfrak{j}(R_z x - R_x z) + \mathfrak{k}(R_x y - R_y x). \tag{46}$$

Entsprechend ist

$$\sum^i [\Re_i\mathfrak{r}] = \mathfrak{i} \sum^i (Y_i z - Z_i y) + \mathfrak{j} \sum^i (Z_i x - X_i z) + \mathfrak{k} \sum^i (X_i y - Y_i x)$$

$$= \mathfrak{i} \sum^i M_{ix} + \mathfrak{j} \sum^i M_{iy} + \mathfrak{k} \sum^i M_{iz}. \tag{47}$$

Da aber nach (45) $[\Re\,\mathfrak{r}] = \sum^i [\Re_i\mathfrak{r}]$ ist, so ergeben sich aus dem Vergleich von (46) und (47) wieder die oben bereits abgeleiteten Gl. (44).

14. Zusammensetzung von Kräften mit beliebigen Angriffspunkten. Gleichgewicht.

An einem starren Körper möge jetzt verstreut eine Anzahl beliebig gerichteter Kräfte $\Re_1$ bis $\Re_n$ angreifen. O sei ein beliebiger Punkt des Körpers, $\mathfrak{r}_1$ bis $\mathfrak{r}_n$ seien die von O nach den Kraftangriffspunkten A_1 bis A_n gezogenen Radienvektoren (Abb. 53). Denkt man sich die Kraft $\Re_i$ parallel zu sich selbst nach O verschoben, so muß, wenn an dem äußeren Zustand des Körpers keine Änderung eintreten soll, nach den Ausführungen auf S. 46 noch ein Versetzungsmoment hinzugefügt werden, dessen Drehungsebene durch $\Re_i$ und O bestimmt (Ebene $O\,A_i B_i$), und dessen Betrag gleich dem Produkt $K_i l_i$ ist, wenn l_i die Länge des Hebelarmes von O auf die Richtung von $\Re_i$ bezeichnet. Der Momentenvektor $\mathfrak{M}_i = [\Re_i\mathfrak{r}_i]$ steht rechtwinkelig zur Ebene $O\,A_i B_i$ und ist nach den früher darüber getroffenen Festsetzungen (vgl. S. 26) nach derjenigen Seite dieser Ebene ge-

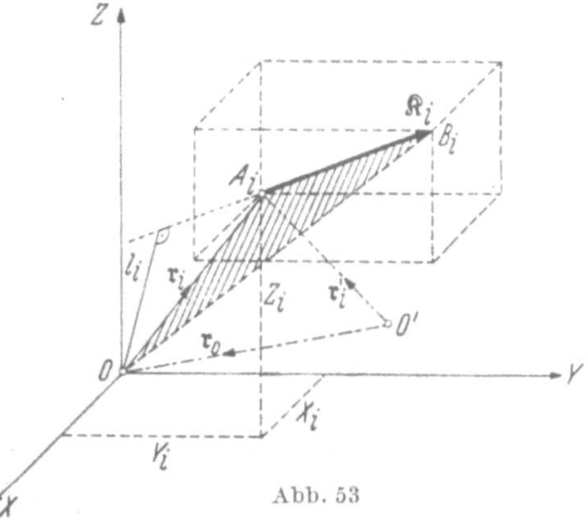

Abb. 53

richtet, von der aus gesehen $\Re_i$ um O im Uhrzeigersinn dreht. Verfährt man in gleicher Weise mit allen übrigen Kräften, so erhält man statt der gegebenen n Kräfte, die verstreut am Körper angreifen, n Kräfte, deren Richtung, Größe und Sinn mit jenen übereinstimmen, die aber sämtlich durch den Punkt O gehen, außerdem ebensoviele Momentenvektoren, die man ebenfalls von O aus auftragen kann. Bildet man nun einerseits die geometrische Summe aller Kräfte

$$\Re = \sum^i \Re_i,$$

andererseits die geometrische Summe aller Momentenvektoren

$$\mathfrak{M} = \sum^i \mathfrak{M}_i,$$

so erkennt man, daß sich das gegebene Kraftsystem immer auf eine Einzelkraft $\Re$ und ein Moment $\mathfrak{M}$ zurückführen läßt. Die Wahl des Punktes O ist dabei vollkommen willkürlich.

Nun denke man sich durch O als Ursprung ein rechtwinkliges Koordinatensystem gelegt. Die Neigungswinkel der gegebenen Kräfte $\Re_i$ gegen die Achsrichtungen seien mit $\alpha_i, \beta_i, \gamma_i$ bezeichnet. Dann erhält man als Komponenten der resultierenden Kraft $\Re$

$$\left.\begin{aligned}
R_x &= \sum^i K_i \cos \alpha_i = \sum^i X_i \\
R_y &= \sum^i K_i \cos \beta_i = \sum^i Y_i \\
R_z &= \sum^i K_i \cos \gamma_i = \sum^i Z_i
\end{aligned}\right\} \tag{48}$$

Der Betrag der Kraft $\Re$ ist

$$R = \sqrt{R_x^2 + R_y^2 + R_z^2}, \tag{49}$$

während sich ihre Neigungswinkel α, β, γ gegen die drei Achsrichtungen aus den Gleichungen

$$\cos \alpha = \frac{R_x}{R}; \quad \cos \beta = \frac{R_y}{R}; \quad \cos \gamma = \frac{R_z}{R} \tag{50}$$

ergeben. Durch (49) und (50) ist $\Re$ eindeutig bestimmt.

In gleicher Weise verfährt man zur Ermittlung des resultierenden Momentenvektors $\mathfrak{M}$. Für seine Komponenten erhält man unter Beachtung von (43)

$$\left.\begin{aligned}
M_x &= \sum^i M_{ix} = \sum^i Y_i z_i - \sum^i Z_i y_i \\
M_y &= \sum^i M_{iy} = \sum^i Z_i x_i - \sum^i X_i z_i \\
M_z &= \sum^i M_{iz} = \sum^i X_i y_i - \sum^i Y_i x_i
\end{aligned}\right\} \tag{51}$$

wenn x_i, y_i, z_i die Koordinaten des Punktes A_i bezeichnen. Dann ergibt sich als Betrag des Momentenvektors $\mathfrak{M}$ der Wert

$$M = \sqrt{M_x^2 + M_y^2 + M_z^2},$$

und seine Neigungswinkel α', β', γ' sind bestimmt durch die Richtungskosinus

$$\cos \alpha' = \frac{M_x}{M}; \quad \cos \beta' = \frac{M_y}{M}; \quad \cos \gamma' = \frac{M_z}{M}.$$

Führt die Zusammensetzung einer zweiten an dem starren Körper angreifenden Kräftegruppe unter Benutzung des gleichen Reduktionspunktes O auf dieselbe Resultante $\Re$ und dasselbe Moment $\mathfrak{M}$ wie im ersten Falle, so sind beide Kräftegruppen einander gleichwertig. Sie haben auf den augenblicklichen Bewegungszustand des Körpers den gleichen Einfluß. Daraus folgt als Bedingung für die Gleichwertigkeit zweier Kräftegruppen, daß in bezug auf ein beliebiges rechtwinkliges Koordinatensystem für beide Kräftegruppen

1. die algebraische Summe der Kraftkomponenten in Richtung jeder der drei Koordinatenachsen die gleiche ist, und daß

2. die algebraische Summe der Momente aller Kräfte in bezug auf jede der drei Achsen denselben Wert ergibt.

Gleichgewicht einer räumlichen Kräftegruppe. Zeigt sich bei der Reduktion eines gegebenen Kraftsystems, daß die resultierende Kraft $\Re$ und das resultierende Moment $\mathfrak{M}$ zu Null werden, so übt die Kräftegruppe auf den äußeren Zustand des Körpers keinerlei Einfluß aus. Die Kräfte halten sich an ihm das Gleichgewicht, und der Körper bleibt unter ihrer Einwirkung in Ruhe, wenn er anfangs, d. h. vor Anbringung der Kräftegruppe, in Ruhe war[1]. Dieser Zustand ist vorhanden, wenn

$$\left.\begin{aligned}
\Re &= \sum^i \Re_i = 0 \\
\mathfrak{M} &= \sum^i \mathfrak{M}_i = 0
\end{aligned}\right\} \tag{52}$$

wird. Nun verschwinden aber $\Re$ und $\mathfrak{M}$, wenn ihre Komponenten R_x, R_y, R_z bzw. M_x, M_y, M_z zu Null werden. Unter Beachtung von (48) und (51) erhält

---

[1] Vgl. indessen S. 125.

man somit für das Gleichgewicht einer räumlichen Kräftegruppe am starren Körper an Stelle der zwei Vektorgleichungen (52) die sechs Komponentengleichungen

$$\left.\begin{aligned}
R_x &= \textstyle\sum_i X_i = 0; & M_x &= \textstyle\sum_i Y_i\, z_i - \textstyle\sum_i Z_i\, y_i = 0 \\
R_y &= \textstyle\sum_i Y_i = 0; & M_y &= \textstyle\sum_i Z_i\, x_i - \textstyle\sum_i X_i\, z_i = 0 \\
R_z &= \textstyle\sum_i Z_i = 0; & M_z &= \textstyle\sum_i X_i y_i - \textstyle\sum_i Y_i\, x_i = 0
\end{aligned}\right\} \qquad (53)$$

15. Zentralachse einer Kräftegruppe.

Nach den Ausführungen des vorigen Abschnitts liefert die Reduktion einer räumlichen Kräftegruppe nach einem beliebigen Punkte O eine Einzelkraft $\Re$ und ein Moment $\mathfrak{M}$. Während nun $\Re$ als Resultante der gegebenen Kräfte von der Wahl des Reduktionspunktes O unabhängig ist, wird sich das Moment $\mathfrak{M}$ im allgemeinen bei einer Verschiebung des Punktes O ändern.

Um dies zu zeigen, wähle man einen neuen Bezugspunkt O', bezeichne den von O' nach O gezogenen Radiusvektor $\overrightarrow{O'O}$ mit $\mathfrak{r}_0$ und den von O' nach dem Angriffspunkt A_i der Kraft $\Re_i$ gezogenen Radiusvektor mit $\mathfrak{r}_i{}'$ (Abb. 53). Dann wird das Moment der gegebenen Kräftegruppe in bezug auf O'

$$\mathfrak{M}' = \textstyle\sum_i [\Re_i\, \mathfrak{r}_i{}'],$$

wofür man wegen

$$\mathfrak{r}_i{}' = \mathfrak{r}_i + \mathfrak{r}_0$$

auch schreiben kann

$$\mathfrak{M}' = \textstyle\sum_i [\Re_i (\mathfrak{r}_i + \mathfrak{r}_0)] = \textstyle\sum_i [\Re_i\, \mathfrak{r}_i] + \textstyle\sum_i [\Re_i\, \mathfrak{r}_0]. \qquad (54)$$

Nun ist $\textstyle\sum_i [\Re_i\, \mathfrak{r}_i] = \mathfrak{M}$ das Moment in bezug auf O, und weiter wird, da $\mathfrak{r}_0$ für alle $\Re_i$ denselben Wert hat,

$$\textstyle\sum_i [\Re_i\, \mathfrak{r}_0] = [(\textstyle\sum_i \Re_i)\, \mathfrak{r}_0] = [\Re\, \mathfrak{r}_0] = \mathfrak{M}_0.$$

Damit geht (54) über in

$$\mathfrak{M}' = \mathfrak{M} + \mathfrak{M}_0, \qquad (55)$$

d. h., das Moment $\mathfrak{M}'$ in bezug auf O' ist gleich der geometrischen Summe aus dem Moment $\mathfrak{M}$ in bezug auf O und dem äußeren Produkt $\mathfrak{M}_0 = [\Re\, \mathfrak{r}_0]$ aus der Resultante $\Re$ und dem Radiusvektor $\mathfrak{r}_0$. Der Vektor $\mathfrak{M}_0$ steht also immer rechtwinklig zur Richtung von $\Re$, wie auch der Punkt O' gewählt sein mag. Für einen Punkt O' auf der Richtungslinie von $\Re$ verschwindet $\mathfrak{M}_0$, da das äußere Produkt paralleler Vektoren zu Null wird (vgl. S. 18). Eine Änderung des Momentes $\mathfrak{M}$ kann demnach nur dann eintreten, wenn

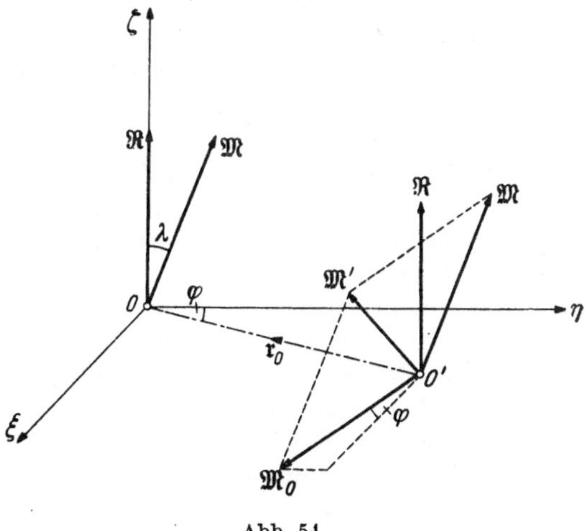

Abb. 54

der neue Bezugspunkt O' außerhalb der Richtungslinie von $\Re$ gewählt wird, entsprechend einer Parallelverschiebung dieser Kraft.

In Abb. 54 sei O wieder der erste Bezugspunkt, $\Re = \textstyle\sum_i \Re_i$ die resultierende Kraft und $\mathfrak{M} = \textstyle\sum_i \mathfrak{M}_i$ das resultierende Moment in bezug auf O. Die Richtungslinie von $\Re$ sei zur ζ-Achse eines rechtwinkeligen Koordinatensystems mit O als

Ursprung gemacht, wobei die ζ-Achse mit den Achsen X, Y, Z des früheren Koordinatensystems die Neigungswinkel α, β, γ (Neigungswinkel von $\Re$ gegen diese Achsen, vgl. S. 52) einschließt. Die durch $\Re$ und den zugehörigen, von O aus aufgetragenen Momentenvektor $\mathfrak{M}$ bestimmte Ebene wähle man zur $\zeta\eta$-Ebene, wodurch die Achsen ξ und η ebenfalls festgelegt sind. Der von $\mathfrak{M}$ und $\Re$ eingeschlossene Winkel sei mit λ bezeichnet. Nun wähle man den neuen Bezugspunkt O' in der $\xi\eta$-Ebene. Dann liefert die Reduktion der Kräftegruppe $\Re_i$ nach O' die Kraft $\Re = \sum_i \Re_i$ unverändert nach Größe und Richtung, und ferner das Moment $\mathfrak{M}'$ gemäß Gl. (55). Der Vektor $\mathfrak{M}_0$ steht rechtwinkelig zu $\Re$ und $\mathfrak{r}_0$, weicht also von der Richtung der ξ-Achse um den gleichen Winkel φ ab, den $\mathfrak{r}_0$ mit der η-Achse einschließt.

Es mögen nun bezeichnen: M_ξ, M_η, M_ζ die Komponenten von $\mathfrak{M}$ und entsprechend $M_{0\xi}, M_{0\eta}, M_{0\zeta}$ diejenigen von $\mathfrak{M}_0$ nach den Achsen ξ, η, ζ. Dann ist

$$M_\xi = 0; \qquad M_\eta = M \sin \lambda; \qquad M_\zeta = M \cos \lambda;$$

$$M_{0\xi} = M_0 \cos \varphi; \qquad M_{0\eta} = - M_0 \sin \varphi; \qquad M_{0\zeta} = 0.$$

Demnach sind die Komponenten des resultierenden Momentes $\mathfrak{M}'$

$$M_\xi' = M_0 \cos \varphi; \qquad M_\eta' = M \sin \lambda - M_0 \sin \varphi; \qquad M_\zeta' = M \cos \lambda,$$

und der Betrag dieses Momentes wird

$$M' = \sqrt{M_\xi'^2 + M_\eta'^2 + M_\zeta'^2} \tag{56}$$

Es ist nun eine solche Wahl des Punktes O' möglich, daß M_ξ' und M_η' verschwinden, so daß $M' = M_\zeta'$ wird, wobei der Vektor $\mathfrak{M}'$ die Richtung von $\Re$ haben würde. Dieser Fall tritt ein, wenn $\varphi = 90°$ und ferner $M \sin \lambda = M_0 \sin \varphi = R r_0 \sin \varphi = R r_0$, d. h.

$$r_0 = \frac{M \sin \lambda}{R} \tag{57}$$

wird. Der zugehörige Bezugspunkt O'' liegt auf der ξ-Achse in dem durch Gl. (57) gegebenen Abstand von O. Da nun nach (56) M' im allgemeinen größer ist als M_ζ', bei der angegebenen Wahl von O'' aber $M'' = M_\zeta'' = M \cos \lambda$ wird, so ist der unter diesen Umständen sich ergebende Wert M'' so klein wie möglich. Außerdem hat, wie oben bereits erwähnt, der Momentenvektor $\mathfrak{M}''$ die Richtung von $\Re$. Die durch O'' gehende Richtungslinie von $\Re$ heißt die Zentralachse der gegebenen Kräftegruppe, während die Kraft $\Re$ und der Momentenvektor $\mathfrak{M}''$, dessen Drehungsebene zu $\Re$ lotrecht steht, zusammen als Dyname oder Kraftschraube bezeichnet werden. Selbstverständlich darf der Punkt O'' nun wieder auf der Richtungslinie von $\Re$ verschoben werden, ohne daß dadurch an dem Ergebnis etwas geändert würde.

Die vorstehenden Überlegungen lassen sich wie folgt zusammenfassen: Eine am starren Körper wirkende Kräftegruppe läßt sich auf unendlich viele Arten zu einer Mittelkraft $\Re$ und einem Moment $\mathfrak{M}$ zusammenfassen. In all diesen Fällen bleibt die Kraft $\Re$ nach Größe, Richtung und Sinn die gleiche, nur ihre Lage ändert sich entsprechend der Wahl des Reduktionspunktes O. Dagegen ändert sich das Moment $\mathfrak{M}$ im allgemeinen nach Größe, Richtung und Sinn. Unter den unendlich vielen Lagen von $\Re$ gibt es eine, bei welcher $\Re$ und $\mathfrak{M}$ eine Dyname bilden. Die dieser Lage entsprechende Richtungslinie von $\Re$ heißt die Zentralachse der Kräftegruppe.

Steht der ursprünglich gefundene Momentenvektor $\mathfrak{M}$ rechtwinklig zu $\Re$, ist also $\lambda = 90°$ (Abb. 54), so wird $M'' = M \cos \lambda = 0$ und nach (57) $r_0 = \dfrac{M}{R}$. In diesem Sonderfalle läßt sich also die gegebene Kräftegruppe auf eine durch O''

gehende Einzelkraft zurückführen. Wenn nämlich $\mathfrak{M}$ rechtwinklig zu $\mathfrak{R}$ steht, dann liegt $\mathfrak{R}$ in der Drehungsebene des Momentes. Nach den Ausführungen des Abschnittes 11 lassen sich aber in der Ebene eine Kraft und ein Moment durch entsprechende Verschiebung der Kraft immer so zusammensetzen, daß die Kraft allein übrig bleibt, während das Moment verschwindet.

Eine beliebige Kräftegruppe kann aber auch stets auf zwei nicht in derselben Ebene liegende Kräfte zurückgeführt werden. Ist nämlich das Ergebnis der ersten Zusammensetzung etwa eine Resultante $\mathfrak{R}$ im Punkte A und ein Moment $\mathfrak{M}$ (Abb. 55), so kann man $\mathfrak{M}$ in ein Kräftepaar auflösen und durch die Kräfte $\mathfrak{P}$ in A und $\mathfrak{P}' = -\mathfrak{P}$ in B ersetzen. Der Abstand $\overline{A\,B} = r$ ist so zu wählen, daß $Pr = M$ wird. Nun lassen sich die Kräfte $\mathfrak{P}$ und $\mathfrak{R}$ zur Resultante $\mathfrak{R}'$ zusammensetzen, so daß $\mathfrak{R}'$ und $\mathfrak{P}'$ der gegebenen Kräftegruppe gleichwertig sind. Macht

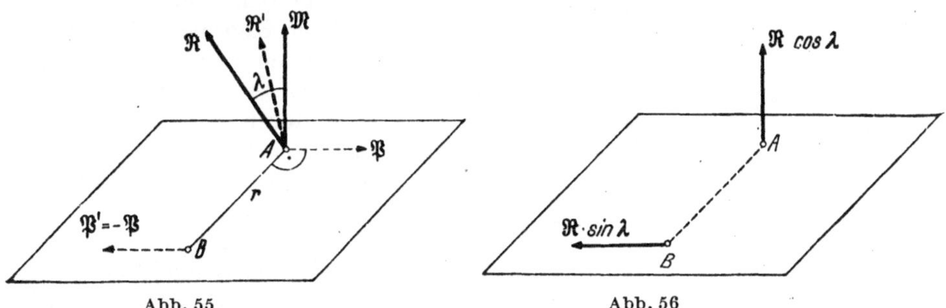

Abb. 55   Abb. 56

man insbesondere $P = R\sin\lambda$, so fällt $\mathfrak{R}'$ in die Richtung von $\mathfrak{M}$ und hat die Größe $R\cos\lambda$ (Abb. 56), während die durch B gelegte Kraft $\mathfrak{P}'$ die Größe $R\sin\lambda$ besitzt. Hiernach ist die Zurückführung einer Kräftegruppe auf zwei im Raume sich rechtwinkelig kreuzende (windschiefe) Kräfte immer möglich.

16. Zusammensetzung von Parallelkräften gleichen Sinnes im Raume.

Greifen an einem starren Körper lauter parallel gerichtete Kräfte $\mathfrak{K}_i$ von gleichem Richtungssinn an, so lassen sie sich stets zu einer Resultante $\mathfrak{R}$ von der gleichen Richtung vereinigen, deren Größe nach den früheren Ausführungen gleich der Summe der Beträge aller Einzelkräfte sein muß, also $R = \sum_i K_i$.

Es mögen nun bezeichnen: α, β, γ die für alle Kräfte gleichen Richtungswinkel gegen die Achsen X, Y, Z eines rechtwinkligen Koordinatensystems; x_i, y_i, z_i die Koordinaten des der Kraft $\mathfrak{K}_i$ zugewiesenen Angriffspunktes A_i und x_s, y_s, z_s die Koordinaten eines Punktes S auf der Richtungslinie der ihrer Lage nach zunächst noch unbekannten Resultante $\mathfrak{R}$ (Abb. 57). Die gegebene Kräftegruppe $\mathfrak{K}_i$ erzeugt in bezug auf die Koordinatenachsen die Momente (51). Beachtet man, daß

$$X_i = K_i\cos\alpha\,; \quad Y_i = K_i\cos\beta\,; \quad Z_i = K_i\cos\gamma$$

ist, so folgt aus (51)

$$\left.\begin{aligned}
\sum_i M_{ix} &= \cos\beta\,\sum_i K_i z_i - \cos\gamma\,\sum_i K_i y_i \\
\sum_i M_{iy} &= \cos\gamma\,\sum_i K_i x_i - \cos\alpha\,\sum_i K_i z_i \\
\sum_i M_{iz} &= \cos\alpha\,\sum_i K_i y_i - \cos\beta\,\sum_i K_i x_i
\end{aligned}\right\} \tag{58}$$

Entsprechend liefert die Resultante $\mathfrak{R}$ die Momente

$$\left.\begin{aligned}
M_x &= \cos\beta\,R z_s - \cos\gamma\,R y_s \\
M_y &= \cos\gamma\,R x_s - \cos\alpha\,R z_s \\
M_z &= \cos\alpha\,R y_s - \cos\beta\,R x_s
\end{aligned}\right\} \tag{59}$$

Damit die Kraft $\Re$ der gegebenen Kräftegruppe $\Re_i$ in ihrer Wirkung am Körper gleichwertig ist, müssen die entsprechenden Momente (58) und (59) einander gleich sein (vgl. S. 52). Die rechten Seiten dieser Ausdrücke stimmen überein, wenn

$$R z_s = \sum_i K_i z_i; \qquad R y_s = \sum_i K_i y_i; \qquad R x_s = \sum_i K_i x_i$$

ist, woraus wegen $R = \sum_i K_i$ folgt

$$x_s = \frac{\sum_i K_i x_i}{\sum_i K_i}; \qquad y_s = \frac{\sum_i K_i y_i}{\sum_i K_i}; \qquad z_s = \frac{\sum_i K_i z_i}{\sum_i K_i}. \tag{60}$$

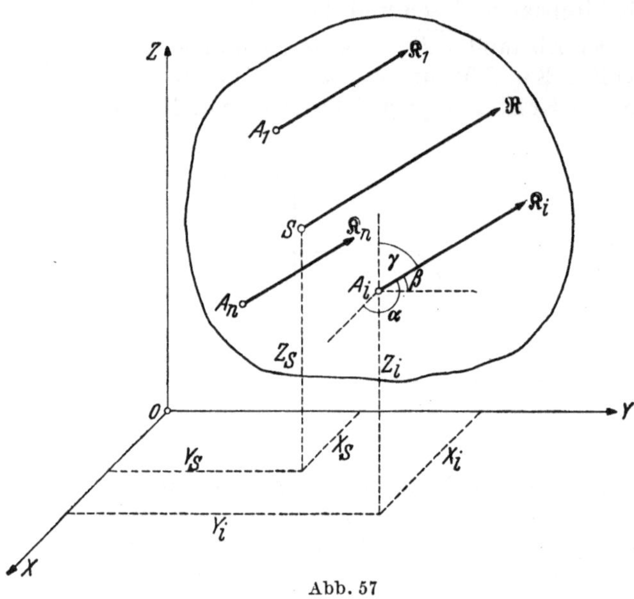

Abb. 57

Da diese Koordinaten unabhängig von den Richtungswinkeln α, β, γ der gegebenen Kräftegruppe $\Re_i$ sind, vielmehr nur von den Kraftbeträgen K_i und den Koordinaten x_i, y_i, z_i der ihnen zugewiesenen Angriffspunkte A_i abhängen, so wird durch sie ein ganz bestimmter Punkt S festgelegt, dessen Lage sich nicht ändert, wenn die Parallelkräfte $\Re_i$ sich in ihren Angriffspunkten um den gleichen Winkel drehen. Bei einer solchen Drehung der Kräfte $\Re_i$ dreht sich ihre Resultante $\Re$ um den Punkt S, der aus diesem Grunde der Mittelpunkt der in den Punkten A_i angreifenden Parallelkräfte heißt.

17. Zerlegung einer Kraft nach sechs gegebenen Richtungen im Raume.

Ein auf ein rechtwinkliges Koordinatensystem X, Y, Z bezogener Körper stehe unter dem Einfluß einer Einzelkraft $\Re$, deren Richtungswinkel gegen die Achsen wieder mit α, β, γ bezeichnet seien. Gegeben seien ferner sechs Richtungslinien im Raume mit den Neigungswinkeln $\alpha_1, \beta_1, \gamma_1; \ \alpha_2, \beta_2, \gamma_2; \ \ldots \alpha_6, \beta_6, \gamma_6$. Es soll die Kraft $\Re$ nach diesen sechs Richtungen zerlegt, d. h. in ihrer Wirkung am Körper durch sechs in die gegebenen Richtungen fallende Seitenkräfte $\Re_1$ bis $\Re_6$ ersetzt werden.

Damit die gesuchte Kräftegruppe der gegebenen Kraft $\Re$ gleichwertig ist, muß nach S. 52 die Summe der Kraftkomponenten in Richtung jeder der drei Koordinatenachsen und die Summe ihrer Momente in bezug auf jede der drei Achsen für die gesuchte Kräftegruppe ebenso groß sein wie für die gegebene Kraft $\Re$. Es bestehen also unter Beachtung der Gl. (48) und (51) folgende sechs Bedingungen:

$$\left.\begin{array}{l} R\cos\alpha = \displaystyle\sum_{i=1}^{i=6} K_i \cos\alpha_i; \quad R\cos\beta = \displaystyle\sum_{i=1}^{i=6} K_i \cos\beta_i; \quad R\cos\gamma = \displaystyle\sum_{i=1}^{i=6} K_i \cos\gamma_i \\[2.2ex] R z \cos\beta - R y \cos\gamma = \displaystyle\sum_{i=1}^{i=6}(K_i z_i \cos\beta_i - K_i y_i \cos\gamma_i) \\[2.2ex] R x \cos\gamma - R z \cos\alpha = \displaystyle\sum_{i=1}^{i=6}(K_i x_i \cos\gamma_i - K_i z_i \cos\alpha_i) \\[2.2ex] R y \cos\alpha - R x \cos\beta = \displaystyle\sum_{i=1}^{i=6}(K_i y_i \cos\alpha_i - K_i x_i \cos\beta_i) \end{array}\right\} \tag{61}$$

In diesen Gleichungen stellen x, y, z die Koordinaten eines beliebigen Punktes der Richtungslinie der Kraft $\Re$ dar, durch welchen im Verein mit den Winkeln α, β, γ deren Lage am Körper bestimmt ist, entsprechend x_i, y_i, z_i die Koordinaten eines Punktes der i-ten Richtungslinie. Die Gl. (61) enthalten somit als Unbekannte nur die Kraftgrößen K_1 bis K_6, welche aus ihnen eindeutig berechnet werden können, sofern die Determinante $\varDelta$ ihrer Koeffizienten einen von Null verschiedenen Wert hat.

Wären nicht sechs, sondern weniger oder mehr Richtungslinien gegeben, nach denen $\Re$ zerlegt werden soll, so erkennt man leicht, daß in diesen Fällen eine eindeutige Lösung der Aufgabe nicht möglich ist, da mittels der zur Verfügung stehenden sechs Bedingungen immer nur sechs Unbekannte eindeutig bestimmt werden können.

Wird die Koeffizienten-Determinante $\varDelta$ zu Null, dann liegt ein Ausnahmefall vor, der bei bestimmten ausgezeichneten Lagen der gegebenen Richtungslinien eintreten kann. Solche Ausnahmefälle gibt es mehrere; die wichtigsten seien hier kurz erwähnt:

1. **Von den sechs gegebenen Richtungslinien liegen mehr als drei, z. B. vier, in einer Ebene.** Denkt man sich die fünfte und sechste Richtungslinie mit der Ebene der vier ersten Richtungen zum Schnitt gebracht und verbindet diese Schnittpunkte durch die Gerade G, so schneidet G die sämtlichen sechs Richtungslinien oder läuft parallel zu einzelnen von ihnen. Faßt man nun die Gerade G als Achse eines Koordinatensystems auf, so müßte, wenn Gleichwertigkeit zwischen der Kraft $\Re$ einerseits und den sechs in die gegebenen Richtungslinien fallenden Kräfte $\Re_1$ bis $\Re_6$ andererseits bestehen soll, in bezug auf die Achse G das Moment der Kraft $\Re$ ebenso groß sein wie die Momentensumme der sechs Kräfte $\Re_1$ bis $\Re_6$. Letztere ist aber, da G alle Kraftrichtungen $\Re_1$ bis $\Re_6$ schneidet bzw. ihnen parallel läuft, gleich Null, während das Moment von $\Re$ bei beliebiger Lage dieser Kraft im allgemeinen einen von Null verschiedenen Wert hat. Die für die Gleichwertigkeit notwendige Bedingung ist somit nicht erfüllt.

2. **Von den sechs gegebenen Richtungslinien gehen mehr als drei durch einen Punkt.** In diesem Falle kann man durch den Punkt A, in welchem sich etwa vier Richtungslinien schneiden mögen, und eine der übrig bleibenden eine Ebene legen, welche die sechste Richtungslinie im Punkte B schneiden möge. Verbindet man A mit B, so schneidet die Achse AB sämtliche gegebenen Richtungslinien. Es gilt also für sie, wenn man sie als Momentenbezugsachse betrachtet, das bereits unter 1. Gesagte.

3. **Von den sechs gegebenen Richtungslinien sind mehr als drei, z. B. vier, einander parallel.** Um zu erkennen, daß hier ein Ausnahmefall vorliegt, denke man sich zu den vier ausgezeichneten Richtungen durch die fünfte Richtung eine parallele Ebene gelegt, bestimme den Schnittpunkt B dieser Ebene mit der sechsten Richtung und ziehe durch B die Parallele zu den vier ersten Richtungen. Da diese die fünfte und sechste Richtung schneidet, den vier ersten aber parallel ist, so gilt für sie als Momentenbezugsachse auch hier die unter 1. gemachte Bemerkung.

Zur rechnerischen Durchführung der oben besprochenen Zerlegungsaufgabe ist die Auflösung der Gl. (61) nötig, die bei ganz beliebiger Lage der gegebenen Richtungslinien umständlich und zeitraubend ist. Bei praktischen Aufgaben treten jedoch im allgemeinen bezüglich der Lage der Richtungslinien bestimmte Vereinfachungen auf. In solchen Fällen können die Gl. (61) ohne große Schwierigkeiten gelöst werden (vgl. hierzu die Ausführungen auf S. 121 ff.).

III. Der Schwerpunkt.

1. Allgemeines vom Schwerpunkt.

In Ziffer 16 des vorhergehenden Abschnitts wurde gezeigt, daß die Resultante einer an einem starren Körper wirkenden Gruppe von Parallelkräften gleichen Sinnes durch einen bestimmten Punkt S geht, welcher seine Lage relativ zum Körper nicht ändert, wenn die betrachteten Parallelkräfte in ihren Angriffspunkten sämtlich um den gleichen Winkel gedreht werden. Es mögen nun diese Parallelkräfte derartig über den Körper verteilt sein, daß an jedem Massenteilchen m_i, deren Summe die Gesamtmasse

$$M = \sum_i m_i \tag{62}$$

des Körpers bildet, eine der Masse m_i dieses Teilchens proportionale Kraft von der Größe $m_i\,b$ wirke, wobei b die für alle Massenteilchen nach Größe und Richtung gleiche Beschleunigung darstellt (vgl. S. 9). Denkt man sich den Körper wieder auf ein rechtwinkliges Koordinatensystem bezogen, so erhält man nach Gl. (60) als Koordinaten des Mittelpunktes S der Kräftegruppe

$$\left. \begin{aligned} x_s &= \frac{\sum_i m_i\,b\,x_i}{\sum_i m_i\,b} = \frac{\sum_i m_i\,x_i}{\sum_i m_i} \\[2mm] y_s &= \frac{\sum_i m_i\,y_i}{\sum_i m_i}\,;\quad z_s = \frac{\sum_i m_i\,z_i}{\sum_i m_i} \end{aligned} \right\} \tag{63}$$

Diese Koordinaten sind unabhängig von der Beschleunigung b, d. h. von der Größe der Kräfte; sie hängen lediglich von der Massenverteilung des Körpers ab. Der durch sie festgelegte Punkt heißt deshalb der Massenmittelpunkt des Körpers.

Einen besonderen Fall solcher Kräfte bilden die Schwerkräfte, welche bei irdischen Körpern, deren Abmessungen klein gegenüber denen der Erde sind, als parallel angesehen werden können. Bei ihnen ist $b = g$ (Schwerbeschleunigung, S. 9), und die Richtung lotrecht nach abwärts. Der Massenmittelpunkt eines irdischen Körpers ist also gleichbedeutend mit dem Mittelpunkt der Schwerkräfte und wird deshalb als Schwerpunkt bezeichnet. Verdreht man den mit dem Koordinatensystem fest verbundenen Körper gegen die Richtung des Lotes, so bleiben für jedes Massenteilchen m_i die Koordinaten x_i, y_i, z_i unverändert, d. h. eine solche Verdrehung hat auf die Lage des Schwerpunktes S im Achssystem keinen Einfluß. Die Richtung der Kräfte bleibt lotrecht, ändert sich somit relativ zum Körper. Dasselbe gilt von der Resultante aller Schwerkräfte, dem Gesamtgewicht des Körpers, welche sich um S dreht, und deren Angriffslinie als Schwerachse bezeichnet wird. Für jede Lage des Körpers gibt es also eine besondere Schwerachse. Der Schnittpunkt aller Schwerachsen ist der Schwerpunkt.

Aus den Gl. (62) und (63) folgt

$$M\,x_s = \sum_i m_i\,x_i\,;\quad M\,y_s = \sum_i m_i\,y_i\,;\quad M\,z_s = \sum_i m_i\,z_i\,. \tag{64}$$

Der Ausdruck $m_i x_i$ wird erhalten, indem man die Masse m_i mit ihrem Abstand x_i von der YZ-Ebene multipliziert. Ein Produkt dieser Art soll hinfort das statische Moment der Masse m_i in bezug auf die YZ-Ebene genannt werden. Entsprechend heißt das Produkt $M x_s$, bei dem man sich die Masse des ganzen Körpers im Schwerpunkt S vereinigt denkt, das statische Moment der Körpermasse in bezug auf diese Ebene. Die gleichen Beziehungen gelten auch für die beiden anderen Koordinatenebenen. Da aber die Koordinatenachsen ganz willkürlich gewählt werden können, so gelten sie überhaupt für jede Ebene.

Daraus folgt der Satz der statischen Momente: Das statische Moment der ganzen Masse eines Körpers in bezug auf eine beliebige Ebene ist gleich der Summe der statischen Momente der einzelnen Massenteile in bezug auf die gleiche Ebene.

Statische Momente können positive oder negative Werte haben, je nachdem die Koordinaten der einzelnen Massenteilchen positiv oder negativ sind.

Kann man die Masse M eines Körpers in zwei Teile M_1 und M_2 zerlegen, deren Schwerpunkte S_1 und S_2 bereits bekannt sind, so muß der Gesamtschwerpunkt S auf der Geraden $S_1 - S_2$ liegen, die somit einen geometrischen Ort für S darstellt. Man erkennt dieses leicht aus folgender Überlegung: In Abb. 58 bezeichnen S_1 und S_2 die beiden Schwerpunkte der Teilmassen M_1 bzw. M_2, deren Summe gleich M ist. Macht man die Verbindungslinie $S_1 - S_2$ etwa zur Y-Achse eines rechtwinkligen Koordinatensystems, so werden die Koordinaten x_1, z_1 und x_2, z_2 der Punkte S_1 und S_2 zu Null. Damit liefern die Gl. (64)

$$x_s = 0 \; ; \qquad y_s = \frac{M_1 y_1 + M_2 y_2}{M} \; ; \qquad z_s = 0 ,$$

d. h. der Gesamtschwerpunkt liegt auf der Y-Achse, also auf der Geraden $S_1 - S_2$, und zwar im Abstand y_s von 0.

Im Falle der Abb. 58 liegt der Schwerpunkt S des Körpers sowohl in der XY- als auch in der YZ-Ebene; seine Koordinaten x_s und z_s sind gleich Null. Nach Gl. (64) muß demnach auch $\sum_i m_i x_i = 0$ und $\sum_i m_i z_i = 0$ sein. Daran ändert sich nichts, wenn man sich das Koordinatensystem um die Y-Achse gedreht denkt. Es gilt also der Satz: In bezug auf eine den Schwerpunkt eines Körpers enthaltende Ebene ist die Summe der statischen Momente seiner Massenteile gleich Null und umgekehrt.

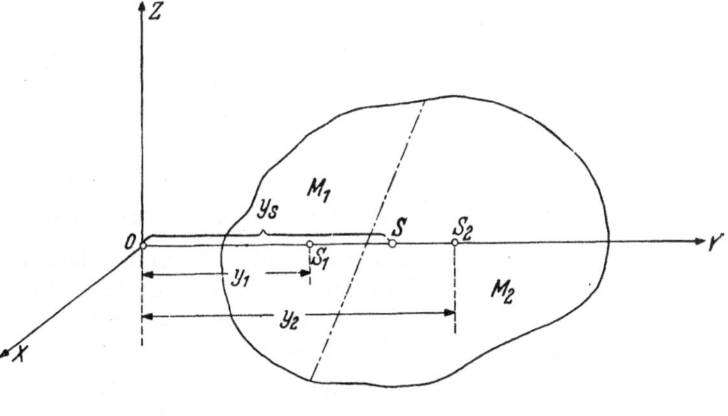

Abb. 58

Vom Schwerpunkt bzw. Massenmittelpunkt spricht man auch dann, wenn es sich nicht mehr um einen einzelnen starren Körper handelt, sondern um eine beliebige Massengruppe, deren einzelne Massenteilchen nicht miteinander starr verbunden sind. Man versteht darunter den Punkt, dessen Lage durch die Gl. (64) bestimmt ist. Setzt sich die Massengruppe aus mehreren starren Körpern zusammen, so kann man zunächst den Schwerpunkt jedes Körpers für sich bestimmen, darauf alle Körper mit ihren Schwerpunktskoordinaten als Massenpunkte einführen und schließlich für diese Massengruppe den Gesamtschwerpunkt bestimmen.

Homogene Körper.

Ein Körper, dessen Masse M sich gleichförmig über den Rauminhalt V (Volumen) verteilt, heißt homogen. Das Gewicht $\gamma \left[\dfrac{\text{kg}}{m^3}\right]$ der Raumeinheit heißt das spezifische Gewicht oder Wichte[1], die Masse $\mu \left[\dfrac{\text{kg sec}^2}{m^4}\right]$ der Raumeinheit die spezifische Masse oder Dichte. γ und μ sind für den homogenen Körper konstant. Das Gewicht des ganzen Körpers ist $Mg = \gamma V$, das eines Raumteilchens dV entsprechend $dm \cdot g = \gamma dV$, wenn hier an Stelle der Masse m des Massenpunktes das dem Volumenelement dV entsprechende Massenelement dm gesetzt wird. Man kann also schreiben:

$$M = \frac{\gamma}{g}\, V = \mu V\,; \qquad dm = \frac{\gamma}{g}\, dV = \mu\, dV\,. \tag{65}$$

Mit diesen Werten nehmen die Gl. (64) nach Weghebung des konstanten Faktors μ für den homogenen Körper folgende Formen an

$$V x_s = \int\limits_{(V)} x\, dV\,; \qquad V y_s = \int\limits_{(V)} y\, dV\,; \qquad V z_s = \int\limits_{(V)} z\, dV\,, \tag{66}$$

wobei jetzt an Stelle der Summe $\sum$ das sich über den ganzen Rauminhalt des Körpers erstreckende bestimmte Integral tritt.

Eine Ebene, die einen Körper in zwei symmetrische Hälften teilt, enthält stets den Schwerpunkt des Körpers. Man erkennt dieses sofort, wenn man die Symmetrieebene etwa zur YZ-Ebene macht und beachtet, daß jedem Raumelement dV, dessen Abstand $x = a$ von der YZ-Ebene ist, ein dazu symmetrisch liegendes mit dem Abstand $x = -a$ entspricht. Demnach wird $\int\limits_{(V)} x\, dV = 0$ und somit auch $x_s = 0$.

Die Gl. (64) können auch zur Berechnung des Schwerpunktes von Flächen und Linien benutzt werden. Zu diesem Zwecke denkt man sich letztere als homogene „materielle" Flächen (Schalen oder Scheiben) bzw. Linien (Stäbe) und führt an Stelle der Raumdichte μ die auf die Flächeneinheit entfallende Dichte μ', bzw. die auf die Linieneinheit entfallende Dichte μ'' ein. Man setzt also

$$\text{für die Fläche: } M = \mu' F\,; \qquad dm = \mu'\, dF\,;$$

$$\text{für die Linie: } M = \mu'' s\,; \qquad dm = \mu''\, ds\,,$$

wo F den gesamten Flächeninhalt, dF ein Flächenelement, bzw. s die gesamte Länge der Linie und ds ein Linienelement bezeichnen. In den Gl. (64) heben sich wieder die konstanten Werte μ' bzw. μ'' weg, und man erhält für die Schwerpunktskoordinaten der Fläche

$$F x_s = \int\limits_{(F)} x\, dF\,; \qquad F y_s = \int\limits_{(F)} y\, dF\,; \qquad F z_s = \int\limits_{(F)} z\, dF \tag{67}$$

und der Linie

$$s x_s = \int\limits_{(s)} x\, ds\,; \qquad s y_s = \int\limits_{(s)} y\, ds\,; \qquad s z_s = \int\limits_{(s)} z\, ds\,. \tag{68}$$

Die bestimmten Integrale sind dabei über die ganze Fläche bzw. Linie zu erstrecken. Bei ebenen Flächen oder Linien genügen schon zwei der vorstehenden Gleichungen.

---

[1] Nach DIN-Blatt 1306.

Läßt sich die gegebene Fläche in einzelne Teilflächen F_i zerlegen ($i = 1, 2, 3 \ldots$), deren Schwerpunkte schon bekannt sind, so schreibt man die Gl. (67) einfacher

$$F x_s = \sum_i F_i\, x_i ; \qquad F y_s = \sum_i F\, y_i ; \qquad F z_s = \sum_i F_i\, z_i , \qquad (67\,\mathrm{a})$$

wobei x_i, y_i, z_i die Koordinaten des Schwerpunktes S_i der Teilfläche F_i sind. Dasselbe gilt für Linien, also

$$s x_s = \sum_i s_i\, x_i ; \qquad s y_i = \sum_i s_i\, y_i ; \qquad s z_s = \sum_i s_i\, z_i \qquad (68\,\mathrm{a})$$

Nach der weiter oben gegebenen Definition ist der Schwerpunkt als „Mittelpunkt einer parallelen Kräftegruppe", nämlich der Schwerkräfte, anzusehen. Aus dieser Tatsache ergibt sich die Möglichkeit, die Lage des Schwerpunktes ebener Flächen oder Linien mit Hilfe zweier Seilpolygone zeichnerisch zu be-

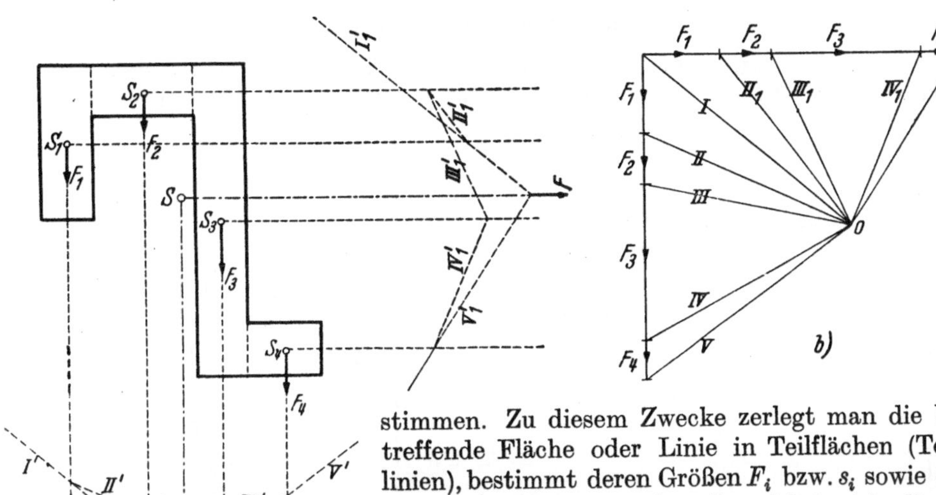

Abb. 59

stimmen. Zu diesem Zwecke zerlegt man die betreffende Fläche oder Linie in Teilflächen (Teillinien), bestimmt deren Größen F_i bzw. s_i sowie die zugehörigen Schwerpunkte S_i und bringt in diesen Schwerpunkten parallele Kräfte an, deren Größen den Flächen F_i bzw. Linien s_i proportional sind. Bestimmt man darauf mittels eines Seilpolygons die Resultante dieser Kräftegruppe, so liefert deren Richtungslinie einen geometrischen Ort für den Schwerpunkt der gegebenen Fläche. Da nun S seine Lage nicht ändert, wenn man die Kräftegruppe um einen beliebigen Winkel (etwa 90°) dreht (vgl. S. 56), so kann man jetzt ein zweites Seilpolygon für die „gedrehte" Kräftegruppe zeichnen und erhält mit der neuen Resultante einen zweiten geometrischen Ort für S (Abb. 59). Bei dieser Konstruktion kommt es nur auf die Größe der Flächen und nicht auf die Größe der ihnen proportionalen Kräfte an. Man kann also die Flächen direkt als fiktive Kräfte einführen und legt statt des Kräftemaßstabes einen „Flächenmaßstab" fest, also 1 [cm] $\cong n$ [cm²], wobei n eine Zahl ist. Das Verfahren ist besonders dann zu empfehlen, wenn es sich um Flächen mit unregelmäßiger Begrenzung handelt, die man zweckmäßig in einzelne parallele Streifen zerlegt.

An Stelle der Komponentengleichungen (64) kann man zur Ermittlung des Massenmittelpunktes eines Körpers auch „gerichtete Größen" benutzen, wie nachstehend gezeigt wird.

Es bezeichne wieder m_i ein beliebiges Massenteilchen des Körpers, $\mathfrak{r}_i$ den vom Koordinatenursprung O nach m_i gezogenen Radiusvektor und x_i, y_i, z_i die rechtwinkligen Koordinaten von m_i, so daß unter Benutzung der Einheitsvektoren (vgl. S. 15)

$$\mathfrak{r}_i = \mathfrak{i}\, x_i + \mathfrak{j}\, y_i + \mathfrak{k}\, z_i \qquad (69)$$

wird. Entsprechend läßt sich der von O nach dem Massenmittelpunkt S gezogene Radiusvektor $\mathfrak{r}_s$ durch die Koordinaten x_s, y_s, z_s von S wie folgt darstellen:

$$\mathfrak{r}_s = \mathfrak{i}\, x_s + \mathfrak{j}\, y_s + \mathfrak{k}\, z_s. \tag{70}$$

Gibt man nun den Gl. (64) die entsprechenden Richtungsfaktoren $\mathfrak{i}$, $\mathfrak{j}$, $\mathfrak{k}$ bei, so lauten sie

$$\mathfrak{i}\, M\, x_s = \mathfrak{i} \sum^i m_i x_i; \qquad \mathfrak{j}\, M\, y_s = \mathfrak{j} \sum^i m_i y_i; \qquad \mathfrak{k}\, M\, z_s = \mathfrak{k} \sum^i m_i z_i.$$

Ihre geometrische Addition liefert die Vektorgleichung

$$\sum^i m_i (\mathfrak{i}\, x_i + \mathfrak{j}\, y_i + \mathfrak{k}\, z_i) = M\, (\mathfrak{i}\, x_s + \mathfrak{j}\, y_s + \mathfrak{k}\, z_s)$$

oder wegen (69) und (70)

$$\sum^i m_i \mathfrak{r}_i = M\, \mathfrak{r}_s. \tag{71}$$

Durch diese Gleichung ist der Radiusvektor $\mathfrak{r}_s$ des Schwerpunktes S und damit dessen Lage ebenso eindeutig bestimmt wie durch die Gl. (64).

2. Beispiele zur Schwerpunktsberechnung.

a) Schwerpunkt von Linien.

Der Schwerpunkt einer geraden Linie fällt, wie ohne weiteres einleuchtet, in die Mitte dieser Linie. Liegt ein gebrochener Linienzug vor,

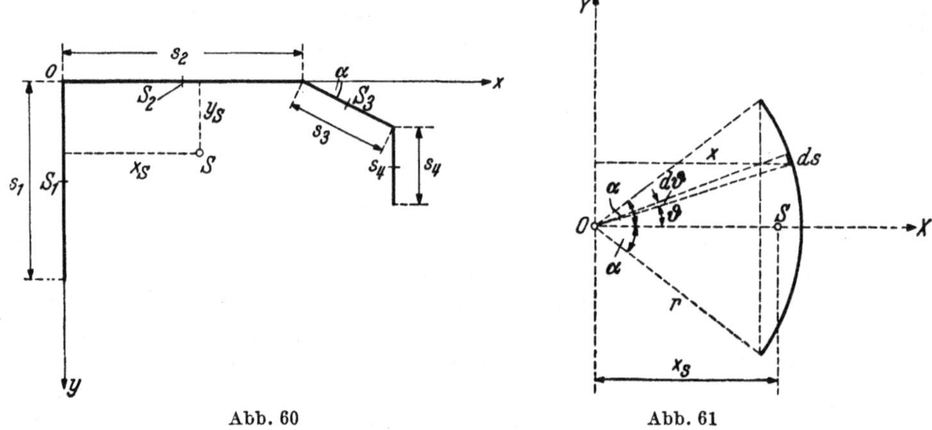

Abb. 60   Abb. 61

so kennt man die Schwerpunkte S_i der einzelnen Geraden mit den Längen s_i, aus denen der Linienzug zusammengesetzt ist. Die Gl. (68a) liefern dann sofort die Schwerpunktskoordinaten. Abb. 60 zeigt einen derartigen Linienzug in der Ebene. Man erhält nach (68a) mit den aus der Figur ersichtlichen Bezeichnungen:

$$x_s = \frac{\dfrac{s_2^2}{2} + \left(s_2 + \dfrac{s_3}{2}\cos\alpha\right)s_3 + (s_2 + s_3\cos\alpha)\,s_4}{s_1 + s_2 + s_3 + s_4}$$

$$y_s = \frac{\dfrac{s_1^2}{2} + \dfrac{s_3^2}{2}\sin\alpha + \left(s_3\sin\alpha + \dfrac{s_4}{2}\right)s_4}{s_1 + s_2 + s_3 + s_4}.$$

Der Schwerpunkt eines Kreisbogens vom Radius r und dem Zentriwinkel 2α liegt auf der Winkelhalbierenden. Es ist also lediglich die Koordinate $x_s = \overline{OS}$ zu bestimmen (Abb. 61). Die Lage des Bogenelements ds ist durch den Winkel ϑ bestimmt. Seine Länge ist $r\,d\vartheta$, sein Abstand von der Y-Achse $x = r\cos\vartheta$. Aus (68) folgt also

$$x_s = \frac{\displaystyle\int_{\vartheta=-\alpha}^{\vartheta=\alpha} (r\cos\vartheta)\,r\,d\vartheta}{2\,\alpha\,r} = \frac{r\sin\alpha}{\alpha}. \tag{72}$$

Insbesondere wird für den Halbkreisbogen mit $\alpha = \dfrac{\pi}{2}$

$$x_s = \frac{2r}{\pi}.\tag{73}$$

b) Schwerpunkt von Flächen.

α) **Ebene Flächen.** Der Schwerpunkt eines Rechtecks und eines regelmäßigen Vielecks liegt offenbar im Mittelpunkt dieser Flächen.

Eine Dreiecksfläche läßt sich in lauter sehr schmale Streifen parallel zur Grundlinie AB zerlegen (Abb. 62). Da deren Schwerpunkte sämtlich auf die Mittellinie CD fallen, muß letztere den Schwerpunkt der ganzen Fläche enthalten. Aus dem gleichen Grunde gilt dies auch für die Mittellinie AE. Der Schnittpunkt S der Mittellinien ist also der Schwerpunkt des Dreiecks.

Da das Dreieck nur einen Schwerpunkt haben kann, so liegt hierin nebenbei der Beweis des geometrischen Satzes, daß die drei Mittellinien eines Dreiecks sich in einem Punkte — dem Schwerpunkte — schneiden müssen.

Wie leicht verständlich, ist die Gerade $DE \parallel AC$ und weiter $\overline{DE} = \dfrac{1}{2}\,\overline{AC}$.

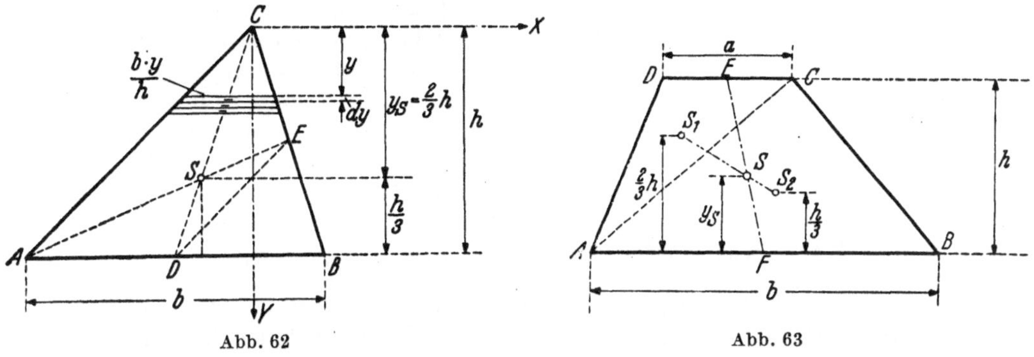

Abb. 62   Abb. 63

Daher verhält sich in den ähnlichen Dreiecken SAC und SED

$$\overline{SC} : \overline{SD} = \overline{AC} : \overline{DE} = 2 : 1$$

Der Schwerpunkt S liegt also im unteren Drittelpunkte der Mittellinie $\overline{CD}$. Bezeichnet nun h die Dreieckshöhe zur Grundlinie AB, so muß S den Abstand $h/3$ von der Grundlinie AB haben.

Dieses Ergebnis kann auch rechnerisch sofort mit Hilfe des Satzes der statischen Momente gefunden werden. Legt man ein rechtwinkliges Achsenkreuz XY durch die Spitze C des Dreiecks ($X \parallel AB$), und bezeichnet b die Länge der Dreiecksbasis AB, so wird nach (67)

$$\frac{b\,h}{2}\,y_s = \int\limits_{y=0}^{y=h} \frac{b\,y^2}{h}\,d\,y$$

oder

$$y_s = \frac{2}{3}\,h,$$

d. h. der Schwerpunkt liegt im Abstand $\dfrac{2}{3}\,h$ von der Spitze C.

Das Trapez läßt sich wie ein Dreieck in lauter dünne Streifen parallel der Grundlinie AB zerlegen, weshalb der Schwerpunkt S auf der Mittellinie EF des Trapezes liegen muß (Abb. 63). Um seine Höhenlage zu finden, teile man das Trapez in die beiden Dreiecke ACD und ACB und bestimme deren Schwerpunkt S_1 und S_2. Dann stellt die Gerade $S_1 S_2$ einen zweiten geometrischen Ort für den Gesamtschwerpunkt S dar, der somit als Schnittpunkt der Geraden $S_1 S_2$ und EF gefunden wird.

Zur rechnerischen Bestimmung der Höhenlage y_s von S über der Grundlinie AB wende man wieder den Satz der statischen Momente an. Dann wird nach (67a), wenn man die beiden Dreiecke als Teilflächen betrachtet, mit den Bezeichnungen der Abb. 63

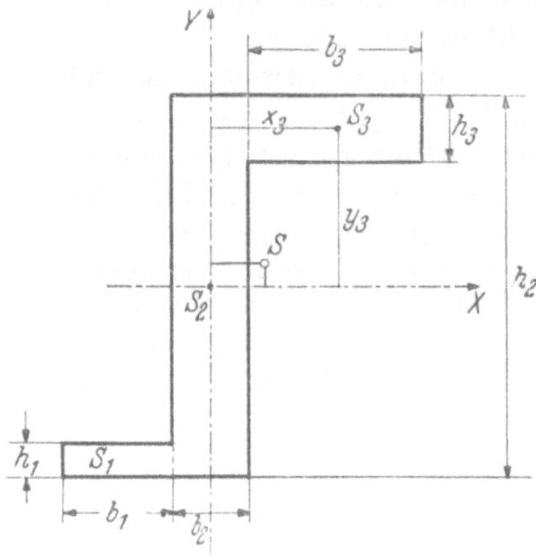

Abb. 64

$$\frac{a+b}{2} h\, y_s = \frac{a h}{2}\frac{2}{3} h + \frac{b h}{2}\frac{h}{3}$$

oder

$$y_s = \frac{h}{3}\frac{2a+b}{a+b}.$$

Liegt, wie in Abb. 64, ein aus Rechtecken zusammengesetzter Querschnitt vor, so unterteile man die Querschnittsfläche in einzelne Rechtecke, deren Schwerpunkte S_1, S_2, S_3 sofort angegeben werden können, und wende wieder den Satz der statischen Momente an. Dabei empfiehlt es sich, den Koordinatenursprung mit dem Schwerpunkt einer der Teilflächen zusammenfallen zu lassen. Mit den Bezeichnungen der Abb. 64 ergibt sich

$$(b_1 h_1 + b_2 h_2 + b_3 h_3)\, x_s = -\frac{b_1+b_2}{2} b_1 h_1 + \frac{b_2+b_3}{2} b_3 h_3,$$

$$(b_1 h_1 + b_2 h_2 + b_3 h_3)\, y_s = -\frac{h_2-h_1}{2} b_1 h_1 + \frac{h_2-h_1}{2} b_3 h_3,$$

woraus x_s und y_s sofort zu berechnen sind. Hier ist besonders darauf zu achten, daß die Koordinaten positive oder negative Werte annehmen können.

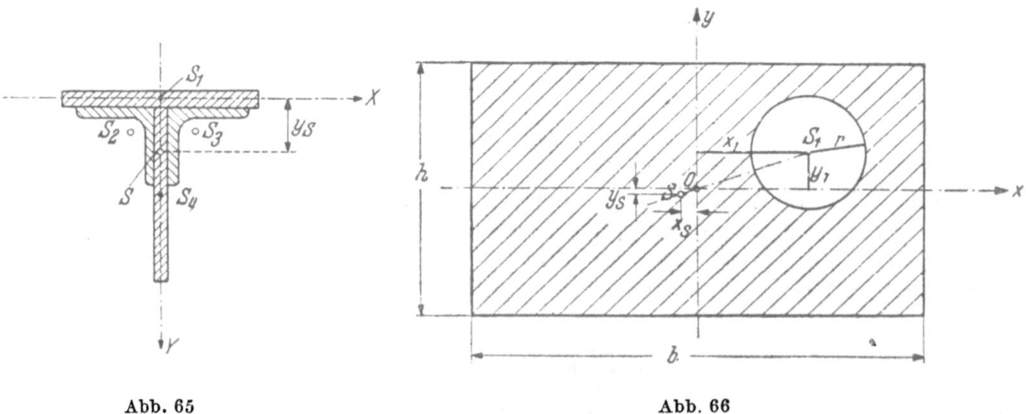

Abb. 65　　　　　　　　　　　　　　　　　　　　Abb. 66

In ähnlicher Weise verfährt man bei der Berechnung des Schwerpunktes von Trägerquerschnitten, die aus einzelnen Teilen bestehen, deren Schwerpunkte entweder sofort angebbar sind oder aus Profiltabellen (Hütte) entnommen werden können. Ist ein solcher Querschnitt symmetrisch, so genügt die Angabe einer Schwerpunktskoordinate, z. B. y_s in Abb. 65.

Bei Flächen mit Aussparungen (Löchern) bestimmt man zunächst den Schwerpunkt der vollen Fläche und denjenigen der Aussparung und legt deren Koordinaten fest. Darauf kann der Schwerpunkt S der Differenzfläche mit Hilfe der Gl. (67a) berechnet werden. Handelt es sich z. B. um eine Rechteckfläche mit kreisförmigem Ausschnitt, so legt man zweckmäßig den Koordinatenursprung in die Mitte des Rechtecks und erhält dann sofort mit den Bezeichnungen der Abb. 66 für die Schwerpunktskoordinaten x_s und y_s der Differenzfläche

$$(bh - \pi r^2)\,x_s + \pi r^2 x_1 = 0$$

$$(bh - \pi r^2)\,y_s + \pi r^2 y_1 = 0,$$

woraus x_s und y_s zu berechnen sind. S liegt auf der Verbindungslinie $S_1 O$.

Schwerpunkt des Kreisausschnitts (Abb. 67). Der beliebige Halbmesser AP schließe mit der als X-Achse gewählten Mittellinie den Winkel ϑ

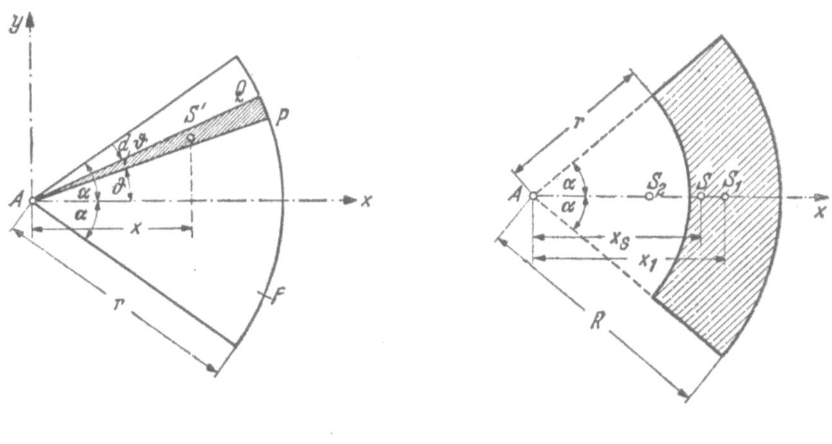

Abb. 67   Abb. 68

ein, APQ sei ein sehr kleiner Ausschnitt vom Zentriwinkel $d\vartheta$. Dann ist dessen Fläche gleich $\frac{1}{2}\,r^2\,d\vartheta$, und sein Schwerpunkt S' liegt, da man den schmalen Sektor als Dreieck ansehen kann, um $\frac{2}{3}\,r$ von A entfernt, hat also die Abszisse $x = \frac{2}{3}\,r\cos\vartheta$. Nun ist nach dem Satz der statischen Momente, bezogen auf die Y-Achse, wegen $F = r^2\,\alpha$

$$r^2\,\alpha\,x_s = \int\limits_{\vartheta=-\alpha}^{\vartheta=\alpha} \frac{1}{2}\,r^2\,d\vartheta \cdot \frac{2}{3}\,r\cos\vartheta = \frac{2}{3}\,r^3\sin\alpha,$$

woraus als Schwerpunktskoordinate für den Kreissektor vom Öffnungswinkel 2α folgt

$$x_s = \frac{2}{3}\,r\,\frac{\sin\alpha}{\alpha}. \tag{74}$$

Für die Halbkreisfläche ergibt sich daraus mit $\alpha = \frac{\pi}{2}$

$$x_s = \frac{4}{3}\,\frac{r}{\pi}. \tag{75}$$

Der Ringausschnitt ist als Differenz zweier Kreisausschnitte von den Halbmessern R und r anzusehen. Es bezeichne S den Schwerpunkt des großen Ausschnitts mit der Fläche $F = R^2\,\alpha$, S_2 denjenigen des kleinen Ausschnitts mit der Fläche $F_2 = r^2\,\alpha$, und S_1 den gesuchten Schwerpunkt des Ringausschnittes, dessen Fläche $F_1 = \alpha\,(R^2 - r^2)$ ist (Abb. 68). Dann wird mit $\overline{AS} = \frac{2}{3}\,R\frac{\sin\alpha}{\alpha}$ und $\overline{AS_2} = \frac{2}{3}\,\frac{r\sin\alpha}{\alpha}$

$$R^2 \alpha \cdot \frac{2}{3} R \frac{\sin \alpha}{\alpha} = r^2 \alpha \cdot \frac{2}{3} r \frac{\sin \alpha}{\alpha} + \alpha \left(R^2 - r^2\right) x_1,$$

woraus als Abszisse des gesuchten Schwerpunktes S_1 folgt

$$x_1 = \frac{2}{3} \frac{R^3 - r^3}{R^2 - r^2} \frac{\sin \alpha}{\alpha}.$$

In ähnlicher Weise bestimmt man den Schwerpunkt der Kreisabschnitts-fläche, die als Differenz des Kreisausschnitts $ABCD$ (Abb. 69) und des Dreiecks ABD entsteht. Nach dem Satz der statischen Momente wird

$$\left(r^2 \alpha\right) \frac{2}{3} r \frac{\sin \alpha}{\alpha} = \left(r^2 \sin \alpha \cos \alpha\right) \frac{2}{3} r \cos \alpha + \left(r^2 \alpha - r^2 \sin \alpha \cos \alpha\right) x_s,$$

weshalb

$$x_s = \frac{2}{3} r \frac{\sin^3 \alpha}{\alpha - \sin \alpha \cos \alpha}.$$

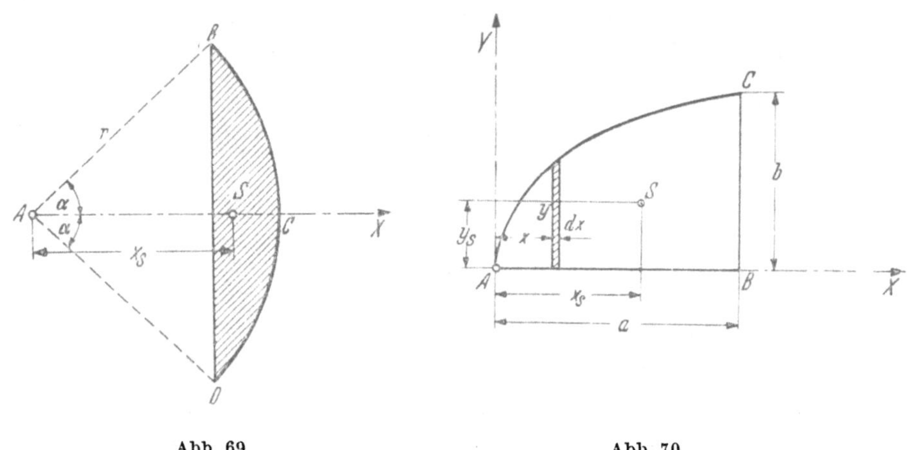

Abb. 69   Abb. 70

Für $\alpha = \dfrac{\pi}{2}$ wird der Abschnitt zur Halbkreisfläche und

$$x_s = \frac{4}{3} \frac{r}{\pi},$$

wie oben bereits gefunden wurde.

Schwerpunkt der halben Parabelfläche. Die Scheitelgleichung der Parabel AC (Abb. 70) ist $y^2 = 2px$, woraus für den Punkt C folgt $b^2 = 2pa$. Durch Division beider Ausdrücke erhält man $\dfrac{y^2}{b^2} = \dfrac{x}{a}$ oder

$$y = b \sqrt{\frac{x}{a}}.$$

Zur Bestimmung der Schwerpunktsabszisse x_s wendet man wieder die erste der Gl. (67) an, also

$$F x_s = \int\limits_{(F)} x \, dF. \tag{76}$$

Nun ist

$$F = \int\limits_{x=0}^{x=a} y \, dx = \frac{b}{\sqrt{a}} \int\limits_{x=0}^{x=a} x^{1/2} \, dx = \frac{2}{3} \frac{b}{\sqrt{a}} x^{3/2} \Big]_{x=0}^{x=a} = \frac{2}{3} a b$$

und

$$\int\limits_{(F)} x \, dF = \int\limits_{x=0}^{x=a} x y \, dx = \frac{b}{\sqrt{a}} \int\limits_{x=0}^{x=a} x^{3/2} \, dx = \frac{2}{5} \frac{b}{\sqrt{a}} x^{5/2} \Big]_{x=0}^{x=a} = \frac{2}{5} b a^2.$$

Somit folgt aus (76) sofort

$$x_s = \frac{3}{5}\,a\,.$$

Zur Bestimmung der Schwerpunktsordinate y_s dient die zweite der Gl. (67). Der schmale Streifen $y\,dx$ in Abb. 70 liefert zum statischen Moment in bezug auf die X-Achse den Beitrag $y\,dx\cdot\frac{y}{2}$. Nach (67) wird also

$$\frac{2}{3}\,a\,b\,y_s = \int\limits_{x=0}^{x=a} y\,dx\,\frac{y}{2} = \frac{b^2}{2\,a}\int\limits_{x=0}^{x=a} x\,dx = \frac{a\,b^2}{4}$$

oder

$$y_s = \frac{3}{8}\,b\,.$$

β) **Drehflächen.** Bei Dreh- oder Rotationsflächen liegt der Schwerpunkt aus Symmetriegründen auf der Drehachse, so daß die Koordinate z_s nach (67) bereits die Lage des Schwerpunktes bestimmt, wenn man die Drehachse als Z-Achse wählt. Bezeichnet ds das Bogenelement eines Meridians (Abb. 71) und y den Halbmesser eines Parallelkreises, so wird die Fläche des schmalen Streifens, welcher bei der Rotation von ds um die Z-Achse entsteht, $2\,\pi\,y\,ds$, weshalb für die gesamte Drehfläche gilt

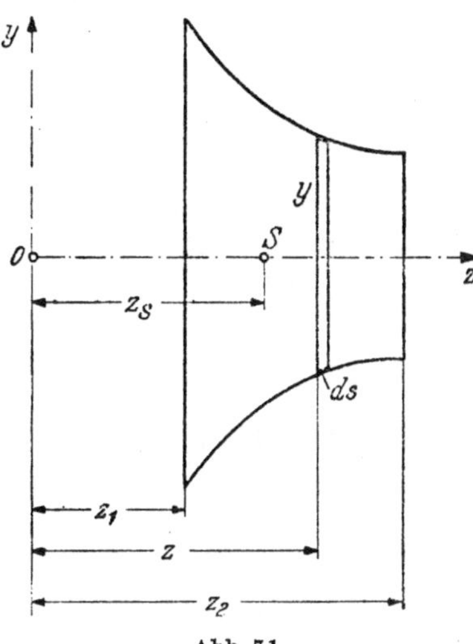

Abb. 71

$$F = \int\limits_{z=z_1}^{z=z_2} 2\,\pi\,y\,ds = 2\,\pi\int\limits_{z=z_1}^{z=z_2} f(z)\,ds,$$

wenn $y = f(z)$ die Gleichung der Meridiankurve darstellt. Wegen

$$ds = \sqrt{d\,y^2 + d\,z^2} = d\,z\sqrt{\left(\frac{d\,y}{d\,z}\right)^2 + 1} = d\,z\sqrt{[f'(z)]^2 + 1}$$

folgt daraus

$$F = 2\,\pi\int\limits_{z=z_1}^{z=z_2} f(z)\sqrt{[f'(z)]^2 + 1}\,dz\,. \tag{77}$$

Das statische Moment des Flächenstreifens $2\,\pi\,y\,ds$ in bezug auf die $X\,Y$-Ebene ist

$$2\,\pi\,y\,ds\cdot z = 2\,\pi\,f(z)\,z\sqrt{[f'(z)]^2 + 1}\,dz,$$

so daß jetzt die dritte der Gl. (67) unter Beachtung von (77) lautet

$$z_s\cdot 2\,\pi\int\limits_{z=z_1}^{z=z_2} f(z)\sqrt{[f'(z)]^2 + 1}\,dz = 2\,\pi\int\limits_{z=z_1}^{z=z_2} f(z)\cdot z\sqrt{[f'(z)]^2 + 1}\,dz\,.$$

Daraus folgt als **Koordinate des Schwerpunktes der Drehfläche**

$$z_s = \frac{\displaystyle\int\limits_{z=z_1}^{z=z_2} f(z)\cdot z\sqrt{[f'(z)]^2 + 1}\,dz}{\displaystyle\int\limits_{z=z_1}^{z=z_2} f(z)\sqrt{[f'(z)]^2 + 1}\,dz}\,. \tag{78}$$

Beispiel: Für die Oberfläche der Kugelzone (Abb. 72) ist

$$y = f(z) = \sqrt{r^2 - z^2}$$

und

$$\frac{d\,y}{d\,z} = f'(z) = -\frac{z}{\sqrt{r^2 - z^2}}\,.$$

Damit liefert (78)

$$z_s = \frac{\displaystyle\int_{z=z_1}^{z=z_2} z\sqrt{r^2-z^2}\cdot\sqrt{\frac{z^2}{r^2-z^2}+1}\,dz}{\displaystyle\int_{z=z_1}^{z=z_2}\sqrt{r^2-z^2}\cdot\sqrt{\frac{z^2}{r^2-z^2}+1}\,dz} = \frac{r\displaystyle\int_{z=z_1}^{z=z_2} z\,dz}{r\displaystyle\int_{z=z_1}^{z=z_2} dz}$$

oder

$$z_s = \frac{z_ + z_1}{2}.$$

c) Schwerpunkt homogener Körper.

Der Schwerpunkt eines Kegels oder einer beliebig vielseitigen Pyramide läßt sich wie folgt bestimmen: Die Verbindungslinie der Spitze mit dem Schwerpunkt S' der Grundfläche F stellt einen geometrischen Ort des Körperschwer-

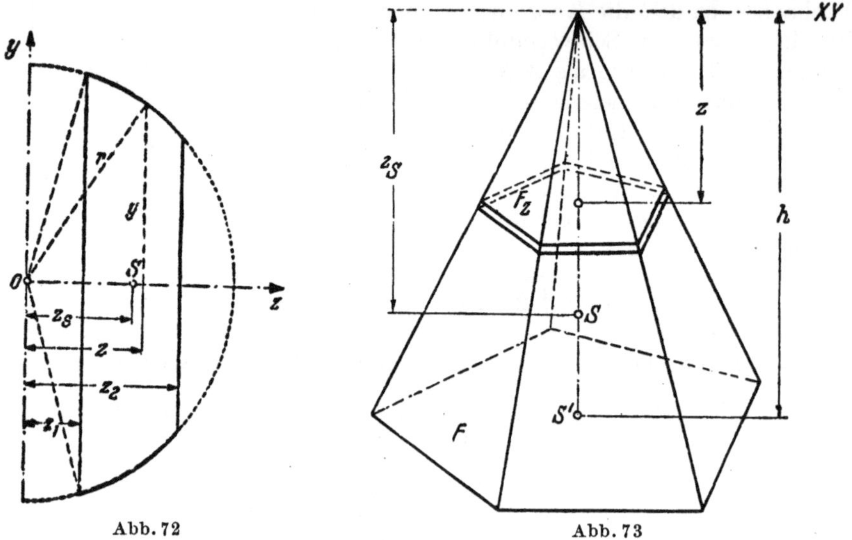

Abb. 72   Abb. 73

punktes S dar, dessen lotrechter Abstand z_s von der Spitze jetzt noch zu berechnen ist. In bezug auf eine durch die Spitze der Pyramide parallel zur Grundfläche gelegte XY-Ebene liefert die dritte der Gl. (66)

$$V z_s = \int\limits_{(V)} z\,dV = \int\limits_{z=0}^{z=h} z\,F_z\,dz, \tag{79}$$

wenn F_z die Fläche einer zur Grundfläche parallelen Elementarscheibe im Abstand z von der Spitze und dz deren Dicke angibt (Abb. 73). Wegen $F_z = F\frac{z^2}{h^2}$ wird

$$V = \int\limits_{z=0}^{z=h} F_z\,dz = \frac{F}{h^2}\int\limits_{z=0}^{z=h} z^2\,dz = \frac{F h}{3},$$

womit (79) übergeht in

$$z_s = \frac{\dfrac{F}{h^2}\displaystyle\int\limits_{z=0}^{z=h} z^3\,dz}{\dfrac{F h}{3}} = \frac{3}{4}h.$$

Der Schwerpunkt S liegt also im Abstand $\dfrac{3}{4}\,h$ von der Spitze bzw. im Abstand $h/4$ von der Grundfläche.

Um den Schwerpunkt eines abgestumpften Kegels oder einer abgestumpften Pyramide zu bestimmen, kann man ähnlich verfahren wie bei der Berechnung des Schwerpunktes eines Kreisringstückes, indem man den Körper als Differenz zweier Kegel oder Pyramiden ansieht. Der Satz der statischen Momente führt dann sofort zum Ziele.

Schwerpunkt von Drehkörpern.

Bei Drehkörpern genügt, ähnlich wie bei Drehflächen, aus Symmetriegründen die Angabe der Schwerpunktslage auf der Drehachse, welche als Z-Achse gewählt sei. Mit den Bezeichnungen der Abb. 74 wird, wenn wieder $y = f(z)$ die Gleichung der Meridiankurve darstellt,

$$V = \int\limits_{z=z_1}^{z=z_2} \pi y^2 \, dz = \pi \int\limits_{z=z_1}^{z=z_2} [f(z)]^2 \, dz$$

und

$$\int\limits_{(V)} z \, dV = \int\limits_{z=z_1}^{z=z_2} z \cdot \pi y^2 \, dz = \pi \int\limits_{z=z_1}^{z=z_2} z \, [f(z)]^2 \, dz.$$

Mit diesen Ausdrücken liefert die letzte der Gl. (66) sofort die Koordinate z_s des Körperschwerpunktes, nämlich

$$z_s = \frac{\displaystyle\int\limits_{z=z_1}^{z=z_2} z \, [f(z)]^2 \, dz}{\displaystyle\int\limits_{z=z_1}^{z=z_2} [f(z)]^2 \, dz}. \tag{80}$$

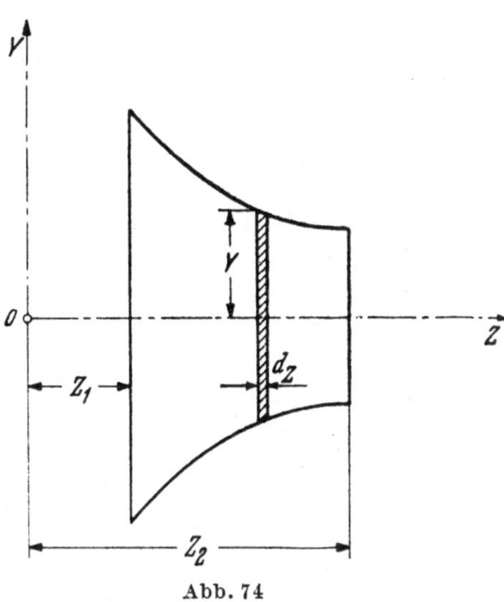

Abb. 74

Beispiel: Für die Halbkugel vom Radius r wird, wenn man den Koordinatenursprung in den Kugelmittelpunkt legt, $y = f(z) = \sqrt{r^2 - z^2}$, womit Gl. (80) sofort liefert

$$z_s = \frac{\displaystyle\int\limits_{z=0}^{z=r} z \, (r^2 - z^2) \, dz}{\displaystyle\int\limits_{z=0}^{z=r} (r^2 - z^2) \, dz} = \frac{3}{8}\,r.$$

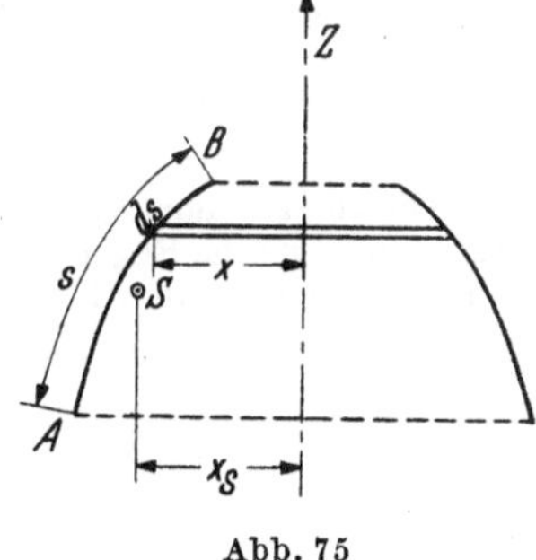

Abb. 75

3. Die Guldinschen Regeln.

Der oben abgeleitete „Satz der statischen Momente" kann mit Vorteil zur Berechnung der Flächeninhalte von Umdrehungsflächen und Rauminhalte von Umdrehungskörpern benutzt werden.

1. Dreht sich eine ebene Kurve AB von der Länge s (Abb. 75) um eine in ihrer Ebene liegende, sie nicht schneidende Achse Z, so entsteht eine Umdrehungsfläche. Ein Bogenelement ds dieser Kurve mit dem Abstand x von der Z-Achse erzeugt bei einer vollen Umdrehung eine Fläche vom Inhalt $2\,\pi x \cdot ds$. Der Inhalt der gesamten bei der Drehung von AB entstehenden Umdrehungsfläche ist also

$$F = 2\,\pi \int\limits_{(s)} x \, ds,$$

woraus mit Rücksicht auf (68) folgt

$$F = 2\,\pi\,x_s \cdot s, \tag{81}$$

wenn x_s wieder den Abstand des Schwerpunktes S der Erzeugenden AB von der Z-Achse bezeichnet. Der Inhalt der betrachteten Umdrehungsfläche ergibt sich somit als Produkt aus dem Schwerpunktswege $2\pi x_s$ und der Länge s der Kurve AB.

Dreht sich z. B. ein Halbkreisbogen um die zugehörige Sehne als Drehachse, so entsteht eine Kugeloberfläche. Die Länge der die Oberfläche erzeugenden Kurve ist $s = \pi r$, der Abstand ihres Schwerpunktes von der Drehachse nach (73) $x_s = \dfrac{2r}{\pi}$. Demnach ergibt sich nach (81) als Kugeloberfläche

$$F = 4\pi r^2.$$

2. Bei der Drehung einer ebenen Fläche F um eine in ihrer Ebene liegende, sie nicht schneidende Achse Z erzeugt ein Flächenelement dF dieser Fläche mit dem Abstand x von der Z-Achse (Abb. 76) das Volumen $2\pi x\,dF$. Für den gesamten bei einer vollen Umdrehung entstehenden Drehkörper ergibt sich somit das Volumen

$$V = 2\pi \int\limits_{(F)} x\,dF,$$

woraus mit Rücksicht auf (67) folgt

$$V = 2\pi x_s F, \tag{82}$$

wenn x_s den Abstand des Schwerpunktes der Fläche F von der Z-Achse bezeichnet. Der Rauminhalt des auf diese Weise entstehenden Drehkörpers wird demnach gewonnen als Produkt aus dem Schwerpunktswege $2\pi x_s$ und dem Flächeninhalt der erzeugenden Fläche.

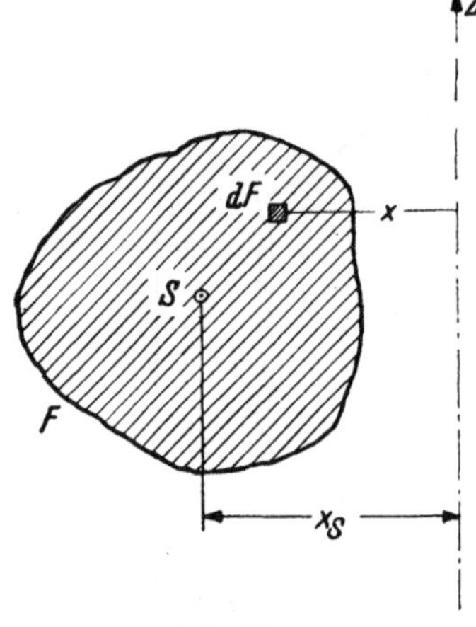

Abb. 76

So erhält man z. B. durch Drehung der Halbkreisfläche um den Durchmesser wegen $F = \dfrac{\pi r^2}{2}$ und $x_s = \dfrac{4}{3}\dfrac{r}{\pi}$ [Gl. (75)]

$$V = \frac{4}{3}\pi r^3.$$

Die vorstehenden Sätze werden gewöhnlich nach dem Jesuitenpater Guldin (1577—1643) als „Guldinsche Regeln" bezeichnet, waren aber bereits dem gegen Ende des vierten Jahrhunderts n. Chr. in Alexandria lebenden Mathematiker Pappus bekannt.

IV. Gleichgewicht gestützter Körper.

1. Allgemeine Bemerkungen über gestützte Körper.

Nach den Darlegungen auf Seite 52 übt eine am starren Körper angreifende Kräftegruppe auf den äußeren Zustand des Körpers keinerlei mechanische Wirkung aus, wenn bei der Reduktion des betreffenden Kraftsystems auf einen beliebigen Punkt des Körpers sowohl die sich ergebende Einzelkraft $\mathfrak{R}$ als auch der resultierende Momentenvektor $\mathfrak{M}$ zu Null werden. Der Körper bleibt unter dem Einfluß einer solchen Kräftegruppe in Ruhe, wenn er anfangs, d. h. vor Aufbringung der Kräftegruppe, in Ruhe war. Dieser Zustand ist vorhanden, sobald bei räumlichen Systemen die statischen Gleichgewichtsbedingungen (53), bei ebenen Systemen die Bedingungen (30) erfüllt sind.

Bei den meisten Anwendungen der Mechanik tritt ein starrer Körper nicht für sich allein auf, sondern er steht in Verbindung mit andern Körpern oder mit der als ruhend angenommenen Erde, wobei an den Berührungs- bzw. Stützstellen Oberflächenkräfte entstehen. Diejenigen Kräfte nun, welche bedingt sind durch die Stützung, Führung oder sonstige Bindung des Körpers, wodurch seine Bewegungsfreiheit in irgendeiner Form behindert ist, werden als Auflager-, Führungs- oder Reaktionskräfte bezeichnet. Sie sind je nach der Besonderheit der Stützung oder Führung bis zu einem gewissen Grade unbekannt und können nur mit Hilfe bestimmter Bedingungsgleichungen ermittelt werden. Ihnen gegenüber stehen alle übrigen am Körper angreifenden äußeren Kräfte, die unter dem Namen eingeprägte Kräfte zusammengefaßt werden. Sie sind als unmittelbar gegeben und in allen Bestimmungsstücken als bekannt anzusehen und umfassen u. a. neben der sogenannten Belastung des Körpers auch dessen Eigengewicht.

Wird ein starrer Körper, auf den nicht miteinander im Gleichgewicht stehende eingeprägte Kräfte wirken, festgehalten oder gestützt, so müssen, damit er in Ruhe ist, von den Stützungen oder Führungen Reaktionskräfte auf ihn ausgeübt werden, welche den eingeprägten Kräften am Körper das Gleichgewicht halten.

Zur Ermittlung der unbekannten Reaktionskräfte stehen die statischen Gleichgewichtsbedingungen (s. oben) zur Verfügung. Ist die Stützung des Körpers derart, daß die eindeutige Bestimmung der Reaktionskräfte mit Hilfe dieser Bedingungen erfolgen kann, so sagt man: die Stützung ist statisch bestimmt. Sie heißt ferner labil oder stabil, je nachdem der Körper seine relative Lage gegen die Auflager — abgesehen von elastischen Formänderungen — ändern kann oder nicht. Gelingt die Ermittlung der Reaktionskräfte mit Hilfe der Gleichgewichtsbedingungen allein — d. h. ohne Zuhilfenahme weiterer Bedingungen — nicht, so nennt man die Stützung statisch unbestimmt. Damit also der Stützzustand eines Körpers statisch bestimmt ist, darf die Zahl der unbekannten Reaktionskräfte nicht größer sein als die Zahl der verfügbaren Gleichgewichtsbedingungen; bei beliebigem Kraftangriff im Raume nicht größer als sechs, in der Ebene nicht größer als drei. Je nachdem die Zahl der Unbekannten diejenige der verfügbaren Gleichgewichtsbedingungen um eins, zwei oder n übertrifft, spricht man von einer ein-, zwei- oder n-fach statisch unbestimmten Stützung.

Nun kann aber auch die Stützung des Körpers derart sein, daß die Zahl der unbekannten Stützkräfte kleiner ist als diejenige der zu erfüllenden Gleichgewichtsbedingungen. In diesem Falle können letztere durch die Stützwiderstände nicht sämtlich befriedigt werden. Der Körper befindet sich dann im Zustand nur bedingten Gleichgewichts, insofern nämlich, als jetzt Gleichgewicht nur möglich ist, wenn die eingeprägten Kräfte unter sich gewisse Bedingungen erfüllen. Damit also das Gleichgewicht eines gestützten Körpers bei jeder beliebigen Angriffsweise der eingeprägten Kräfte stabil und statisch bestimmt ist, darf die Zahl der unbekannten Reaktionen weder kleiner noch größer sein als die Zahl der zu erfüllenden Gleichgewichtsbedingungen. Es läßt sich jedoch zeigen, daß auch dann unter gewissen, von der besonderen Art der Stützung abhängenden Umständen der gestützte Körper sich im Zustande nur bedingten und gleichzeitig statisch unbestimmten Gleichgewichts befinden kann (Ausnahmefall, vgl. S. 123).

2. Stützungsarten in der Ebene.

Wird der zu stützende Körper von Kräften ergriffen, die alle in der gleichen Ebene liegen, und ordnet man seine Stützung so an, daß auch die auftretenden Lagerkräfte in diese Kraftebene fallen, so gelten für die Beurteilung des Stützzustandes die drei Gleichgewichtsbedingungen (30) für Kräfte in der Ebene. Die Ausdehnung des Körpers — der den Ausgleich der eingeprägten (treibenden) Kräfte und der Stützwiderstände (Reaktionen) zu vermitteln hat — rechtwinklig zur Kraftebene spielt dabei keine Rolle. Man kann sich daher bei ebenen Stützungen den Körper als eine starre, materielle Scheibe vorstellen, deren Mittel-

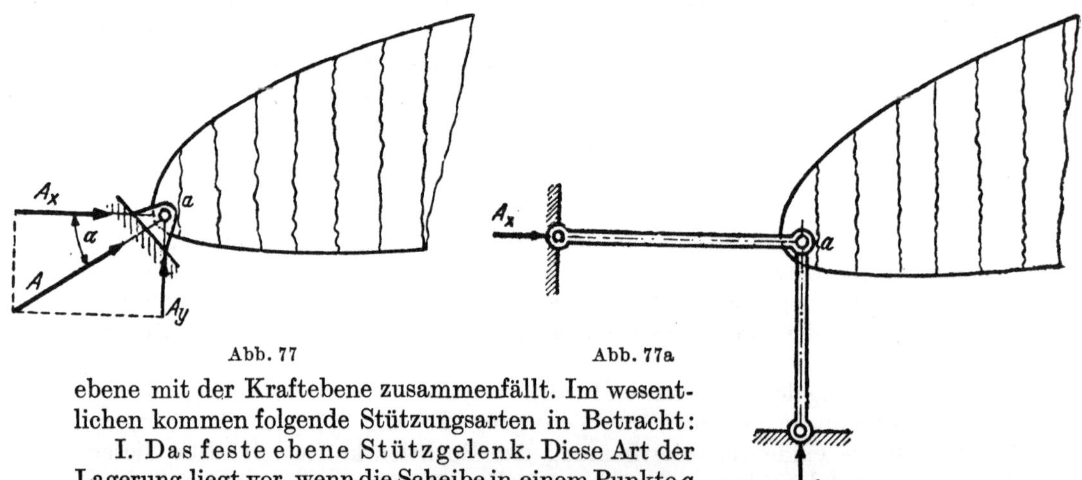

Abb. 77   Abb. 77a

ebene mit der Kraftebene zusammenfällt. Im wesentlichen kommen folgende Stützungsarten in Betracht:

I. Das feste ebene Stützgelenk. Diese Art der Lagerung liegt vor, wenn die Scheibe in einem Punkte a festgehalten wird und um diesen Punkt — etwa mittels eines die Scheibe durchdringenden Gelenkbolzens — in ihrer Ebene reibungslos drehbar ist (Abb. 77). Die bei dieser Stützung entstehende Auflagerkraft geht durch den Punkt a und kann jede beliebige Richtung in der Scheibenebene annehmen. Sie ist durch zwei Bestimmungsstücke festgelegt, etwa durch ihre Größe A und ihren Neigungswinkel α gegen die Horizontale oder durch ihre beiden Komponenten A_x und A_y nach zwei Koordinatenachsen X und Y. Das ebene Stützgelenk ist statisch zweiwertig, da es Widerstände in zwei Achsrichtungen zu leisten vermag.

Eine punktförmige Lagerung, wie sie hier angenommen wird, ist in Wirklichkeit nicht ausführbar. Vielmehr werden die Scheibe und der sie stützende Lagerzapfen — da ja beide nicht starr, sondern bis zu einem gewissen Grade elastisch sind — sich in einer Fläche berühren und in dieser flächenhaft verteilte Kräfte übertragen. Die punktförmige Stützung ist somit nur eine vereinfachende Annahme, die indessen bei entsprechender Ausbildung des Stützgelenks aus dem gleichen Grunde als zulässig erachtet werden kann wie früher die Einführung der Einzelkraft an Stelle einer über eine kleine Fläche verteilten Flächenkraft. Die Stützkraft ist dabei als Resultierende der in der Lagerfläche übertragenen Spannungen anzusehen (vgl. S. 74).

II. Das verschiebliche ebene Stützgelenk. Dieses entsteht, wenn die Scheibe wieder in einem Punkt a frei drehbar gelagert ist, der sich aber — im Gegensatz zu I — entlang einer in der Scheibenebene liegenden Geraden reibungslos verschieben kann (Abb. 78). Die dabei auftretende Lagerkraft kann jetzt nur normal zur Verschiebungsrichtung wirken, fällt also mit der Bahnnormalen durch den Gelenkpunkt a zusammen. Sie ist somit nur ihrer Größe nach un-

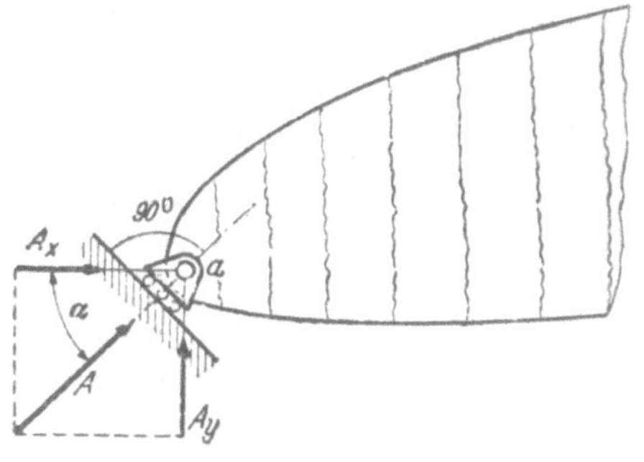

Abb. 78

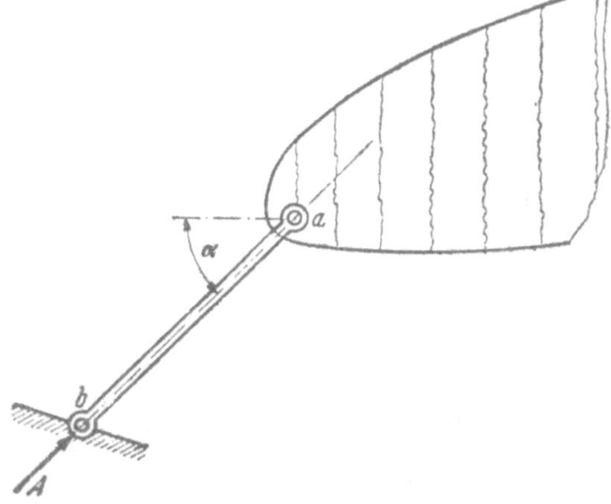

Abb. 78a

bekannt, während ihre Richtung durch diejenige der Bahnnormalen bestimmt wird. Das verschiebliche Stützgelenk ist demnach statisch einwertig. Natürlich kann man auch hier die Lagerkraft in ihre Komponenten A_x und A_y zerlegen, die aber jetzt nicht mehr voneinander unabhängig sind. Zwischen ihnen besteht nämlich die Beziehung $\operatorname{tg} \alpha = \dfrac{A_y}{A_x}$, wo α der als bekannt anzusehende Neigungswinkel der Auflagernormalen gegen die Horizontale ist. Es genügt also, A_x oder A_y zu bestimmen. Auch daraus erhellt die statische Einwertigkeit dieser Lagerung.

Bezüglich der Richtung von A soll noch vorausgesetzt werden, daß A sowohl eine Druck- als auch eine Zugkraft sein kann. Im letzteren Falle ist durch besondere konstruktive Maßnahmen (Verankerung) dafür zu sorgen, daß ein Abheben der Scheibe vom Lager nicht eintreten kann.

Ein statisch einwertiges Lager kann auch durch eine sogenannte Pendelstütze ersetzt werden, das heißt durch einen Stab, der beiderseits in reibungslos drehbaren Gelenken a und b festgehalten ist (Abb. 78a). Ein solcher Stab kann nur eine in die Stabachse fallende Kraft übertragen (die also durch beide Gelenkbolzen hindurchgehen muß). Würde nämlich im Gelenkbolzen b eine nicht in die Stabrichtung b—a fallende Kraft angreifen, so würde diese den Stab um das Gelenk a drehen; der Stab wäre also nicht im Gleichgewicht.

Aus demselben Grunde kann man das statisch zweiwertige feste Stützgelenk durch zwei in die beliebigen Achsrichtungen X und Y fallende Pendelstützen ersetzen (Abb. 77a).

III. **Die ebene feste Einspannung.** Diese liegt vor, wenn die starre Scheibe in einer in der Kraftebene liegenden Geraden $a\!-\!b$ eingespannt, d. h. gegen Verschiebung und Drehung gesichert ist. Sie vermag die Scheibe gegen jeden Kraftangriff innerhalb der Kraftebene festzuhalten und ist demnach **statisch dreiwertig.** Die drei Reaktionen sind die Lagerkräfte A_n normal und A_t tangential zur Einspannung $a\!-\!b$ sowie das Einspannungsmoment M_e (Abb. 79).

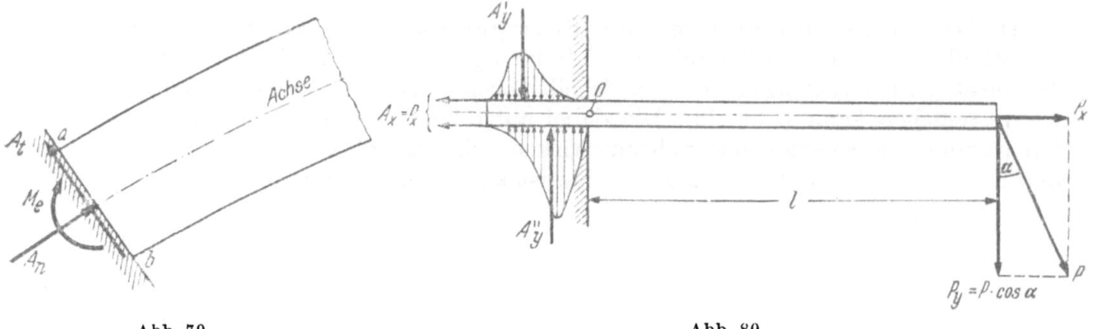

Abb. 79   Abb. 80

Physikalisch kann man sich das Wesen der festen Einspannung am Beispiel eines einseitig eingespannten Stabes wie folgt klar machen. Bei der Belastung des Stabes mit einer beliebig gerichteten Kraft P ergibt sich an der Einspannstelle etwa das aus Abb. 80 ersichtliche Bild. Dabei ist $A_y{}'$ die Resultante der auf der Staboberseite geweckten Reaktionskräfte, $A_y{}''$ diejenige der entsprechenden Kräfte auf der Unterseite, während A_x die Resultante der durch Reibungswirkung erzeugten horizontalen Lagerkräfte darstellt. Aus Gleichgewichtsgründen muß sein

$$A_x = P_x; \quad A_y{}'' - A_y{}' = P_y.$$

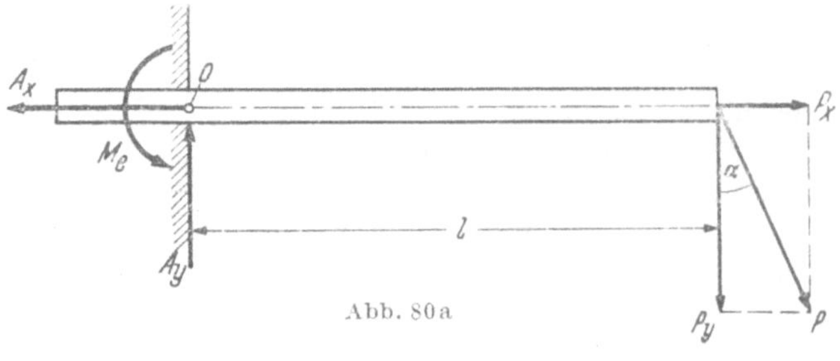

Denkt man sich jetzt die Kräfte $A_y{}'$ und $A_y{}''$ nach dem Punkte O (Schwerpunkt des Stabquerschnitts an der Einspannstelle) reduziert (vgl. S. 46), so entsteht dort eine resultierende, nach aufwärts gerichtete Einzelkraft $A_y = A_y{}'' - A_y{}'$ und ein resultierendes Moment, eben das Einspannungsmoment M_e. Die drei Reaktionsgrößen A_x, A_y und $M_e = P_y\, l$ (Abb. 80 a) erfüllen dann mit P die drei Gleichgewichtsbedingungen der Ebene.

Abb. 80 a

Die hier unter Ziffer I bis III besprochenen Lagerungen können je nach der konstruktiven Ausbildung der Lager in verschiedenen Formen auftreten (vgl. die weiter unten behandelten Beispiele). Sie sollen — soweit es sich bei den zu

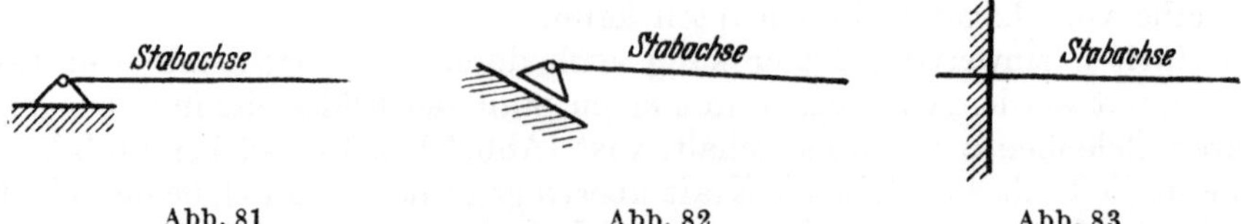

Abb. 81   Abb. 82   Abb. 83

stützenden Körpern um Stäbe handelt — in Zukunft schematisch wie folgt dargestellt werden: Abb. 81 bezeichnet das feste, Abb. 82 das verschiebliche Stützgelenk, während Abb. 83 die feste Einspannung angeben soll.

Durch geeignete Verbindung der vorstehend besprochenen Lagerungen sind in der Ebene drei statisch bestimmte und stabile Stützungsarten von Scheiben

(Stäben) möglich, wobei die Zahl der voneinander unabhängigen Reaktionsgrößen jedesmal gleich drei sein muß, nämlich a) ein festes und ein verschiebliches Stützgelenk (Abb. 84), b) drei verschiebliche Stützgelenke (Abb. 85) und c) eine feste Einspannung (Abb. 79 und 80).

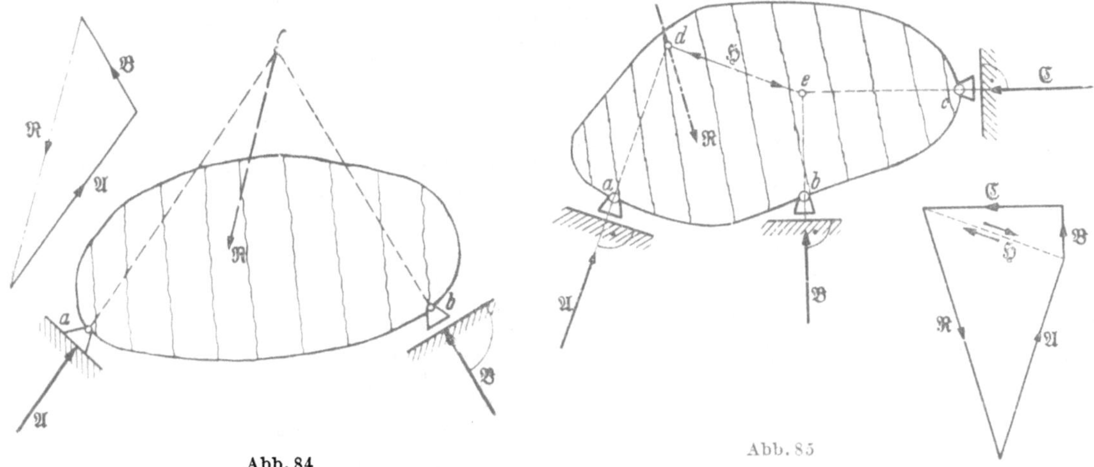

Abb. 84

Abb. 85

Fall a. Bezeichnet $\Re$ eine an der Scheibe angreifende Einzelkraft bzw. die Resultante einer auf sie wirkenden Gruppe eingeprägter Kräfte, so bringe man $\Re$ und die Normale zur Verschiebungsrichtung des Lagers b im Punkte O zum Schnitt. Dann muß durch diesen Punkt auch die Lagerkraft $\mathfrak{A}$ gehen, da nur auf diese Weise die eingeprägte Kraft $\Re$ und die beiden Reaktionskräfte $\mathfrak{A}$ und $\mathfrak{B}$ die Momentengleichgewichtsbedingung $\sum M_0 = 0$ in bezug auf O erfüllen können. Daraus folgt der Satz: Wird eine starre Scheibe von drei äußeren Kräften ergriffen, so müssen sich, wenn Gleichgewicht bestehen soll, deren Kraftlinien in einem Punkte schneiden. Außerdem müssen die drei Kräfte ein geschlossenes Krafteck von stetigem Umfahrungssinn bilden. Man hat also die gegebene Kraft $\Re$ nur nach

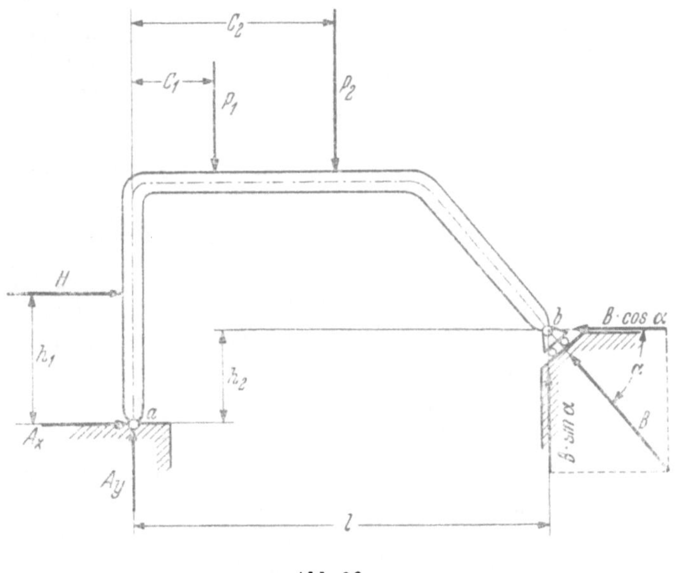

Abb. 86

den Richtungen $O—a$ und $O—b$ zu zerlegen und findet auf diese Weise unter Beachtung der stetigen Pfeilfolge im Krafteck die beiden Lagerkräfte $\mathfrak{A}$ und $\mathfrak{B}$ (Abb. 84).

Wie man sofort einsieht, ist eine eindeutige Zerlegung nur dann möglich, wenn die Verschiebungsrichtung des verschieblichen Auflagers b nicht rechtwinklig zur Verbindungslinie $a—b$ steht, d. h. wenn die Lagerkraft $\mathfrak{B}$ nicht durch das feste Stützgelenk a geht. In diesem Falle würde nämlich bei beliebiger Lage von $\Re$ die Momentenbedingung $\sum M_a = 0$ in bezug auf das Lager a nicht erfüllt sein (Ausnahmefall).

Die analytische Lösung der Aufgabe möge nachstehend an einigen Beispielen erläutert werden.

1. Abb. 86 zeigt ein Rahmentragwerk mit einem festen Stützgelenk a und einem verschieblichen Stützgelenk b (Rollenlager), dessen Lagernormale unter dem Winkel α gegen die Horizontale geneigt ist. Es sollen die durch die Lasten H, P_1 und P_2 hervorgerufenen Lagerkräfte berechnet werden.

Am Auflager a treten zwei voneinander unabhängige Reaktionskomponenten A_x und A_y auf, deren Pfeilrichtungen zunächst willkürlich angenommen werden, während am Lager b eine in die Richtung der Lagernormale fallende Stützkraft B zu erwarten ist. Auch deren Richtungssinn wird vorerst willkürlich (hier als Druck) eingeführt. Nun schreibe man die drei Gleichgewichtsbedingungen der Ebene an, nämlich

$$\sum X = 0 = A_x + H - B \cos \alpha$$
$$\sum Y = 0 = A_y + B \sin \alpha - P_1 - P_2$$
$$\sum M_a = 0 = H h_1 + P_1 c_1 + P_2 c_2 - B \cos \alpha\, h_2 - B \sin \alpha\, l.$$

Als Momentendrehpunkt wurde hier das Auflager a gewählt, da auf diese Weise die Lagerkräfte A_x und A_y nicht in der Momentengleichung enthalten sind. Aus der dritten Gleichung folgt sofort

$$B = \frac{H h_1 + P_1 c_1 + P_2 c_2}{h_2 \cos \alpha + l \sin \alpha},$$

darauf aus den beiden übrigen Gleichungen

$$A_x = B \cos \alpha - H$$
$$A_y = P_1 + P_2 - B \sin \alpha$$

Ergeben sich bei der numerischen Auswertung die vorstehend berechneten Reaktionen als positiv, so sind die angenommenen Pfeilrichtungen die richtigen, andernfalls kehren die negativ gefundenen Werte ihren Richtungssinn um.

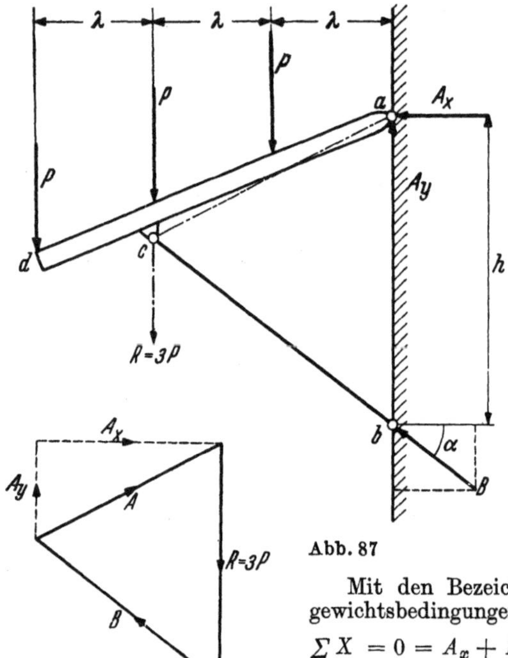

2. Ein biegungsfester Stab a—c—d ist bei a gelenkig festgehalten und in c mittels einer Pendelstütze c—b gegen eine feste Wand abgestützt (Abb. 87). Es sollen die in a und b auftretenden Lagerkräfte berechnet werden, welche infolge der Belastung des Stabes a—c—d mit den drei Einzelkräften P entstehen.

Abb. 87

Mit den Bezeichnungen der Figur lauten die drei Gleichgewichtsbedingungen:

$$\sum X = 0 = A_x + B \cos \alpha$$
$$\sum Y = 0 = A_y + B \sin \alpha - 3 P$$
$$\sum M_a = 0 = - P (3\lambda + 2\lambda + \lambda) + B \cos \alpha \cdot h$$

Aus ihnen folgt

$$B = \frac{6 P \lambda}{h \cos \alpha}; \quad A_x = -\frac{6 P \lambda}{h}; \quad A_y = 3 P - \frac{6 P \lambda}{h} \operatorname{tg} \alpha = 3 P \left(1 - 2\frac{\lambda}{h} \operatorname{tg} \alpha\right).$$

Das negative Vorzeichen von A_x besagt, daß diese Reaktion in Wahrheit nicht die in Abb. 87 zunächst angenommene, sondern die entgegengesetzte Richtung besitzt.

Im vorliegenden Falle ist die graphische Lösung der Aufgabe besonders einfach. Die Resultante der gegebenen Kräfte, $R = 3 P$, geht durch das Gelenk c. In diesem Punkte schneiden sich also R und B. Damit Gleichgewicht besteht, muß auch A durch c gehen (vgl. S. 75). Man hat also nur die gegebene Kraft $R = 3 P$ nach den Richtungen a—c und b—c zu zerlegen und erhält in den Seitenkräften sofort die gesuchten Lagerreaktionen A und B.

3. Der in Abb. 88 dargestellte Wand-Drehkran ist unten in einem statisch zweiwertigen Spurzapfenlager a, oben in einem statisch einwertigen Hals- oder Ringlager b gegen feste Wände abgestützt. Er trägt am Auslegerarm eine Nutzlast Q und besitzt ein im Schwerpunkt S angreifendes Eigengewicht G. Zur Berechnung der Lagerreaktionen schreibt man wieder die drei Gleichgewichtsbedingungen an, nämlich

$$\sum X = 0 = A_x - B$$
$$\sum Y = 0 = A_y - Q - G$$
$$\sum M_a = 0 = Ge + Ql - Bh$$

Aus ihnen folgt

$$B = \frac{Ge + Ql}{h}; \quad A_y = Q + G; \quad A_x = B = \frac{Ge + Ql}{h}.$$

4. Ein Eisenbahn-Drehkran nach Skizze 89 steht unter dem Einfluß folgender Lasten: Nutzlast am Auslegerarm Q_1, Gegengewicht Q_2, Eigengewicht des Schwenkkrans G_1, Eigengewicht des Wagens G_2. Wie groß sind die Achsdrücke A und B?

Die Momentengleichung um a liefert mit den aus der Figur ersichtlichen Abmessungen

$$Q_1 l_1 + G_1 l_3 + G_2 \frac{l}{2} - Q_2 l_2 - Bl = 0$$

oder

$$B = \frac{Q_1 l_1 + G_1 l_3 + G_2 \frac{l}{2} - Q_2 l_2}{l}.$$

Außerdem folgt aus dem Gleichgewicht der vertikalen Kräfte sofort

$$A = Q_1 + Q_2 + G_1 + G_2 - B.$$

Horizontale Lasten treten hier nicht auf. Wären sie vorhanden, so wäre Gleichgewicht nur dadurch möglich, daß eine der Achsen abgebremst und damit das Gleichgewicht durch horizontale Reibungskräfte sichergestellt wird.

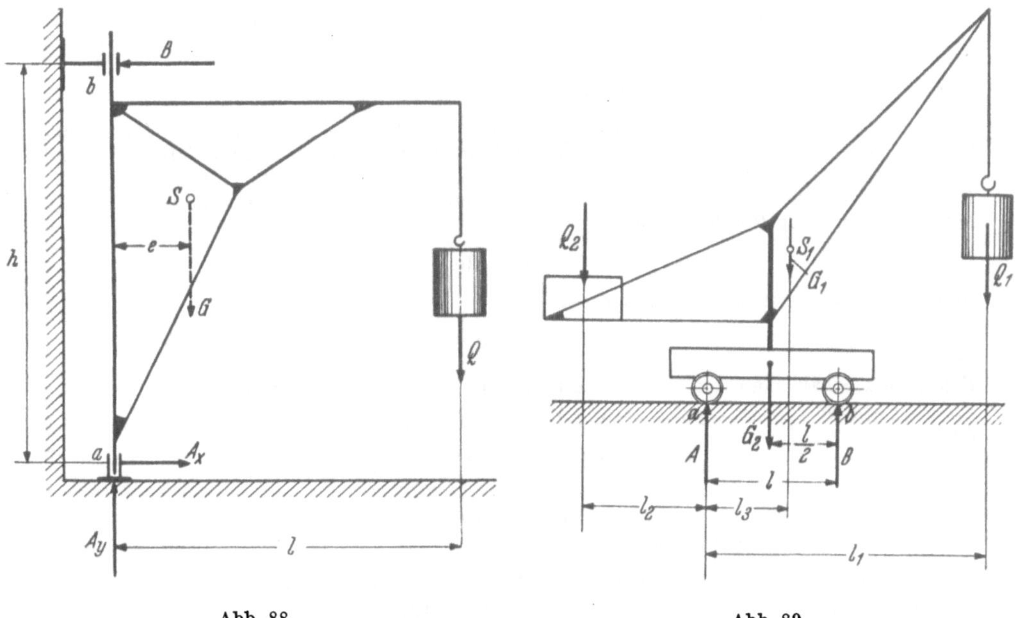

Abb. 88   Abb. 89

Fall b — drei verschiebliche Stützgelenke. Es bezeichne wieder $\Re$ eine die Scheibe belastende Einzelkraft bzw. die Resultante einer auf sie wirkenden Kräftegruppe (Abb. 85). Dann lassen sich die Reaktionen leicht durch Zerlegung der Kraft $\Re$ (S. 37) nach den drei vorgegebenen Lagernormalen — welche identisch sind mit den Richtungslinien der drei gesuchten Lagerkräfte — bestimmen. Zu diesem Zwecke bringt man je zwei der vier Kraftlinien zum Schnitt, z. B. $\mathfrak{A}$ und $\mathfrak{R}$ in d, $\mathfrak{B}$ und $\mathfrak{C}$ in e, verbindet d mit e durch die Hilfsgerade $\mathfrak{H}$ und zerlegt $\mathfrak{R}$ im Punkte d nach den Richtungen $\mathfrak{A}$ und $\mathfrak{H}$, und darauf im Punkte e die „Hilfskraft" $\mathfrak{H}$ nach $\mathfrak{B}$ und $\mathfrak{C}$. Der Umfahrungssinn von $\mathfrak{R}$, $\mathfrak{A}$, $\mathfrak{B}$ und $\mathfrak{C}$ muß stetig sein (Gleichgewicht).

Die vorliegende Stützung ist statisch bestimmt und stabil, solange sich die drei Auflagernormalen nicht in einem Punkte schneiden. Wäre dieses nämlich der Fall, so wäre — wie man sich leicht überzeugt — eine eindeutige Zerlegung von $\mathfrak{R}$ nach den drei Richtungen $\mathfrak{A}$, $\mathfrak{B}$ und $\mathfrak{C}$ nicht möglich. Keine der drei Lagerkräfte könnte eine Drehung der Scheibe um den gemeinsamen Schnittpunkt ihrer Richtungslinien verhindern, und Gleichgewicht wäre nur unter der Bedingung möglich, daß die Resultante $\mathfrak{R}$ der eingeprägten Kräfte auch durch diesen Schnittpunkt ginge. Für das dann bestehende (bedingte) Gleichgewicht von Kräften, die durch einen Punkt gehen, wären nur noch z wei Gleichgewichts-

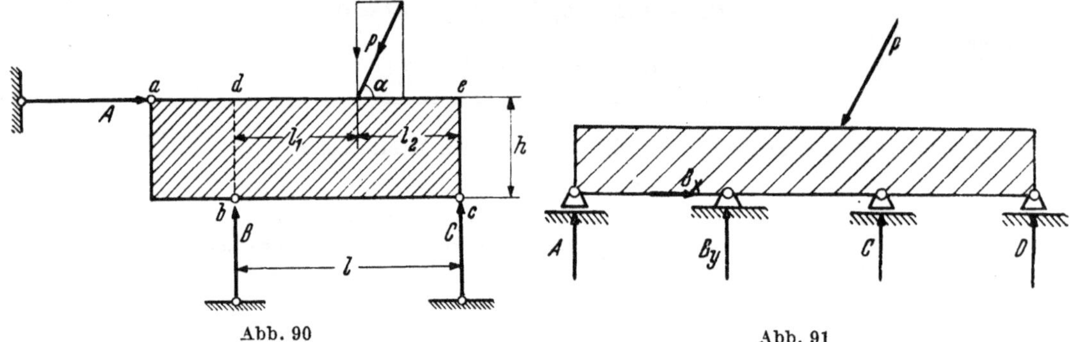

Abb. 90   Abb. 91

bedingungen verfügbar, aus denen die drei unbekannten Lagerkräfte nicht bestimmt werden können (Ausnahmefall).

Die analytische Ermittlung der Lagerreaktionen erfolgt — falls kein Ausnahmefall vorliegt — zweckmäßig mit Hilfe dreier Momentengleichungen (vgl. S. 39), deren Bezugspunkte man so wählt, daß jede Gleichung nur eine unbekannte Lagerkraft enthält. Für die in Abb. 90 dargestellte, mittels dreier Pendelstützen gelagerte Scheibe liefert die Momentengleichung für den Punkt e

$$B l - P \sin \alpha \cdot l_2 = 0 \quad \text{oder} \quad B = \frac{P l_2 \sin \alpha}{l},$$

und die Momentengleichung für den Punkt d

$$- C l + P \sin \alpha \cdot l_1 = 0 \quad \text{oder} \quad C = \frac{P l_1 \sin \alpha}{l}.$$

Schließlich erhält man aus der Momentengleichung für den Punkt b

$$A h + P \sin \alpha \cdot l_1 - P \cos \alpha \cdot h - C l = 0$$

oder

$$A = \frac{P(h \cos \alpha - l_1 \sin \alpha) + C l}{h} = P \cos \alpha .$$

Den letzteren Ausdruck hätte man schneller aus der Bedingung des Gleichgewichts der horizontalen Kräfte ableiten können.

Der Fall c — feste Einspannung — ist oben bereits erörtert worden und bedarf keiner weiteren Erklärung (vgl. hierzu auch S. 88).

Liegt eine ebene Stützung vor, bei der mehr als drei voneinander unabhängige Lagerreaktionen auftreten, so ist die Stützung — wie oben bereits bemerkt wurde — statisch unbestimmt. Es bedarf dann zur Ermittlung aller Lagerkräfte der Hinzunahme weiterer Bedingungen, die aus dem elastischen Verhalten der Körper abgeleitet werden. Diese Frage kann aber nicht Gegenstand des vorliegenden Bandes sein, der sich nur mit der Statik starrer Körper beschäftigt. Im zweiten Band (Festigkeitslehre) wird darauf genauer eingegangen.

Nachstehend sind noch einige statisch unbestimmt gestützte Scheiben bzw. Stäbe dargestellt. So zeigt Abb. 91 eine durch ein festes und drei verschiebliche Stützgelenke festgehaltene Scheibe. Insgesamt treten **fünf** von einander unabhängige Reaktionskomponenten auf, denen nur **drei** Gleichgewichtsbedingungen gegenüber stehen. Diese Stützung ist also **zweifach** statisch unbestimmt.

Der am linken Ende fest eingespannte, am rechten horizontal verschieblich gelagerte Träger in Abb. 92 weist **vier** unbekannte Reaktionsgrößen auf, ist also **einfach** statisch unbestimmt.

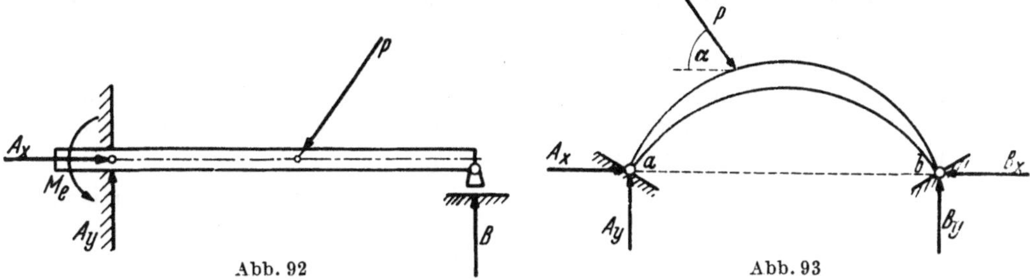

Abb. 92   Abb. 93

Abb. 93 zeigt einen sogenannten **Zweigelenkbogen**, welcher in zwei Punkten fest und drehbar gelagert ist, wobei **vier** unbekannte Stützkräfte entstehen. Man kann nun — wie man leicht einsieht — die Lagerkräfte A_y und B_y aus zwei Momentengleichungen um b bzw. a sofort berechnen. Dagegen liefert die dritte Gleichgewichtsbedingung $\Sigma X = 0$ nur die Differenz

$$B_x - A_x = P \cos \alpha$$

der horizontalen Lagerkräfte. Die Aufgabe ist **einfach** statisch unbestimmt.

Schließlich besitzt der in Abb. 94 dargestellte beiderseits eingespannte Bogen **sechs** unbekannte Reaktionen, stellt also einen **dreifach** statisch unbestimmt gestützten Träger dar.

3. Normalkraft, Biegungsmoment und Querkraft.

Auf S. 20 war bei der Erklärung des Begriffes „starrer Körper" bereits darauf hingewiesen, daß die im Innern des Körpers zwischen den Flächenelementen sich berührender Raumteilchen auftretenden **inneren Kräfte** oder **Spannungen** sich der durch die äußeren Kräfte angestrebten Formänderung widersetzen, den inneren Zusammenhalt also aufrecht zu erhalten suchen. Um diese inneren Kräfte der Berechnung zugänglich zu machen, denkt man sich durch die-

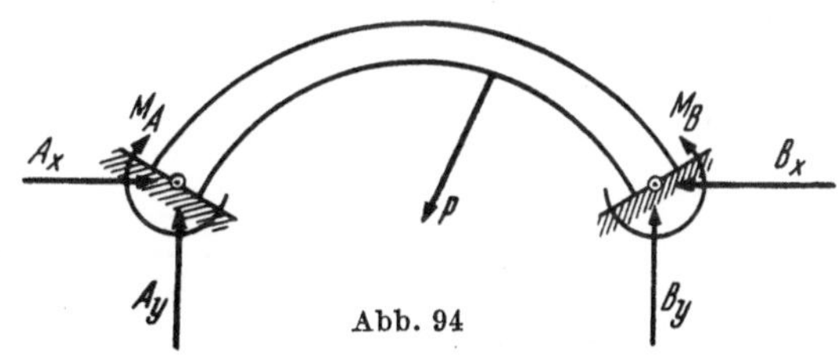

Abb. 94

jenige Stelle des Körpers, für welche die Spannungen ermittelt werden sollen, einen Schnitt gelegt, bringt zur Wiederherstellung des durch den Schnitt gestörten Gleichgewichts in der Schnittfläche die zunächst unbekannten Spannungen an und betrachtet jetzt einen der Körperteile (welchen von beiden ist gleichgültig) als selbständigen Körper für sich. Zur Berechnung der unbekannten Spannungen in dem betrachteten Schnitt wendet man die Gleichgewichtsbedingungen des starren Körpers auf den abgeschnittenen Teil an, indem man die Forderung aufstellt, daß die am abgetrennten Körperteil wirkenden **äußeren** Kräfte mit den in der Schnittfläche angebrachten Spannungen ein Gleichgewichtssystem bilden müssen. Die Gleichgewichtsbedingungen gestatten dabei allerdings nur die Ermittlung der **resultierenden inneren Kraft** und des aus den Spannungen **resultierenden Momentes**. Offen bleibt dagegen die Frage nach der Verteilung der Spannungen über die Schnittfläche. Diese kann nur unter Heranziehung der Formänderung des Körpers beantwortet werden und gehört in das Gebiet der Festigkeitslehre (vgl. den 2. Band dieses Lehrbuches). Indessen kann hier hinsichtlich der Spannungsresultierenden doch bereits eine wichtige Feststellung getroffen werden. Da die Spannungen in der Schnittfläche mit den äußeren Kräften am abgeschnittenen Körperteil ein Gleichgewichtssystem bilden, so muß die resultierende innere Kraft gleich dem Entgegengesetzten der Resultante der äußeren Kräfte und entsprechend das aus den Spannungen resultierende Moment gleich dem Entgegengesetzten des Momentes der äußeren Kräfte in bezug auf den Querschnittsschwerpunkt sein. Resultante und Moment der äußeren Kräfte lassen sich aber nach den über die Zusammensetzung von Kräften gegebenen Regeln eindeutig bestimmen.

Für die Folge sollen hier zunächst nur gerade Stäbe mit einer bestimmten Längsachse betrachtet werden (Träger, Wellen usw.), bei denen die Stablänge groß ist gegenüber den Querschnittsabmessungen.

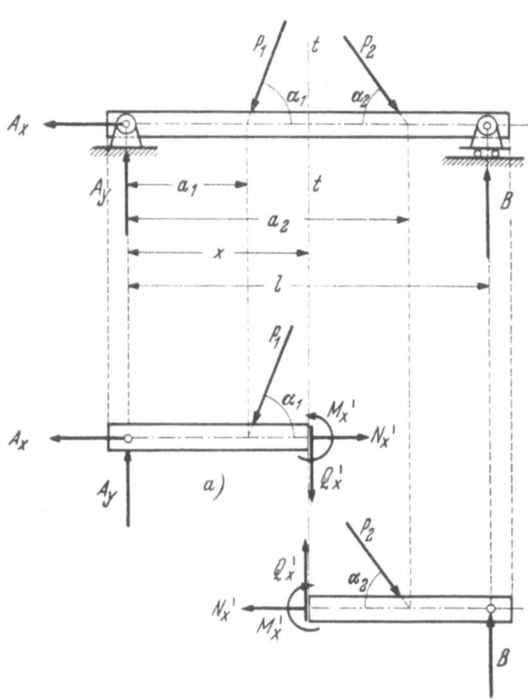

Abb. 95

Abb. 95 zeigt einen derartigen statisch bestimmt gestützten Träger, der durch zwei beliebige, in seiner Systemebene liegende Kräfte P_1 und P_2 belastet sei. Die Auflagerkräfte A_x, A_y und B können mit Hilfe der Gleichgewichtsbedingungen der Ebene sofort ermittelt werden und seien als bekannt angesehen. Denkt man sich nun an der Stelle x einen zur Stabachse rechtwinkligen Schnitt t—t gelegt, so müssen die in diesem Querschnitt auftretenden Spannungen den am linken oder rechten Trägerteil angreifenden äußeren Kräften das Gleichgewicht halten. Letztere liefern für den linken Stabteil in Richtung der Stabachse eine Normal- oder Längskraft (die normal zur Querschnittsfläche steht) von der Größe

$$N_x = A_x + P_1 \cos \alpha_1$$

und eine Querkraft senkrecht zur Stabachse in der Kraftebene von der Größe

$$Q_x = A_y - P_1 \sin \alpha_1.$$

Die Normalkraft soll positiv genannt und als Zugkraft bezeichnet werden, wenn sie ein Losreißen des linken vom rechten Stabteil anstrebt, im andern Falle negativ bzw. Druckkraft. Die Querkraft dagegen soll positiv genannt werden, wenn sie den linken Trägerteil gegen den rechten nach aufwärts —oder den rechten gegen den linken nach abwärts — zu verschieben sucht.

Das Moment der äußeren Kräfte in bezug auf die durch den Querschnittsschwerpunkt rechtwinklig zur Kraftebene gelegte Achse heißt das Biegungsmoment der äußeren Kräfte für den Querschnitt an der Stelle x. Es soll positiv genannt werden, wenn es den linken Trägerteil gegen den rechten im Uhrzeigersinn bzw. den rechten gegen den linken Trägerteil im entgegengesetzten Sinn zu drehen sucht. Danach wird für den linken Stabteil

$$M_x = A_y \, x - P_1 \sin \alpha_1 \, (x - a_1).$$

Aus dem Drehungsgleichgewicht des ganzen Stabes um den Schwerpunkt des Querschnitts x folgt

$$A_y \cdot x - P_1 \sin \alpha_1 (x - \alpha_1) + P_2 \sin \alpha_2 (a_2 - x) - B (l - x) = 0,$$

weshalb man für das Moment an der Stelle x auch schreiben kann

$$M_x = B (l - x) - P_2 \sin \alpha_2 (a_2 - x).$$

Man erkennt, daß dieser Ausdruck das Moment der am **rechten** Stabteil angreifenden äußeren Kräfte in bezug auf den Querschnitt x unter Beachtung der oben dafür eingeführten Vorzeichenregel darstellt. Ob man also das Biegungsmoment M_x für die am **linken** oder für die am **rechten** Stabteil angreifenden äußeren Kräfte ansetzt, ist gleichgültig. Nur hat man jeweils dabei die obige Vorzeichenregel zu beachten.

In ähnlicher Weise folgt aus dem Gleichgewicht der horizontalen Kräfte am **ganzen** Träger, daß man für die Normalkraft an der Stelle x auch setzen kann

$$N_x = P_2 \cos \alpha_2$$

und wegen des Gleichgewichts der vertikalen Kräfte für die Querkraft an der Stelle x

$$Q_x = P_2 \sin \alpha_2 - B.$$

Die drei statischen Größen N_x, Q_x und M_x bilden die „Belastung des Querschnitts x" und stellen nach den obigen Darlegungen das Entgegengesetzte der Spannungsresultierenden $N_x{}'$, $Q_x{}'$ und $M_x{}'$ dar (Abb. 95a), mit denen sie im Gleichgewicht stehen. Wie im übrigen aus der „Belastung des Querschnitts" die in ihm übertragenen Spannungen selbst berechnet werden können, wird in der Festigkeitslehre gezeigt. Die Bezeichnung „Biegungsmoment" rührt daher, daß dieses Moment eine Biegung des in Wirklichkeit ja nicht „starren", sondern elastisch festen Trägers hervorruft.

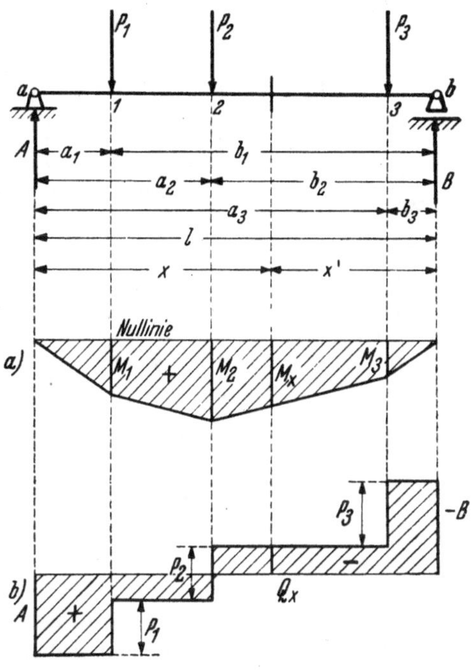

Abb. 96

4. Träger auf zwei Stützen und einseitig eingespannter Träger.

Bei dem in Abb. 96 dargestellten mit lotrechten Einzelkräften belasteten Träger auf zwei Stützen, dessen linkes Auflager ein festes und dessen rechtes ein auf horizontaler Bahn verschiebliches Stützgelenk ist, treten keine horizontalen Lastkomponenten, also auch keine horizontalen Stützkräfte auf, so daß die Normalkraft für jeden Querschnitt zu Null wird. Zur Berechnung der Reaktionen A und B schreibe man erst die Momentengleichung für das Gelenk b, darauf für das Gelenk a an, und man erhält mit den Bezeichnungen der Abb. 96

$$A = \frac{1}{l} \sum_{i=1}^{i=3} P_i b_i; \qquad B = \frac{1}{l} \sum_{i=1}^{i=3} P_i a_i. \tag{83}$$

Die Länge l wird als „Stützweite" des Trägers bezeichnet.

Als **Querkraft** an der Stelle x ergibt sich

$$Q_x = A - P_1 - P_2 = - B + P_3 \tag{84}$$

und als Biegungsmoment

$$M_x = A\,x - P_1(x - a_1) - P_2(x - a_2) = B\,x' - P_3(x' - b_3)\,. \qquad (85)$$

In allgemeiner Form geschrieben erhält man

$$Q_x = A - \sum_1^x P_i$$

und

$$M_x = A\,x - \sum_1^x P_i(x - a_i),$$

wobei sich $\sum_1^x$ über alle Lasten links von x erstreckt.

Berechnet man in der vorstehend angegebenen Weise für jeden Querschnitt des Trägers, an dem eine Last P_i angreift, die Momente M_1, M_2, M_3, trägt diese Momente von einer horizontalen „Nullinie" aus als Ordinaten auf und

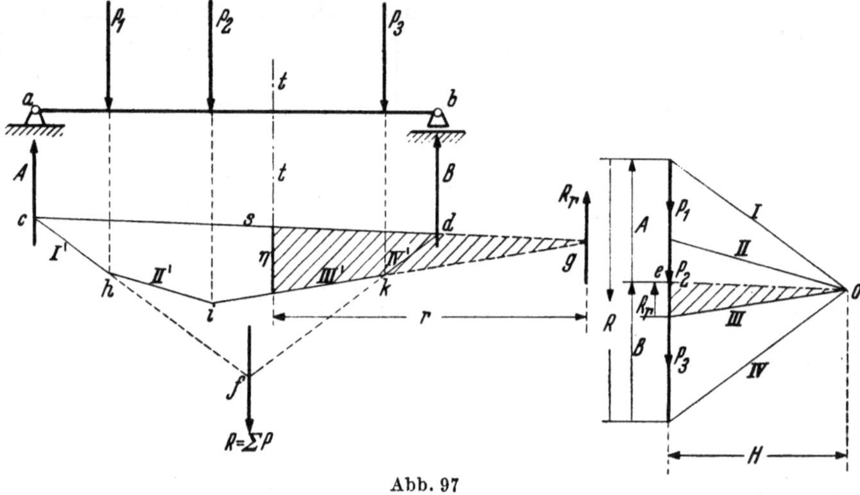

Abb. 97

verbindet deren Endpunkte, so erhält man die sogenannte „Momentenlinie" des Trägers infolge der gegebenen Belastung. Momentenlinie und Nullinie schließen zusammen die sogenannte Momentenfläche ein. Die Momentenlinie ist danach im vorliegenden Falle ein gebrochener Linienzug, dessen Ecken unter den Lasten P_i liegen (Abb. 96a). An der Stelle x (zwischen zwei Lastangriffspunkten) greift man sofort das für diese Stelle maßgebende Moment M_x aus der Momentenfläche ab. Daß die Momentenlinie zwischen den Lasten geradlinig verlaufen muß, folgt aus der Gl. (85), welche für jeden Querschnitt des Intervalls 2—3 gilt und wonach M_x eine lineare Funktion von x bzw. x' ist. Sämtliche Momente M_x ergeben sich hier als positiv, weshalb die Momentenfläche das positive Vorzeichen erhält.

Aus Gl. (84) folgt, daß die Querkraft Q_x im Intervall 2—3 des Trägers einen konstanten Wert besitzt. Jedem Trägerintervall entspricht ein anderer Wert der Querkraft. Trägt man nun die zu jedem Intervall gehörige Querkraft als Ordinate von einer Nullinie aus auf und zieht durch die Endpunkte dieser Ordinaten Parallele zur Nullinie, so erhält man eine Treppenlinie, die sogenannte Querkraftslinie, die sich unter jeder Last um den Betrag der Last sprunghaft ändert. Man spricht aus diesem Grunde von der Querkraft des ersten, zweiten usw. Feldes. Für einen Trägerquerschnitt, in dem eine Last angreift, kann die Querkraft nicht angegeben werden, vielmehr nur unmittelbar links oder rechts von der Last (vgl. hierzu S. 88). Querkrafts- und Nullinie schließen zusammen die Querkraftsfläche ein (Abb. 96b).

Aus der Momentenfläche entnimmt man sofort den Wert des größten Biegungsmomentes und den Querschnitt, in dem dieses auftritt. Die Kenntnis von M_{max} ist wichtig für die Dimensionierung, d. h. für die Ermittlung der Abmessungen des Trägers mit Rücksicht auf seine Bruchsicherheit. Ähnliches gilt für die größte Querkraft.

Auf graphischem Wege kann man die Momentenlinie mit Hilfe eines zu den gegebenen Lasten gezeichneten Seilpolygons (S. 31) darstellen. Bringt man die äußersten Seilstrahlen I' und IV' (Abb. 97) mit den Auflagerlotrechten durch a und b in den Punkten c und d zum Schnitt, verbindet diese Punkte durch die „Schlußlinie" s des Seilpolygons und zieht zu s die Parallele $O-e$ durch den Pol O des Kraftecks, dann stellen die beiden Strecken, in welche die Resultante R im Krafteck durch den Punkt e zerlegt wird, die Auflagerreaktionen A und B dar. Diese Kräfte stehen nämlich mit R im Gleichgewicht, da sowohl das von R, A und B gebildete Krafteck als auch das zu diesen Kräften gezeichnete Seileck $c\,d\,f$ geschlossen ist (vgl. S. 31).

Die Resultante $R_r = B - P_3$ der rechts vom Schnitte $t-t$ angreifenden äußeren Kräfte B und P_3 geht durch den Schnittpunkt g des Seilstrahles III' und der Schlußlinie s, da diese Strahlen die „äußeren" für die aus B und P_3 gebildete Kräftegruppe darstellen. Bezeichnet nun r den Hebelarm der Kraft R_r in bezug auf den Schnitt $t-t$, dann ist das Biegungsmoment an dieser Stelle

$$M_{t-t} = R_r \cdot r \,. \tag{86}$$

Aus der Ähnlichkeit der in Abb. 97 schraffierten Dreiecke folgt aber

$$\frac{\eta}{r} = \frac{R_r}{H} \,, \tag{87}$$

wenn η die von der Schlußlinie s und dem Seilstrahl III' auf der Lotrechten unter dem Schnitt $t-t$ abgeschnittene Strecke und H die Polweite des Seilpolygons bezeichnen. Der Vergleich von (86) und (87) liefert

$$M_{t-t} = \eta \, H \,, \tag{88}$$

d. h. das Biegungsmoment für den Schnitt $t-t$ ergibt sich als Produkt aus der Polweite H und der lotrechten Ordinate η des Seilecks unter dem Querschnitt $t-t$, von der Schlußlinie s aus gemessen. Dabei ist H eine (beliebig gewählte) Kraft, also im Kräftemaßstab des Kraftecks zu messen, während η eine im gleichen Maßstab wie die Trägerstützweite zu messende Länge darstellt (vgl. hierzu S. 40).

Da die gleiche Überlegung für jeden andern Trägerquerschnitt angestellt werden kann, darf das Seileck $c\,h\,i\,k\,d$ als Momentenlinie angesehen werden, wenn man die Ordinaten η mit der Polweite H multipliziert.

Kontinuierliche Belastung.

Unter einer kontinuierlichen oder stetigen Belastung versteht man eine Belastung, welche sich — gleichmäßig oder ungleichmäßig verteilt — über die ganze Trägerlänge oder über bestimmte Teile derselben erstreckt (z. B. Wasser- oder Winddruck und dgl.). Im letzteren Falle spricht man auch von einer Streckenlast. Unter der Belastungsordinate $p_\xi \left[\dfrac{\text{kg}}{\text{cm}}\right]$ (Belastungsintensität) an der Stelle ξ wird diejenige Last pro Längeneinheit verstanden, die mit dem Längenelement $d\xi$ der Trägerlänge multipliziert die auf dieses Element entfallende

Last $p_\xi\, d\xi$ liefert. Im Falle gleichmäßig verteilter Last ist $p_\xi = p = \text{const.}$, bei ungleichmäßiger Belastung dagegen eine endliche Funktion von ξ. Trägt man für eine hinreichend große Anzahl von Trägerpunkten die Belastungsordinaten p_ξ senkrecht zur Trägerlänge auf und verbindet ihre Endpunkte, so erhält man die **Belastungslinie** (Abb. 98), welche mit der Trägerachse die **Belastungs-fläche** einschließt. Der Inhalt letzterer gibt die gesamte auf den Träger entfallende Belastung an.

Die Bestimmung der Auflagerkräfte, Biegungsmomente und Querkräfte erfolgt hier in ähnlicher Weise wie bei Einzelkräften, indem man die kontinuierliche Belastung in lauter unendlich kleine, unendlich nahe beieinanderliegende Einzellasten auflöst. Dann liefert die Momentengleichung für das rechte Auflagergelenk b

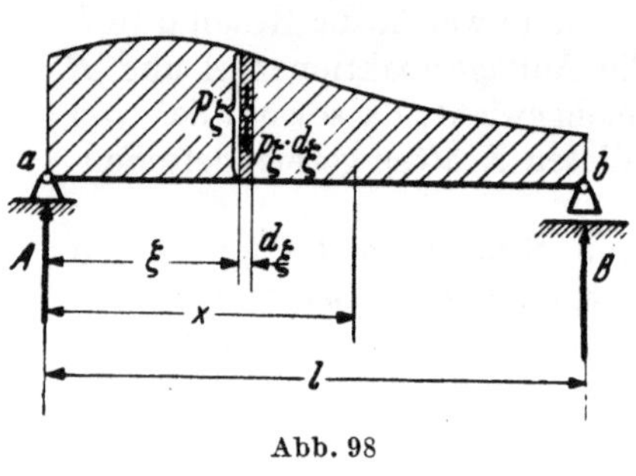

Abb. 98

$$A\,l - \int_{\xi=0}^{\xi=l} p_\xi\, d\xi\,(l-\xi) = 0,$$

woraus folgt

$$A = \frac{1}{l}\int_{\xi=0}^{\xi=l} p_\xi\, d\xi\,(l-\xi). \qquad (89)$$

In gleicher Weise erhält man für die rechte Lagerkraft

$$B = \frac{1}{l}\int_{\xi=0}^{\xi=l} p_\xi\, d\xi\cdot\xi. \qquad (90)$$

Zur Berechnung des Biegungsmomentes M_x an der Stelle x bilde man die Momentensumme aller am linken (oder rechten) Stabteil angreifenden äußeren Kräfte. Diese lautet

$$M_x = A\,x - \int_{\xi=0}^{\xi=x} p_\xi\, d\xi\,(x-\xi), \qquad (91)$$

wobei wieder ξ die Integrationsvariable darstellt.

Endlich erhält man als Querkraft an der Stelle x

$$Q_x = A - \int_{\xi=0}^{\xi=x} p_\xi\, d\xi. \qquad (92)$$

Im Falle einer über die ganze Trägerlänge gleichmäßig verteilten Belastung folgt aus 89) bis (92) mit $p_\xi = p = \text{const.}$

$$A = B = \frac{p\,l}{2}$$

$$M_x = A\,x - p\,\frac{x^2}{2} = \frac{p\,x}{2}\,(l-x)$$

$$Q_x = A - p\,x = p\left(\frac{l}{2} - x\right).$$

Wie man aus den vorstehenden Ausdrücken für M_x und Q_x erkennt, ist die Momenten- eine Parabel mit dem Parabelpfeil $\dfrac{p\,l^2}{8}$ in Trägermitte, während die Querkraftslinie durch eine Gerade dargestellt wird, welche die Trägerachse in der Mitte schneidet. Links treten positive, rechts negative Querkräfte auf (Abb. 99).

Bei der Belastung eines Trägers mit einer gleichmäßig über die Länge λ verteilten Streckenlast $p\left[\dfrac{\text{kg}}{\text{cm}}\right]$ (Abb. 100) ergeben sich nach (89) und (90) folgende Lagerkräfte

$$A = \frac{p}{l}\int_{\xi=a}^{\xi=a+\lambda}(l-\xi)\,d\xi = \frac{p}{l}\left[l\,\xi - \frac{\xi^2}{2}\right]_{\xi=a}^{\xi=a+\lambda} = \frac{p\,\lambda}{l}\left(b + \frac{\lambda}{2}\right) \qquad B = \frac{p\,\lambda}{l}\left(a + \frac{\lambda}{2}\right).$$

Man kann diese Ausdrücke einfacher auch so ermitteln, daß man die Streckenlast $p\,\lambda$ durch eine im Abstand $b + \dfrac{\lambda}{2}$ vom rechten, bzw. $a + \dfrac{\lambda}{2}$ vom linken Auflager wirkende Einzelkraft ersetzt und darauf die Momentengleichgewichtsbedingungen für die Auflagergelenke anschreibt. Der Beweis folgt aus dem Momentensatz, nach welchem das Moment einer Kräftegruppe (hier der Streckenlast) gleich dem Moment der Resultante dieser Kräfte ist.

An der Stelle $x = a$ ist $M_x = A \cdot a$, an der Stelle $x' = b$ ist $M_{x'} = B\,b$. Dagegen wird für $a < x < a + \lambda$ nach (91)

$$M_x = A \cdot x - p \int_{\xi=a}^{\xi=x} (x - \xi)\, d\xi = A\,x - p\left[x\,\xi - \frac{\xi^2}{2} \right]_{\xi=a}^{\xi=x} = A\,x - \frac{p}{2}(x - a)^2.$$

Die Momentenlinie verläuft danach zwischen $x = o$ und $x = a$ geradlinig, geht dann in eine Parabel über bis $x = a + \lambda$ und verläuft von dort aus wieder geradlinig bis ans Ende des Trägers (Abb. 100a).

Im Intervall $0 \leq x \leq a$ ist die Querkraft $Q_x = A$, im Intervall $a \leq x \leq a + \lambda$ wird $Q_x = A - p\,(x - a)$ und im Intervall $a + \lambda \leq x \leq l$ ist $Q_x = A - p\,\lambda = -B$. Daraus

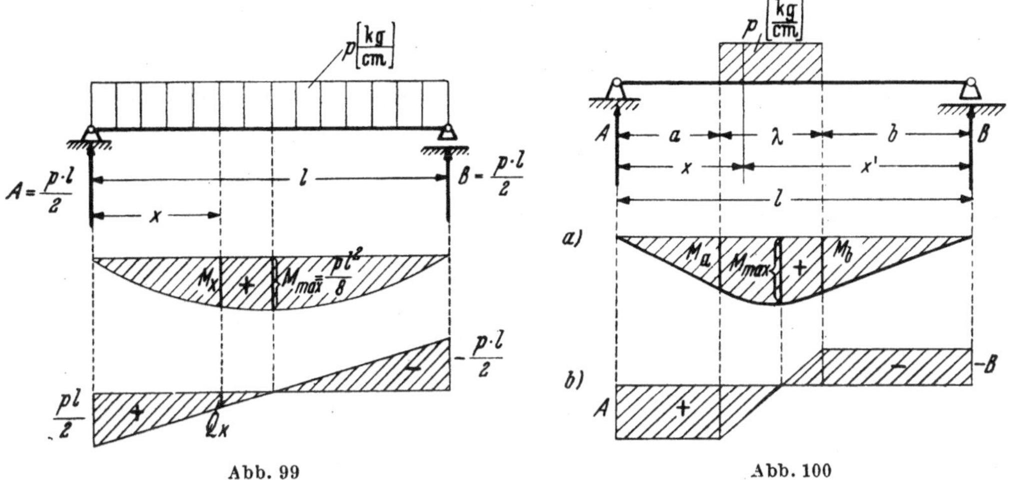

Abb. 99   Abb. 100

ergibt sich die Konstruktion der Querkraftsfläche (Abb. 100b). Um die Stelle x_0 zu finden, an der die Querkraft ihr Vorzeichen wechselt, setze man

$$Q_x = A - p\,(x - a) = 0,$$

woraus folgt

$$x = x_0 = a + \frac{A}{p}.$$

Zwischen dem Biegungsmoment M_x, der Querkraft Q_x und der Belastungsordinate p_x besteht ein wichtiger Zusammenhang. Nach Gl. (91) und (92) ist nämlich

$$M_x = A\,x - \int_{\xi=0}^{\xi=x} p_\xi\, d\xi\,(x - \xi) = Q_x\,x + \int_{\xi=0}^{\xi=x} p_\xi\,\xi\,d\xi. \tag{93}$$

Das Integral $\displaystyle\int_{\xi=0}^{\xi=x} (p_\xi\,d\xi)\,\xi$ stellt das „statische Moment" (vgl. S. 59) der Belastungsfläche links vom Querschnitt x in bezug auf die linke Auflagerlotrechte dar (Abb. 98). Geht man von x um $d\,x$ weiter nach rechts, so ändert sich dieses statische Moment offenbar um $(p_x\,d\,x)\,x$, so daß man durch Differentiation von (93) nach x erhält

$$\frac{d\,M_x}{d\,x} = Q_x + x\,\frac{d\,Q_x}{d\,x} + x\,p_x. \tag{94}$$

Nun ist aber

$$p_x\, dx = -\, dQ_x, \tag{95}$$

denn um diesen Wert ändert sich die Querkraft beim Fortschreiten nach rechts um das Längenelement dx. Damit geht (94) über in

$$\frac{d M_x}{d x} = Q_x, \tag{96}$$

d. h. die Querkraft an der Stelle x ist gleich der ersten Ableitung des Mómentes nach x.

Durch nochmalige Differentiation folgt daraus unter Beachtung von (95)

$$\frac{d^2 M_x}{d x^2} = \frac{d Q_x}{d x} = -\, p_x. \tag{97}$$

Diese Gleichung besagt, daß die negativ genommene Ordinate p_x der Belastungslinie gleich der zweiten Ableitung des Momentes, bzw. gleich der ersten Ableitung der Querkraft nach x ist.

Umgekehrt läßt sich folgern: die Querkraft kann durch einmalige, das Biegungsmoment durch zweimalige Integration aus der Belastungslinie abgeleitet werden.

Liegt z. B. ein auf zwei Stützen ruhender Träger mit einer Dreiecksbelastung gemäß Abb. 101 vor, so ist

$$p_x = a\,\frac{x}{l}\,.$$

Daraus folgt als Querkraft wegen (97)

$$Q_x = -\frac{a}{l} \int x\, dx + C_1 = -\frac{a\,x^2}{2\,l} + C_1, \tag{98}$$

wo C_1 die Integrationskonstante bezeichnet. Für $x = 0$ ist $Q_x = A$. Damit liefert (98)

$$A = C_1,$$

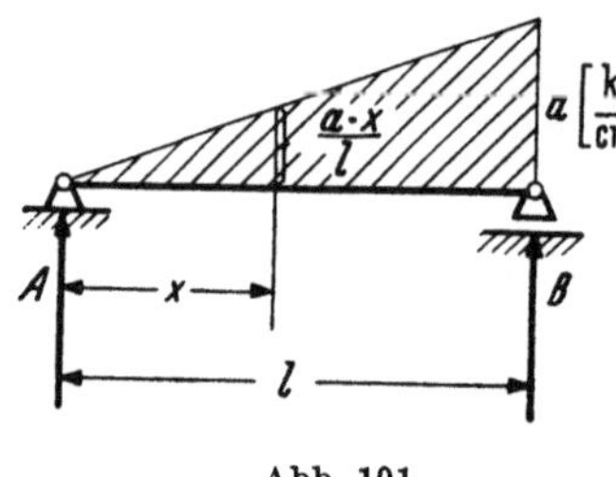

Abb. 101

so daß

$$Q_x = A - \frac{a\,x^2}{2\,l}$$

wird. Nun ist, wie man leicht feststellt,

$$A = \frac{a\,l}{6},$$

weshalb

$$Q_x = \frac{a}{2}\left(\frac{l}{3} - \frac{x^2}{l}\right).$$

Durch nochmalige Integration folgt

$$M_x = \frac{a}{2} \int \left(\frac{l}{3} - \frac{x^2}{l}\right) dx + C_2 = \frac{a}{2}\left(\frac{l\,x}{3} - \frac{x^3}{3\,l}\right) + C_2.$$

Für $x = 0$ ist $M_x = 0$, so daß $C_2 = 0$. Man erhält also für das Moment an der Stelle x

$$M_x = \frac{a\,x}{6}\left(l - \frac{x^2}{l}\right). \tag{99}$$

Da der Ausdruck $\dfrac{d M_x}{d x} = 0$, d. h. $Q_x = 0$, die Bedingung für das Maximum (oder Minimum) des Biegungsmomentes M_x ist, erkennt man, daß der größte Wert von M_x an derjenigen Stelle auftritt, wo die Querkraft zu Null wird (vgl. Abb. 99 und 100).

Um also die diesem Moment entsprechende Abszisse x_0 zu berechnen, hat man nur $Q_x = 0$ zu setzen und aus dieser Bedingung $x = x_0$ zu bestimmen. Auf das vorstehende Beispiel angewandt, ergibt sich mit

$$Q_x = 0 = \frac{a}{2}\left(\frac{l}{3} - \frac{x^2}{l}\right)$$

$$x = x_0 = \frac{l}{3}\sqrt{3}.$$

Das größte Biegungsmoment findet man, indem man x_0 in (99) einsetzt, zu

$$M_{\substack{\max \\ (x=x_0)}} = \frac{a\,l^2\sqrt{3}}{27}.$$

Läßt sich die Belastungsordinate nicht durch eine einfache Funktion von ξ bzw. x darstellen, so wendet man zur Ermittlung der Momentenfläche zweckmäßig das oben besprochene graphische Verfahren mittels des Seilpolygons an. Zu diesem Zwecke zerlegt man die Belastungsfläche in hinreichend schmale Streifen (Abb. 102), bringt die Flächeninhalte dieser Streifen in den Streifenschwerpunkten als Einzelkräfte an und behandelt die Aufgabe jetzt wie im Falle einer Belastung durch Einzelkräfte.

Um die Momentenlinie zu erhalten, braucht man nur in das den Einzellasten entsprechende Seilpolygon eine Kurve — die Seilkurve — einzutragen, welche die Seilpolygonseiten unter den Trennungslinien je zweier Streifen berührt (in $a, b, c \ldots$), da an diesen Stellen die Momente infolge der gegebenen kontinuierlichen Belastung mit denen der ersatzweise eingeführten Einzellasten übereinstimmen. Die Seilkurve schließt mit der Schlußlinie des Seilpolygons die Momentenfläche ein. Sie erhält noch den Multiplikator H, welcher gleich der gewählten Polweite ist.

Bezeichnen y die lotrechten Ordinaten der Seilkurve von der horizontal angenommenen Schlußlinie aus gerechnet, so ist das Biegungsmoment an der Stelle x

$$M_x = H \cdot y.$$

Unter Beachtung von (97) folgt daraus

$$\frac{d^2 y}{d x^2} = -\frac{p_x}{H}. \tag{100}$$

Dieser Ausdruck stellt die Differentialgleichung der Seilkurve dar. Sie kann bei gegebener Belastung direkt zur Bestimmung der Momentenlinie benutzt werden. Liegt z. B. der in Abb. 101 skizzierte Belastungsfall mit $p_x = \dfrac{a\,x}{l}$ vor, so ist:

$$\frac{d^2 y}{d x^2} = -\frac{a\,x}{l\,H}.$$

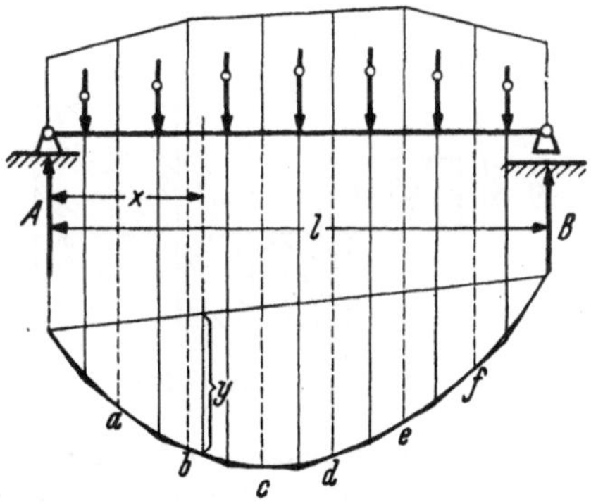

Abb. 102

Durch zweimalige Integration folgt daraus

$$y = -\frac{a\,x^3}{6\,l\,H} + C_1 x + C_2,$$

wo C_1 und C_2 die beiden Integrationskonstanten darstellen. Nun ist $y = 0$ für $x = 0$ und für $x = l$. Daraus folgt

$$C_2 = 0; \quad C_1 = \frac{a\,l}{6\,H}.$$

Somit wird

$$y = -\frac{a\,x^3}{6\,l\,H} + \frac{a\,l\,x}{6\,H} = \frac{a\,x}{6\,H}\left(l - \frac{x^2}{l}\right).$$

Wählt man die Polweite $H = 1$, so stellt y direkt die Ordinate der Momentenfläche dar in Übereinstimmung mit Gl. (99).

Die Seilkurve — und damit auch die ihr entsprechende Momentenlinie —
verläuft für die hier behandelten Belastungsfälle stetig, und zwar gilt dieses
auch im Falle von Einzellasten (Abb. 96 u. 97). Die Querkraftslinie dagegen hat
nur bei kontinuierlicher Belastung einen stetigen Verlauf, während sie sich im
Fall von Einzellasten unter jeder Last sprunghaft ändert. Dieser plötzlichen
Änderung der Querkraft entspricht ein Knick der Momentenlinie unter jeder Last.

Das Biegungsmoment nimmt einen Größtwert an den Stellen an, wo die
Querkraft ihr Vorzeichen ändert, d. h. wo die Querkraftslinie die Nullinie schneidet; bei Einzellasten also jedenfalls unter einer Last, denn innerhalb eines Feldes
ist Q konstant. Im übrigen sei hierzu bemerkt, daß die Annahme von Einzellasten ein Idealfall ist, der in Wirklichkeit nicht auftritt. Vielmehr wird in nächster
Umgebung des Lastangriffs eine dicht zusammengedrängte kontinuierliche

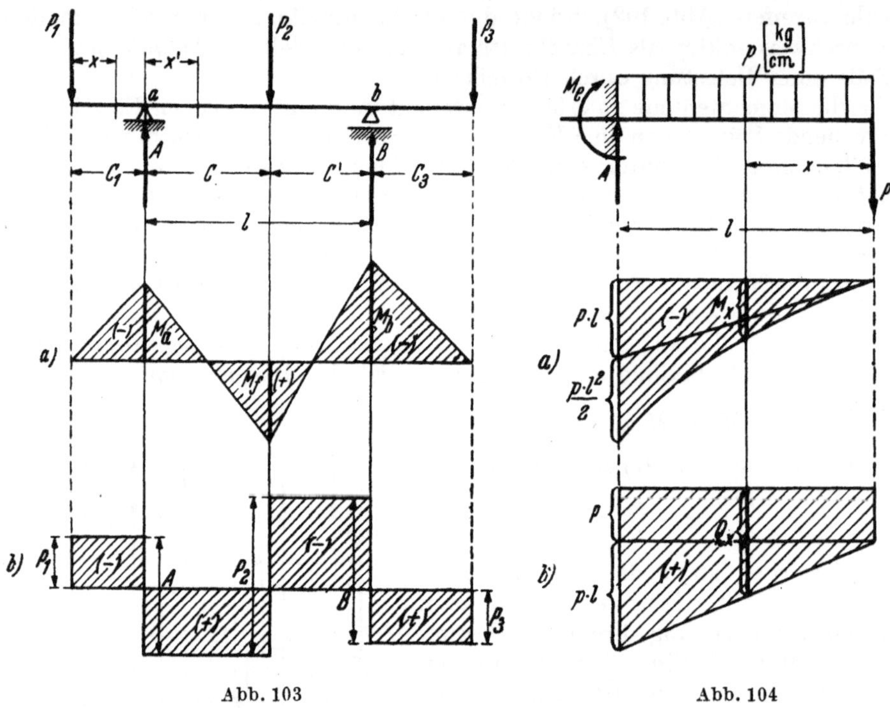

Abb. 103   Abb. 104

Belastung von großem p vorhanden sein, so daß tatsächlich der Fall einer über
mehrere Stellen des Trägers verteilten Streckenlast vorliegt.

Die vorstehenden Überlegungen gelten sinngemäß auch für Träger mit
überkragenden Enden und einseitig eingespannte Träger. Liegt z. B.
ein Tragwerk gemäß Abb. 103 vor, so bestimme man zunächst die Lagerkraft A
aus der Momentengleichung für das Lager b, nämlich

$$A l - P_1 (c_1 + l) - P_2 c' + P_3 c_3 = 0,$$

oder

$$A = \frac{1}{l} \{ P_1 (c_1 + l) + P_2 c' - P_3 c_3 \},$$

und darauf

$$B = P_1 + P_2 + P_3 - A.$$

Für einen Querschnitt im Abstand x vom linken Trägerende wird das Biegungsmoment

$$M_x = - P_1 x,$$

und über der Stütze a ergibt sich mit $x = c_1$ ein negatives Stützmoment von der Größe

$$M_{(x=c_1)} = - P_1 c_1.$$

An der Stelle x' dagegen wird das Moment

$$M_{x'} = - P_1(c_1 + x') + A x'.$$

Entsprechende Ansätze gelten für den rechten Trägerteil. Daraus erhält man die in Abb. 103a dargestellte Momentenfläche. Da alle äußeren Kräfte bekannt sind, kann auch die Querkraftsfläche gemäß Abb. 103b sofort dargestellt werden. Man beachte, daß wieder die Größtwerte der Momente (positive oder negative) an den Trägerstellen auftreten, an denen die Querkraftsfläche ihr Vorzeichen wechselt.

Für den in Abb. 104 gezeichneten, am linken Ende eingespannten Stab ist eine gleichmäßig über die Stablänge l verteilte Belastung $p\left[\dfrac{\mathrm{kg}}{\mathrm{cm}}\right]$ und am rechten (freien) Stabende eine Einzellast P angenommen. Betrachtet man einen Querschnitt im Abstande x vom freien Trägerende, so wird

$$M_x = - Px - \frac{p x^2}{2}$$

und

$$Q_x = P + p x.$$

Daraus ergeben sich die in Abb. 104a und b dargestellte Momenten- und Querkraftsfläche. Das maximale Biegungsmoment entsteht an der Einspannstelle und hat die Größe

$$M_{\max} = M_e = -\left(Pl + \frac{p l^2}{2}\right),$$

während die größte Querkraft

$$Q_{\max} = A = P + pl$$

gleich dem Auflagerdruck A ist.

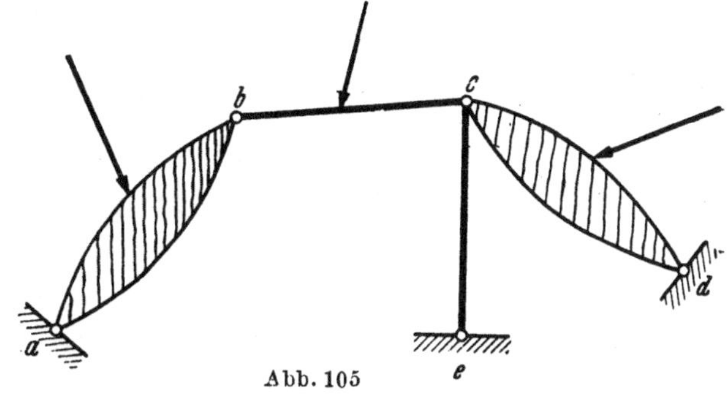

Abb. 105

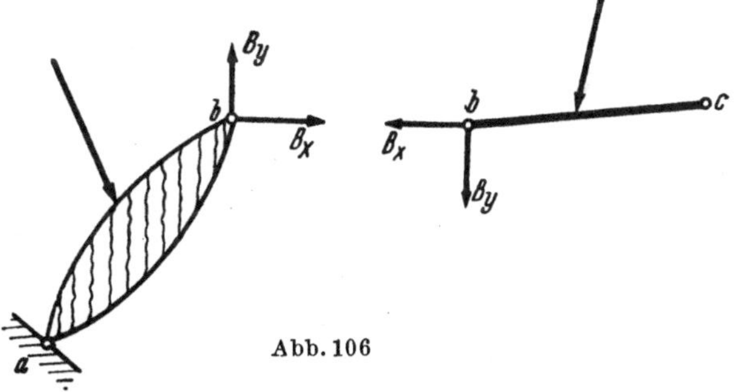

Abb. 106

5. Mehrteilige Scheiben (Stäbe).

Bisher wurden nur Tragwerke betrachtet, die aus einzelnen starren Scheiben oder Stäben bestehen. Nun werden aber häufig auch Systeme verwendet, die aus mehreren solchen Scheiben (Stäben) zusammengesetzt sind (Abb. 105). Der Zusammenhang der einzelnen Scheiben sei dabei durch reibungslose Gelenke bewirkt, die eine freie Drehung der Scheiben in der Systemebene gegeneinander bzw. gegen die Auflager gestatten. In den Gelenkpunkten üben die Scheiben Kräfte aufeinander aus, deren Richtung und Größe zunächst unbekannt sind. Von ihnen weiß man nur, daß nach dem Wechselwirkungsgesetz Druck (Zug) und Gegendruck je zweier Scheiben gleich groß und entgegengesetzt gerichtet sind (Abb. 106). Sie sollen, da sie zwischen den Scheiben wirken, als Zwischenreaktionen bezeichnet werden (zum Unterschied von den Lagerreaktionen).

Die oben abgeleiteten Gleichgewichtsbedingungen und die aus ihnen gezogenen Folgerungen gelten zunächst nur für die einzelne starre Scheibe. Nun kann aber ein aus mehreren Scheiben zusammengesetztes System nur dann im Gleichgewicht sein, wenn jeder Teil des Systems, d. h. jede einzelne Scheibe für sich, im Gleichgewicht ist. Dazu ist erforderlich, daß für jede einzelne Scheibe die Gleichgewichtsbedingungen erfüllt sind. Denkt man sich also den Zusammenhang der Scheiben in den Gelenken gelöst und bringt in den Gelenkpunkten die Zwischenreaktionen als äußere Kräfte an, so müssen für jede Scheibe die an ihr angreifenden Lagerreaktionen, Lasten und Zwischenreaktionen die drei Gleichgewichtsbedingungen der Ebene erfüllen.

Es bezeichne p die Anzahl der starren Scheiben, a die Anzahl der voneinander unabhängigen Lagerreaktionen (Reaktionskomponenten nach zwei beliebigen Achsrichtungen) und z die Anzahl der Zwischenreaktionskomponenten. Dann sind insgesamt $a + z$ unbekannte Kräfte vorhanden, denen $3p$ Gleichgewichtsbedingungen (drei für jede der p Scheiben) gegenüberstehen. Soll nun das ganze System statisch bestimmt und stabil sein, so muß offenbar die Zahl der unbekannten Kräfte gerade so groß sein wie die Zahl der verfügbaren Gleichgewichtsbedingungen, also

$$a + z = 3\,p. \qquad (101)$$

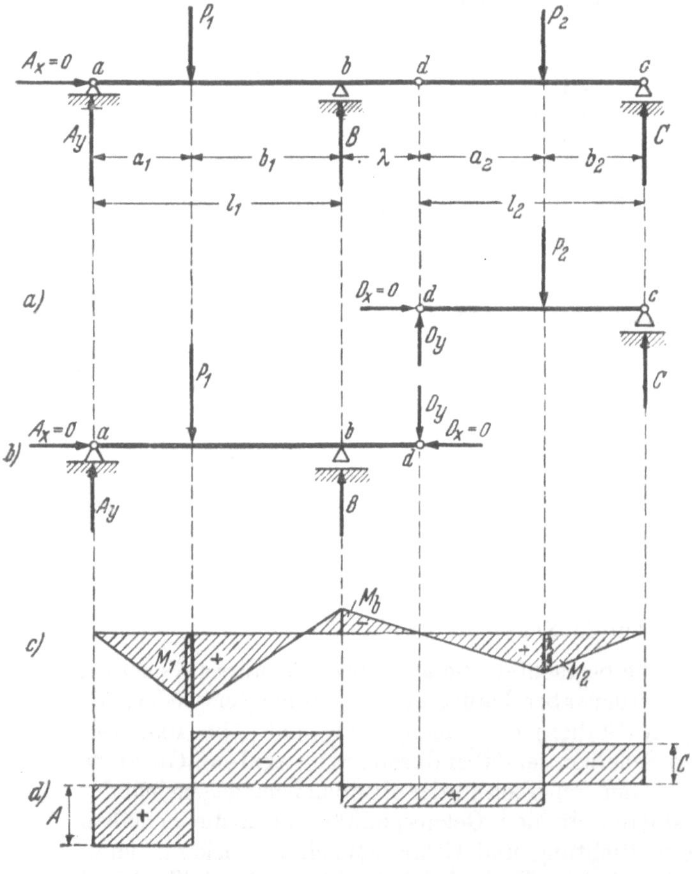

Bei einer festen Gelenkverbindung, in der zwei Scheiben zusammentreffen, treten zwei unbekannte Zwischenreaktionen auf (Abb. 106). Hängen in einem festen Gelenk aber mehr als zwei Scheiben (Stäbe) zusammen (Punkt c in Abb. 105), so liefert jede neu hinzutretende Scheibe zwei weitere Reaktionskomponenten, weshalb bei einem von n Scheiben gebildeten Gelenk

$$2 + 2\,(n-2) = 2\,(n-1)$$

Zwischenreaktionen in Ansatz zu bringen sind. So hat man z. B. bei dem in Abb. 105 dargestellten Tragwerk im Gelenk b zwei, im Gelenk c dagegen vier Zwischenreaktionskomponenten anzusetzen, die natürlich jeweils eine einzige Resultierende — den Gelenkdruck — bilden.

Abb. 107

Insgesamt ist im vorliegenden Falle also $z = 2 + 4 = 6$. Das Tragwerk besitzt außerdem drei feste Stützgelenke mit $a = 3 \cdot 2 = 6$ voneinander unabhängigen

Lagerreaktionen, wenn man den Stab e—c mit zu den Scheiben zählt. Da das System aus vier Scheiben besteht, hat man $4 \cdot 3 = 12$ Gleichgewichtsbedingungen zur Verfügung, aus denen die $a + z = 12$ unbekannten Lager- und Zwischenreaktionen berechnet werden können. Das Tragwerk ist also statisch bestimmt und stabil, falls kein Ausnahmefall vorliegt, d. h. falls die zwölf Gleichgewichtsbedingungen eindeutig nach den Unbekannten aufgelöst werden können.

Ist der Stab e—c selbst unbelastet, so kann er als Pendelstütze aufgefaßt werden und ersetzt dann ein statisch einwertiges Lager. In diesem Falle ist $p = 3$, $a = 5$ und $z = 2 + 2 = 4$. Die Bedingung (101) ist somit wieder erfüllt.

Im allgemeinen ist es nicht nötig, zur Berechnung der $a + z$ unbekannten Auflager- und Zwischenreaktionen sämtliche $3\,p$ Gleichgewichtsbedingungen nach den Unbekannten aufzulösen. Gl. (101) stellt nur ein Abzähl-Kriterium dar zur schnellen Beurteilung der Frage, ob ein System statisch bestimmt ist oder nicht.

Gelenkträger (Gerberträger).

Der in Abb. 107 skizzierte Gelenkträger besteht aus einem einseitig überkragenden Träger auf zwei Stützen a und b, an dessen freiem Ende d ein sogenannter Koppelträger d—c gelenkig angeschlossen ist. Mit $a = 4$, $z = 2$ und $p = 2$ ist Gl. (101) erfüllt, womit die statische Bestimmtheit des Systems nachgewiesen ist. Löst man die Verbindung der beiden Träger im Gelenk d, so stellt der Koppelträger c—d einen Balken auf zwei Stützen dar (Abb. 107a), dessen Lagerkräfte C, D_y und D_x sofort berechnet werden können. D_y ist der Gelenkdruck, der am Kragträger als Belastung im Punkte d anzubringen ist. Nachdem D_y bekannt ist, können auch die Reaktionen A_y, A_x und B für den Kragträger a—b—d (Abb. 107b) ermittelt werden. Wie man sieht, muß die Summe der Momente aller am Koppelträger angreifenden äußeren Kräfte in bezug auf das Gelenk d verschwinden (Gleichgewichtsbedingung für den Träger c—d), ebenso die Summe der Momente aller am Kragträger angreifenden äußeren Kräfte in bezug auf d. Die Momentensumme ist identisch mit dem „Biegungsmoment" der äußeren Kräfte rechts bzw. links vom Gelenk d, welches ja Null sein muß, da ein Gelenk kein Moment übertragen kann. Diese Bedingung soll hinfort kurz als Gelenkbedingung bezeichnet werden.

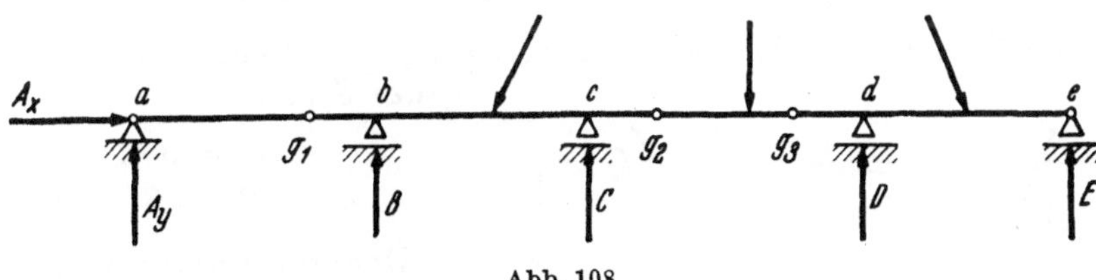

Abb. 108

Nachdem nun alle Lagerkräfte bekannt sind, können die Biegungsmomente und Querkräfte in der früher besprochenen Weise berechnet und darauf die Momenten- und Querkraftsfläche gezeichnet werden (Abb. 107 c und d).

Zur Berechnung der Auflagerkräfte wäre es nicht nötig gewesen, das System in die beiden Träger a—b—d und c—d aufzuteilen. Denkt man sich nämlich für den Gleichgewichtsfall das ganze Tragwerk im Gelenk d erstarrt und wendet auf dieses „starre" System die drei Gleichgewichtsbedingungen an, so liefern diese in Verbindung mit der oben besprochenen Gelenkbedingung ($M_d = 0$) ebenfalls die vier Lagerreaktionen, jedoch nicht die Zwischenreaktionen.

Die Stützung eines aus einer starren Scheibe bestehenden ebenen Trägers, welche mehr als drei Lagerreaktionen aufweist, ist, wie auf S. 71 erklärt wurde, statisch unbestimmt. Man kann sie jedoch durch Einschaltung entsprechender Gelenke in eine statisch bestimmte verwandeln, da nach den obigen Ausführungen jedes feste Gelenk eine neue statische Gleichung — die Gelenkbedingung — zur Berechnung der Stützkräfte liefert. So kann z. B. der auf fünf Stützen ruhende Träger a—b—c—d—e (Abb. 108), welcher als „durchlaufender" Träger dreifach statisch unbestimmt ist, durch Einschaltung der drei Gelenke g_1, g_2, g_3 in einen statisch bestimmten Gelenkträger (Gerberträger) verwandelt werden, für den die Bedingung (101) wieder erfüllt ist.

Abb. 109 zeigt ein Tragwerk, das aus zwei starren Scheiben I und II besteht, die im Gelenk d drehbar miteinander verbunden und durch die Pendelstützen c—f und b—e sowie das feste Lager a gestützt sind. Als Belastung ist eine am freien Ende der Scheibe I angreifende lotrechte Einzelkraft P und eine über die linke Stirnseite gleichmäßig verteilte Belastung p [kg/cm] angenommen.

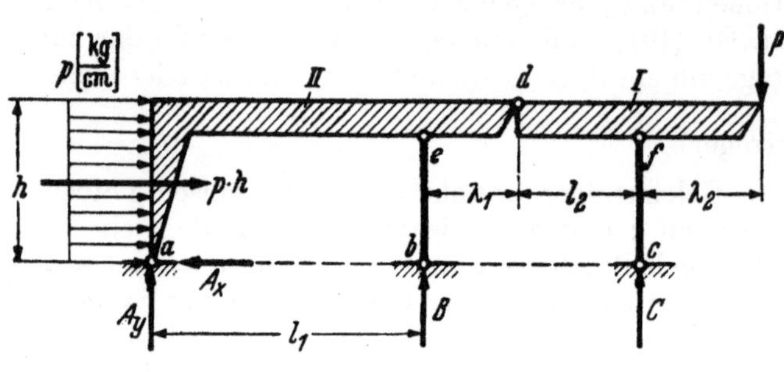

Abb. 109

Mit den Bezeichnungen der Abb. 109 liefert die Gelenkbedingung $M_d = 0$ für die Scheibe I sofort eine Gleichung für die Reaktion C, nämlich

$$P\,(l_2 + \lambda_2) - C\,l_2 = 0; \qquad C = \frac{P\,(l_2 + \lambda_2)}{l_2}.$$

Die Momentengleichgewichtsbedingung für das ganze, im Gelenk d erstarrte Tragwerk, in bezug auf das Lager b lautet:

$$(p\,h)\,\frac{h}{2} + A_y\,l_1 - C\,(l_2 + \lambda_1) + P\,(\lambda_1 + l_2 + \lambda_2) = 0,$$

woraus folgt

$$A_y = \frac{1}{l_1}\left\{ C(l_2 + \lambda_1) - P(\lambda_1 + l_2 + \lambda_2) - \frac{p\,h^2}{2}\right\}.$$

Schließlich liefern die Gleichgewichtsbedingungen $\sum X = 0$ und $\sum Y = 0$ für das ganze System

$$A_x = p\,h;$$
$$A_y = P - (B + C).$$

Dreigelenkbogen und verwandte Systeme.

Ein ebenes Tragsystem, das aus zwei in sich starren Scheiben besteht, die durch ein Gelenk g miteinander verbunden sind und von denen jede außerdem in einem festen Stützgelenk a bzw. b gelagert ist, wird als Dreigelenkträger oder Dreigelenkbogen bezeichnet (Abb. 110). Löst man die Verbindung der beiden Scheiben im Gelenk g und bringt dort die beiden Gelenkdruckkomponenten (Zwischenreaktionen) G_x und G_y als äußere Kräfte an, so lauten die Gleich-

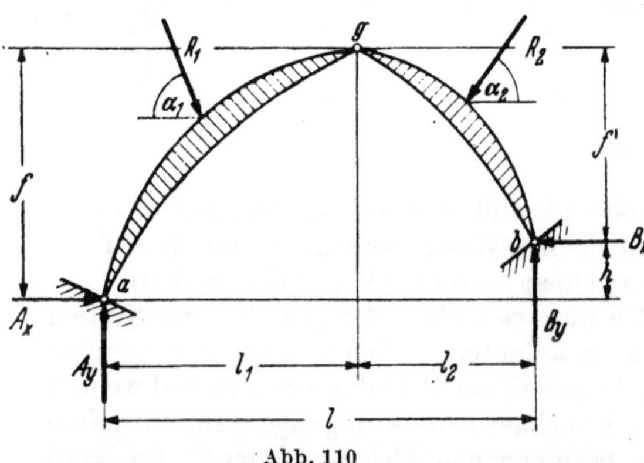

Abb. 110

gewichtsbedingungen für die Scheibe I mit den Bezeichnungen der Abb. 110a

$$\sum X = 0 = A_x + R_1 \cos \alpha_1 - G_x$$
$$\sum Y = 0 = A_y - R_1 \sin \alpha_1 + G_y$$
$$\sum M_a = 0 = R_1 \cos \alpha_1\, b_1 + R_1 \sin \alpha_1\, a_1 - G_x\, f - G_y\, l_1$$

und entsprechend für die Scheibe II

$$\sum X = 0 = B_x + R_2 \cos \alpha_2 - G_x$$
$$\sum Y = 0 = B_y - R_2 \sin \alpha_2 - G_y$$
$$\sum M_b = 0 = R_2 \cos \alpha_2\, b_2 + R_2 \sin \alpha_2\, a_2 - G_x\, f' + G_y\, l_2.$$

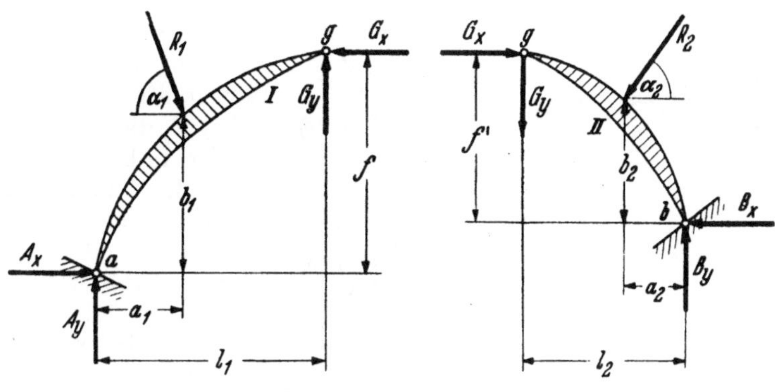

Abb. 110a

Aus diesen **sechs** Gleichungen können die **vier** unbekannten Lagerreaktionen und die **zwei** unbekannten Gelenkdruckkomponenten leicht berechnet werden.

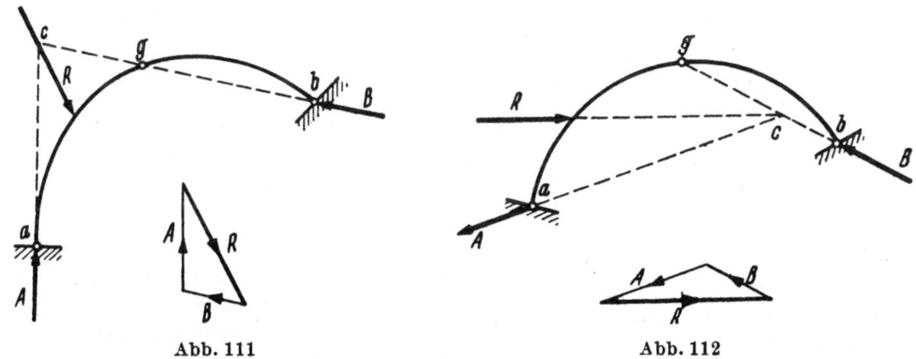

Abb. 111 Abb. 112

Kommt es nur auf die Berechnung der Lagerkräfte an, so kann man auch die Gleichgewichtsbedingungen für den **ganzen** Träger (Abb. 110) benutzen, nämlich

$$\sum X = 0 = A_x + R_1 \cos \alpha_1 - R_2 \cos \alpha_2 - B_x$$
$$\sum Y = 0 = A_y - R_1 \sin \alpha_1 - R_2 \sin \alpha_2 + B_y$$
$$\sum M_b = 0 = A_y\, l - A_x\, h + R_1 \cos \alpha_1\, (b_1 - h) - R_1 \sin \alpha_1\, (l - a_1)$$
$$- R_2 \cos \alpha_2\, b_2 - R_2 \sin \alpha_2\, a_2$$

und fügt als vierte Gleichung die „Gelenkbedingung" ($M_g = 0$ für die linke oder die rechte Scheibe) hinzu:

$$A_y\, l_1 - A_x\, f - R_1 \cos \alpha_1\, (f - b_1) - R_1 \sin \alpha_1\, (l_1 - a_1) = 0.$$

Diese vier Gleichungen liefern dann die vier Lagerreaktionen.

Wird der Bogen nur durch eine Einzelkraft R belastet (Abb. 111 und 112), so kann man die Reaktionen auf graphischem Wege leicht wie folgt bestimmen: die Lagerkraft B der unbelasteten Scheibe fällt in die Richtung der Geraden b—g, da sie in bezug auf das Gelenk g das Moment Null liefern muß (Gelenkbedingung). Bringt man also die Gerade b—g mit der Richtung von R in c zum Schnitt, so ist auch die Richtung a—c der Stützkraft A bekannt, da sich im Gleichgewichtsfalle die drei Kräfte A, B und R in einem Punkte schneiden müssen (vgl. S. 75). Die Zerlegung von R nach den Richtungen a—c und b—c liefert dann die gesuchten Lagerkräfte A und B nach Größe und Sinn.

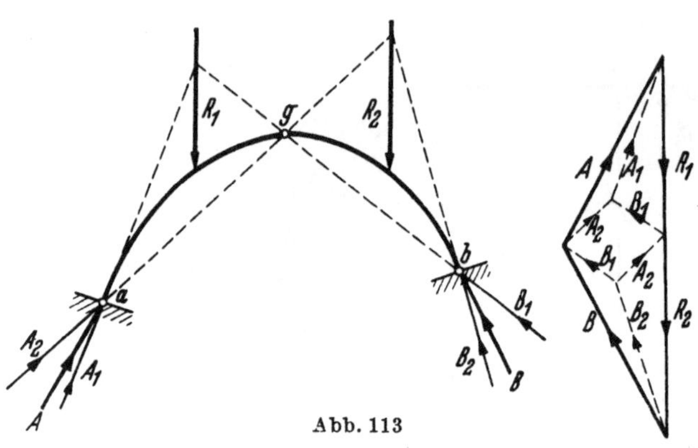

Abb. 113

Die hier beschriebene Konstruktion führt auch dann zum Ziele, wenn beide Scheiben des Bogens durch Einzelkräfte belastet sind, wobei R_1 die Resultante der an der linken Scheibe angreifenden Kräftegruppe bezeichnen möge und R_2 die Resultante der rechten Gruppe (Abb. 113). Denkt man sich zunächst die rechte Scheibe unbelastet, so können die sich aus der Belastung R_1 ergebenden Teilreaktionen A_1 und B_1 in der oben angegebenen Weise bestimmt werden. Darauf nimmt man die linke Scheibe als unbelastet an und bestimmt die Teilreaktionen A_2 und B_2 infolge der Belastung R_2. Schließlich überlagert man beide Zustände und erhält aus A_1 und A_2 die wirkliche Reaktion A, entsprechend aus B_1 und B_2 die Reaktion B.

Besonders einfach gestaltet sich die Berechnung, wenn die Auflager auf einer Horizontalen liegen und die Belastung aus lotrechten Kräften besteht (Abb. 114). Dann müssen die Horizontalreaktionen H gleich groß sein ($\sum X = 0$), und die Vertikalreaktionen ergeben sich in

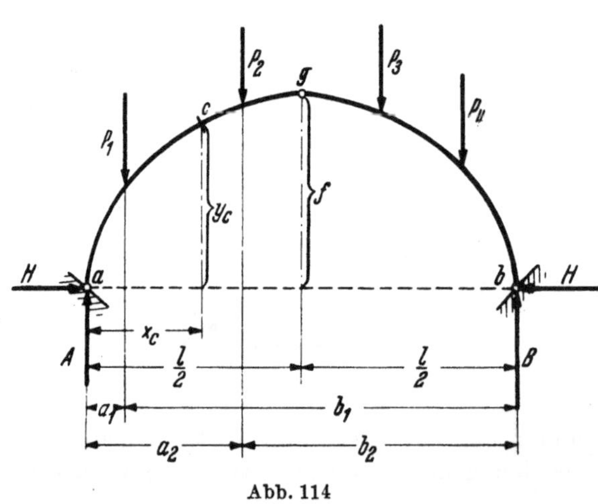

Abb. 114

gleicher Weise wie beim Träger auf zwei Stützen aus den Momentengleichgewichtsbedingungen in bezug auf die Lagerpunkte b bzw. a zu

$$A = \frac{1}{l} \sum P\, b; \qquad B = \frac{1}{l} \sum P\, a \,.$$

Aus der Gelenkbedingung $M_g = 0$ folgt schließlich mit den Bezeichnungen der Abb. 114

$$A\,\frac{l}{2} - H f - P_1\left(\frac{l}{2} - a_1\right) - P_2\left(\frac{l}{2} - a_2\right) = 0$$

oder

$$H = \frac{1}{f}\left\{ A\frac{l}{2} - P_1\left(\frac{l}{2} - a_1\right) - P_2\left(\frac{l}{2} - a_2\right) \right\}.$$

Für einen beliebigen Punkt c der Bogenachse wird das Biegungsmoment

$$M_c = A\,x_c - H\,y_c - P_1\,(x_c - a_1)\,.$$

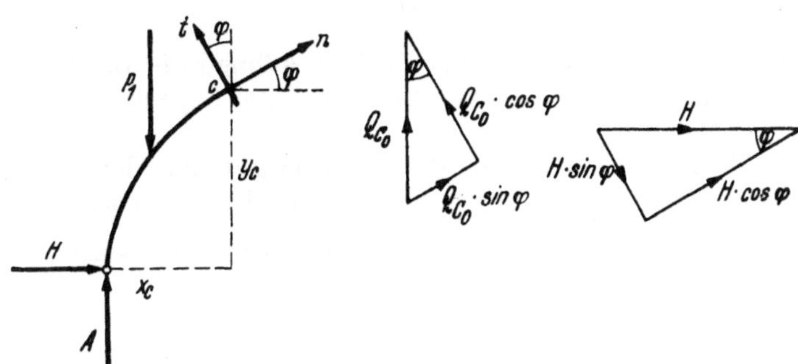

Abb. 114a

Um über die Größe der im Querschnitt c wirkenden Normal- und Querkraft, N_c bzw. Q_c, Aufschluß zu bekommen, denke man sich an dieser Stelle einen zur Bogenachse senkrechten Schnitt gelegt und zerlege die am abgeschnittenen Bogenteil angreifenden äußeren Kräfte nach der Richtung n der Stabachse und der dazu lotrechten Richtung t (Abb. 114a). Man erhält dann, wenn Q_{co} die Resultante der lotrechten Kräfte und φ den Neigungswinkel der Bogenachse gegen die Horizontale bezeichnet,

$$N_c = -\,(Q_{co}\sin\varphi + H\cos\varphi)$$

$$Q_c = Q_{co}\cos\varphi - H\sin\varphi\,.$$

Als Dreigelenkbogen mit aufgehobenem Horizontalschub bezeichnet man einen Dreigelenkbogen, bei dem ein Auflager verschieblich ausgeführt und statt dessen die jetzt fehlende vierte Fesselung durch eine die beiden Bogenhälften verbindende Zugstange ersetzt wird (Abb. 115). Die drei Lagerkräfte A_x, A_y und B können unmittelbar aus den drei Gleichgewichtsbedingungen für den ganzen Bogenträger berechnet werden. Die Gelenkstange c—d hat, solange an ihr selbst

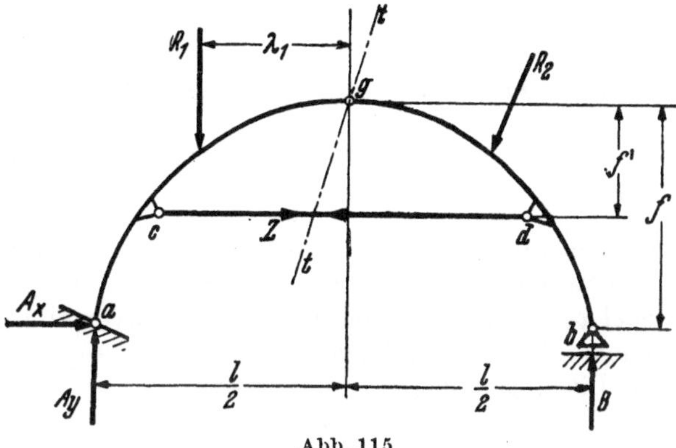

Abb. 115

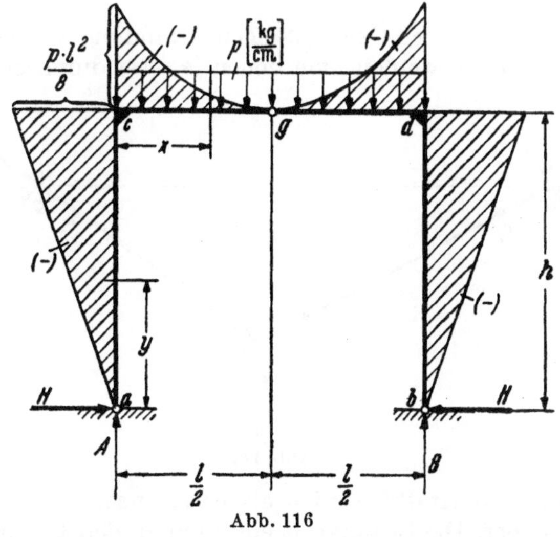

Abb. 116

keine Lasten angreifen, nur eine Längskraft (dagegen kein Moment und keine Querkraft) zu übertragen. Legt man also einen Schnitt t—t durch das Gelenk g

und die Stange c—d, so kann die in letzterer auftretende Zugkraft Z aus der Gelenkbedingung $M_g = 0$ sofort berechnet werden. Diese liefert

$$A_y \frac{l}{2} - A_x f - Z f' - R_1 \lambda_1 = 0,$$

womit Z bestimmt ist. Kennt man aber Z, dann können die Biegungsmomente, Quer- und Normalkräfte für alle Querschnitte des Bogens in der oben angegebenen Weise berechnet werden.

Abb. 116 stellt einen sogenannten Rahmenträger dar, der als Dreigelenkträger ausgebildet ist und eine über den horizontalen Querriegel gleichmäßig verteilte Belastung p [kg/cm] trägt. Wie man leicht feststellt, wird $A = B = \frac{pl}{2}$, und aus der Gelenkbedingung $M_g = 0$ folgt

$$A \frac{l}{2} - H h - \frac{pl}{2} \cdot \frac{l}{4} = 0$$

oder

$$H = \frac{pl^2}{8h}.$$

Für einen Querschnitt an der Stelle y ist das Biegungsmoment

$$M_y = - H y \qquad \text{(von } y = 0 \text{ bis } y = h\text{)},$$

für einen Querschnitt an der Stelle x dagegen

$$M_x = A x - H h - \frac{p x^2}{2} = \frac{pl}{2} x - \frac{p x^2}{2} - \frac{pl^2}{8}.$$
$$\text{(von } x = 0 \text{ bis } x = l\text{)}$$

Die Momentenlinie verläuft also längs des senkrechten Pfostens a—c (und aus Symmetriegründen auch längs b—d) geradlinig, während sich im horizontalen Riegel c—d eine parabolische Momentenverteilung ergibt. In Abb. 116 ist die Momentenfläche eingetragen und durch schräge Schraffur hervorgehoben. Sämtliche Biegungsmomente sind negativ.

6. Gleichgewicht einer Verbindung von Gelenkstangen.

Unter einer Gelenkstangenverbindung soll ein ebenes System starrer Stäbe verstanden werden, von denen je zwei durch ein reibungsfrei drehbares Gelenk

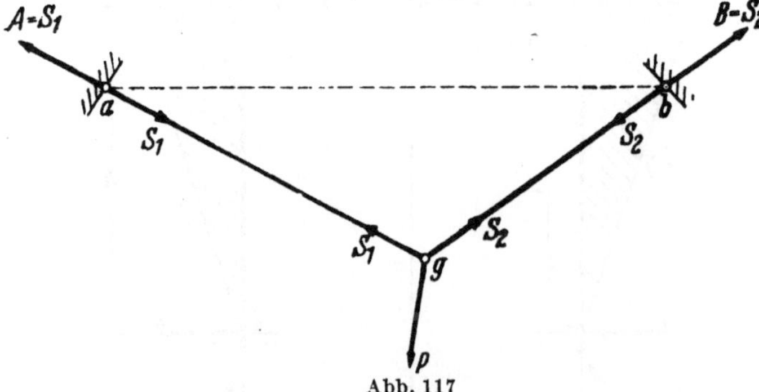

Abb. 117

miteinander in Verbindung stehen, während die beiden äußersten Stäbe in festen Stützgelenken gelagert sind. Sämtliche äußeren Kräfte (auch die Stabgewichte) sollen nur in den Gelenkpunkten angreifen, so daß alle Stäbe nur axialen Zug oder Druck erleiden können (vgl. S. 73). Die dabei in den Stangen auftretenden (inneren) Kräfte werden als Stabspannkräfte oder kurz Spannkräfte bezeichnet. Die Spannkraft einer nur in den Gelenken belasteten Stange fällt also in die Verbindungsgerade der beiden Gelenke, d. h. in die Stangenrichtung. Eine Verbindung von zwei Gelenkstangen nach Abb. 117 stellt eine bestimmte

Figur dar, nämlich ein durch drei Seiten gegebenes Dreieck $a—g—b$, da die beiden Lagerpunkte a und b die Seite $a—b$ festlegen.

Eine Verbindung von mehr als zwei Stangen (Abb. 118) bildet dagegen eine veränderliche Figur, denn ein Vieleck von mehr als drei Seiten ist nicht mehr durch die Seitenlängen allein bestimmt ($a + z < 3\,p$, vgl. S. 90). Sind die Stangenlängen, die Lasten und die Auflagerpunkte 0 und 5 gegeben, so gibt es nur eine sichere Gleichgewichtslage, die sich allmählich von selbst einstellt, wenn man die Stangenverbindung belastet. Diese Ruhelage muß zunächst ermittelt werden, bevor man die Lagerreaktionen und Stabspannkräfte bestimmen kann. Für die Folge sollen dabei nur lotrechte Lasten angenommen werden.

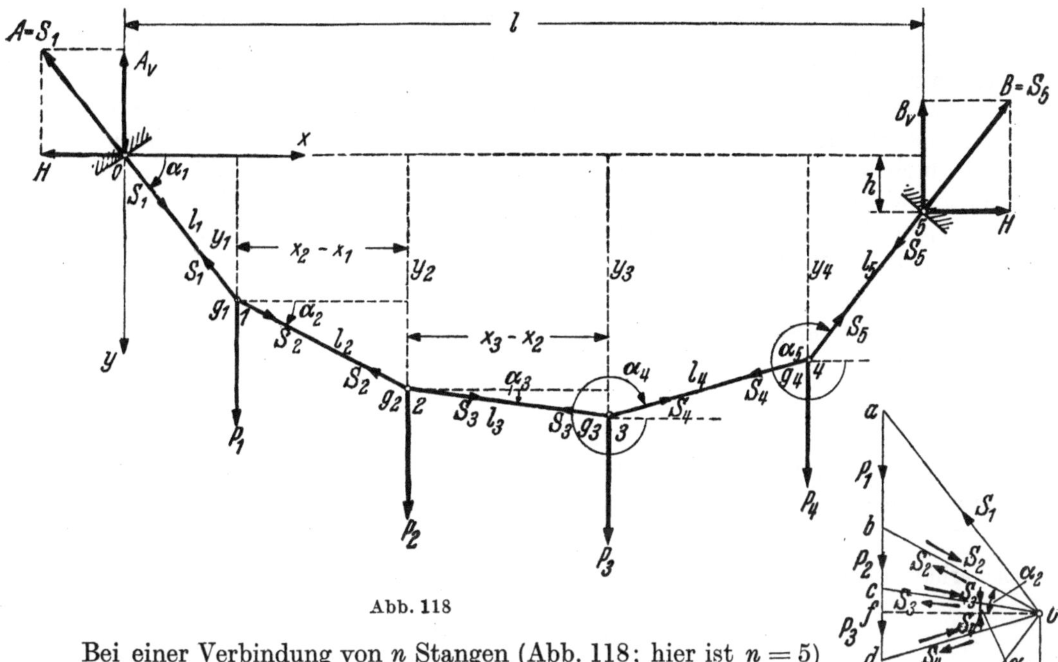

Abb. 118

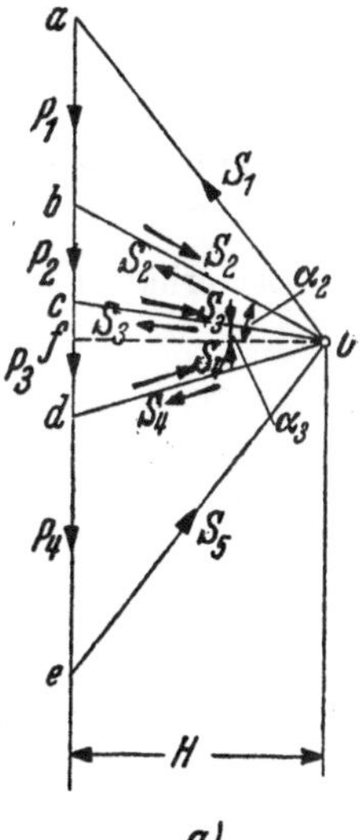

Bei einer Verbindung von n Stangen (Abb. 118; hier ist $n = 5$) sind deren Neigungswinkel $\alpha_1, \alpha_2, \ldots \alpha_n$ in der Gleichgewichtslage zunächst unbekannt. An dem Gelenkbolzen g_1 hängt die Last P_1; die anschließenden Stäbe üben auf g_1 die Kräfte S_1 und S_2 aus. Diese drei Kräfte müssen sich am Gelenk g_1 Gleichgewicht halten, also ein geschlossenes Krafteck von stetigem Umfahrungssinn bilden. Gleiches gilt am Gelenk g_2 für die Kräfte P_2, S_2, S_3, und entsprechend für jedes weitere Gelenk. Reiht man also, wie in Abb. 118a geschehen, alle Kraftecke so aneinander, daß S_2 sowohl dem Krafteck für g_1 als auch dem für g_2 angehört usw., so entsteht die Figur $O—a—b—c—d—e—O$, in welcher die Strecke $a—e$ die Summe der Lasten darstellt. Nun kann O als Pol, und die Stabkräfte $S_1, S_2, \ldots S_n$ können als die zu den Lasten gehörigen Polstrahlen aufgefaßt werden. Bedenkt man weiter, daß S_1 parallel dem Stabe 0—1 der Stangenverbindung sein muß, ebenso S_2 parallel dem Stabe 1—2 u. s. f., so erkennt man, daß die Stangenverbindung 0—1—2—3—4—5 ein zu den Lasten gehöriges Seileck ist. Die Polstrahlen des Kraftecks geben Größe und Richtung der Stabspannkräfte an.

Zur Bestimmung der gesuchten Gleichgewichtslage trage man also zunächst das Krafteck $a—b—c—de$ auf und suche nun denjenigen Pol O, für den sich

Abb. 118a

das Seilpolygon mit vorgeschriebenen Seil-, d. h. Stablängen $l_1, l_2, \ldots l_n$ durch die gegebenen Auflagerpunkte 0 und 5 zeichnen läßt. Diese Aufgabe kann nur durch Näherung gelöst werden[1].

Die vorstehenden Überlegungen gelten auch dann noch, wenn die Lasten P nicht lotrecht, sondern beliebig gerichtet sind. Besteht die Belastung aber — wie hier angenommen wurde — aus lauter lotrechten Kräften, dann ist die Horizontalkomponente aller Stabkräfte gleich der Polweite H (s. Abb. 118a) und somit gleich dem Horizontalzug der Stangenverbindung.

Wesentlich einfacher wird die Aufgabe, wenn statt der gegenseitigen Lage der Auflagerpunkte zwei andere Bestimmungsstücke, etwa die Neigungswinkel zweier Stäbe vorgeschrieben sind. In diesem Falle ist nämlich der Pol O als Schnittpunkt der beiden entsprechenden Polstrahlen sofort festgelegt, so daß jetzt auch alle übrigen Polstrahlen, und damit die Neigungswinkel aller Stäbe, bestimmt sind.

Die hier angestellten Betrachtungen gelten grundsätzlich auch für eine Stangenverbindung, welche oberhalb der Auflagergelenke 0 und 5 liegen würde und durch lotrecht nach abwärts gerichtete Kräfte belastet wäre. Ein solches Gelenkstabpolygon aus mehr als zwei Stangen ist jedoch im unsicheren (labilen) Gleichgewicht. Es kann nur künstlich gehalten werden und gerät bei der geringsten Störung in beschleunigte Abwärtsbewegung.

Analytische Lösung.

Aus dem Krafteck (Abb. 118a) liest man folgende Beziehungen ab:

$$\operatorname{tg} \alpha_2 = \frac{\overline{bf}}{H}; \quad \operatorname{tg} \alpha_3 = \frac{\overline{cf}}{H},$$

woraus folgt

$$P_2 = \overline{bf} - \overline{cf} = H\,(\operatorname{tg} \alpha_2 - \operatorname{tg} \alpha_3). \tag{102}$$

Eine entsprechende Gleichung läßt sich für jede der $n-1$ Lasten anschreiben. Setzt man zur Abkürzung

$$\operatorname{tg} \alpha_i = a_i \qquad (i = 1, 2 \ldots n), \tag{102a}$$

so erhält man folgende $n-1$ Gleichungen

$$\left.\begin{aligned} \frac{P_1}{H} &= a_1 - a_2 \\ \frac{P_2}{H} &= a_2 - a_3 \\ &\cdots\cdots \\ &\cdots\cdots \\ \frac{P_{n-1}}{H} &= a_{n-1} - a_n \end{aligned}\right\} \tag{103}$$

Durch schrittweise Elimination folgt   oder mit der Abkürzung

daraus

$$a_2 = a_1 - \frac{P_1}{H}$$

$$a_3 = a_1 - \frac{P_1 + P_2}{H}$$

$$\cdots\cdots\cdots$$

$$a_n = a_1 - \frac{\sum\limits_{i=1}^{i=n-1} P_i}{H}$$

$$K_i = \sum_{r=1}^{r=i} P_r \tag{104}$$

$$\left.\begin{aligned} a_2 &= a_1 - \frac{K_1}{H} \\ a_3 &= a_1 - \frac{K_2}{H} \\ &\cdots\cdots\cdots \\ &\cdots\cdots\cdots \\ a_n &= a_1 - \frac{K_{n-1}}{H} \end{aligned}\right\}. \tag{105}$$

---

[1] Vgl. hierzu A. Jatho, Untersuchungen zur Statik des Stabpolygons, insbesondere die Gestaltbestimmung betreffend, Zeitschr. f. Math. u. Physik, 56. Bd. 1908, S. 138.

Damit lassen sich alle Neigungswinkel α_i durch α_1 und die Polweite H ausdrücken, da alle K_i bekannt sind. Zur Berechnung von α_1 und H sind also noch zwei weitere Gleichungen erforderlich. Diese stehen in den beiden Auflagerbedingungen

$$l_1 \cos \alpha_1 + l_2 \cos \alpha_2 + \cdots + l_n \cos \alpha_n = l \tag{106}$$

und

$$l_1 \sin \alpha_1 + l_2 \sin \alpha_2 + \cdots + l_n \sin \alpha_n = h \tag{107}$$

zur Verfügung, in denen l den horizontalen und h den vertikalen Abstand der beiden Auflagergelenke bezeichnen.

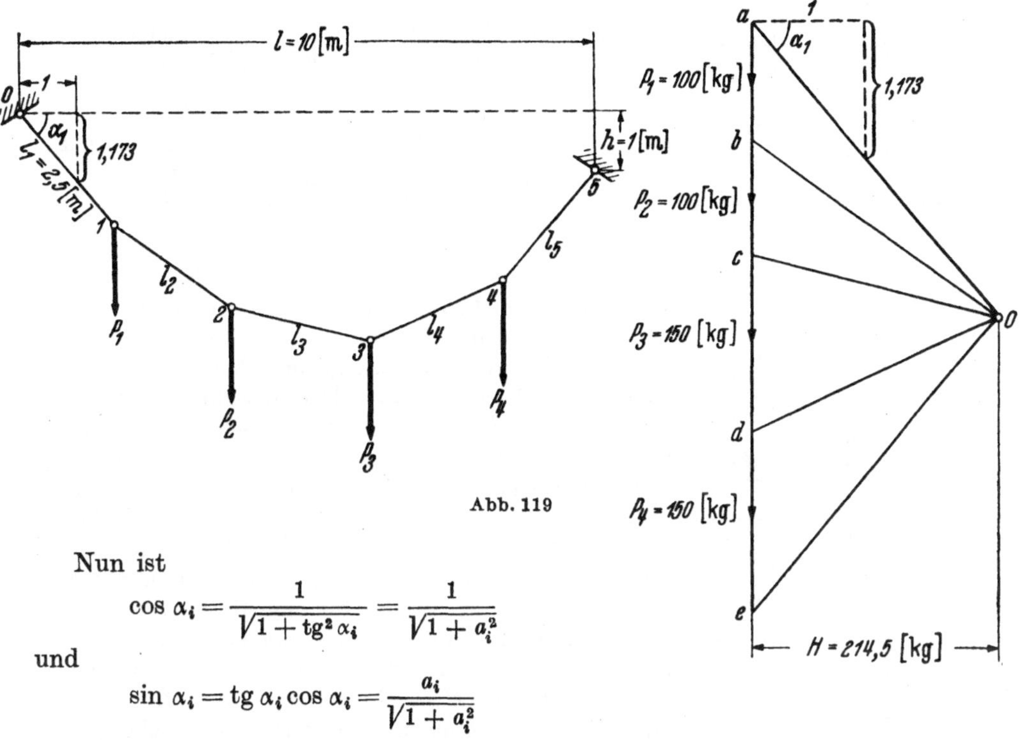

Abb. 119

Nun ist

$$\cos \alpha_i = \frac{1}{\sqrt{1+\operatorname{tg}^2 \alpha_i}} = \frac{1}{\sqrt{1+a_i^2}}$$

und

$$\sin \alpha_i = \operatorname{tg} \alpha_i \cos \alpha_i = \frac{a_i}{\sqrt{1+a_i^2}}$$

womit (106) und (107) übergehen in

$$\frac{l_1}{\sqrt{1+a_1^2}} + \frac{l_2}{\sqrt{1+a_2^2}} + \cdots + \frac{l_n}{\sqrt{1+a_n^2}} = l \tag{108}$$

und

$$\frac{a_1 l_1}{\sqrt{1+a_1^2}} + \frac{a_2 l_2}{\sqrt{1+a_2^2}} + \cdots + \frac{a_n l_n}{\sqrt{1+a_n^2}} = h. \tag{109}$$

Setzt man hier noch a_i (für $i=2$ bis $i=n$) aus (105) ein, so erhält man zwei Gleichungen mit den beiden Unbekannten a_1 und H. Die Auflösung dieser Gleichungen möge an einem Beispiel für $n=5$ dargelegt werden (Abb. 119).

Gegeben sei $l_1 = l_2 = l_3 = l_4 = l_5 = \dfrac{l}{4} = 2{,}5$ [m]; $h = \dfrac{l}{10} = 1$ [m].

$P_1 = P_2 = 100$ [kg]; $P_3 = P_4 = 150$ [kg].

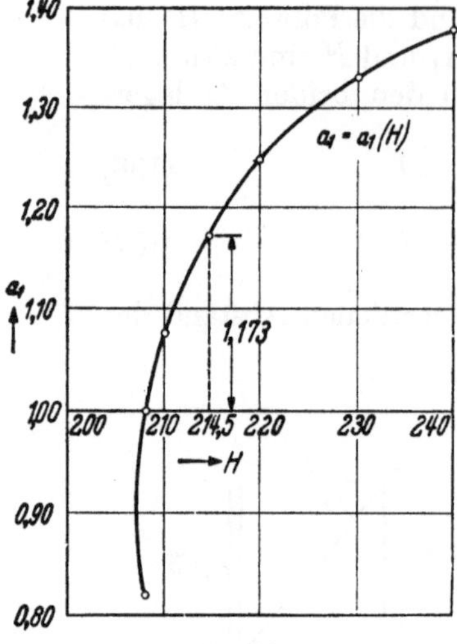

Abb. 120

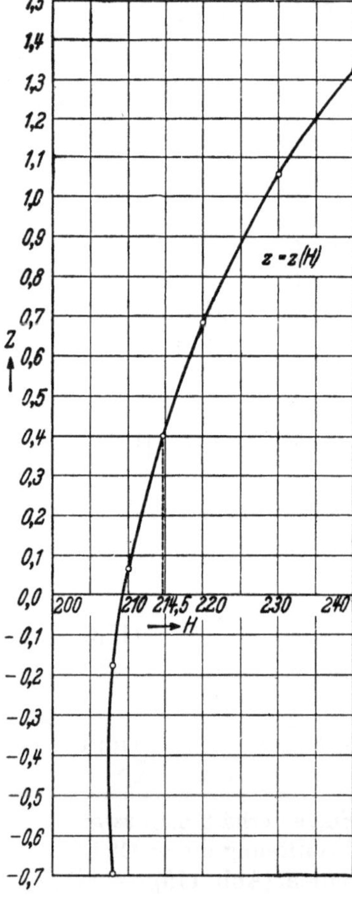

Abb. 121

Mit diesen Werten lauten die Gl. (108) und (109), wenn man die Ausdrücke (104) und (105) einsetzt:

$$\frac{1}{\sqrt{1+a_1^2}} + \frac{1}{\sqrt{1+\left(a_1-\frac{100}{H}\right)^2}} + \frac{1}{\sqrt{1+\left(a_1-\frac{200}{H}\right)^2}} +$$

$$+ \frac{1}{\sqrt{1+\left(a_1-\frac{350}{H}\right)^2}} + \frac{1}{\sqrt{1+\left(a_1-\frac{500}{H}\right)^2}} = 4$$

und

$$\tag{108a}$$

$$\frac{a_1}{\sqrt{1+a_1^2}} + \frac{a_1-\frac{100}{H}}{\sqrt{1+\left(a_1-\frac{100}{H}\right)^2}} + \frac{a_1-\frac{200}{H}}{\sqrt{1+\left(a_1-\frac{200}{H}\right)^2}} +$$

$$+ \frac{a_1-\frac{350}{H}}{\sqrt{1+\left(a_1-\frac{350}{H}\right)^2}} + \frac{a_1-\frac{500}{H}}{\sqrt{1+\left(a_1-\frac{500}{H}\right)^2}} = 0,4$$

$$\tag{109a}$$

Dabei ist H in [kg] auszudrücken.

Um die beiden Unbekannten a_1 und H zu finden, wähle man für H zunächst einen geeigneten Wert H_1 [kg], setze ihn in Gl. (108a) ein und bestimme aus dieser Gleichung etwa auf graphischem Wege[1] den zugehörigen Wert $a_1 = a_{11}$. Darauf wähle man einen neuen Wert $H = H_2$ [kg] und bestimme das zugehörige $a_1 = a_{12}$ u. s. f., so daß man bei mehrmaliger Wiederholung dieses Verfahrens die Kurve $a_1 = a_1(H)$ erhält (Abb. 120). Nun benutze man Gl. (109a), in der jetzt a_1 als Funktion von H bekannt ist. Setzt man die linke Seite dieser Gleichung gleich z, trägt die Kurve $z = z(H)$ für eine Reihe von Werten H auf und bringt diese mit der Geraden $z = 0,4$ zum Schnitt, so liefert der Schnittpunkt die gesuchte Polweite $H = 214,5$ [kg] (Abb. 121). Aus Abb. 120 entnimmt man darauf den zugehörigen Wert $a_1 = \text{tg } \alpha_1 = 1,173$. Jetzt trägt man die Lasten P_1 bis P_4 zum Krafteck a—b—c—d—e auf (Abb. 119), zieht durch den Anfangspunkt a von P_1 den ersten Polstrahl, der unter dem Winkel α_1 gegen die Horizontale geneigt ist und bestimmt auf diesem den Pol O im Abstand H von dem Streckenzug a—e. Mit O liegen dann auch die übrigen Polstrahlen fest. Nachdem diese bekannt sind, kann die Gleichgewichtslage der Stangenverbindung aufgetragen werden, da die Stangenlängen gegeben und die Stangenrichtungen den Polstrahlen parallel sind. Als Rechenbzw. Zeichenkontrolle muß sich ergeben, daß der Endpunkt der letzten Stange mit dem Auflagerpunkt 5 zusammenfällt.

---

[1] Vgl. Hütte I, 27. Auflage, S. 78.

7. Kette und Seil.

Wird die Stangenzahl der in Ziffer 6 besprochenen Gelenkstangenverbindung immer größer und die Stangenlänge immer kleiner, so nähert sich die vieleckige Gleichgewichtsfigur mehr und mehr einer stetig gekrümmten Kurve. Immer aber bleiben dieselben Gesetze gültig, insbesondere fällt die Richtung einer Stabspannkraft stets mit der Stangenrichtung zusammen. Im Grenzfalle kommt man schließlich bei unendlich kleinen Stangen zu einer an jeder Stelle völlig biegsamen Kette oder einem biegsamen Seil mit kontinuierlicher Belastung. Die Spannkraft ist dann an jeder Stelle tangential zum Seil gerichtet. Die Belastung der einzelnen Seilelemente kann überall gleich oder veränderlich sein. Danach wird die Gleichgewichtsform des Seiles oder der Kette verschieden ausfallen. Für die Folge werden nur lotrechte Lasten vorausgesetzt.

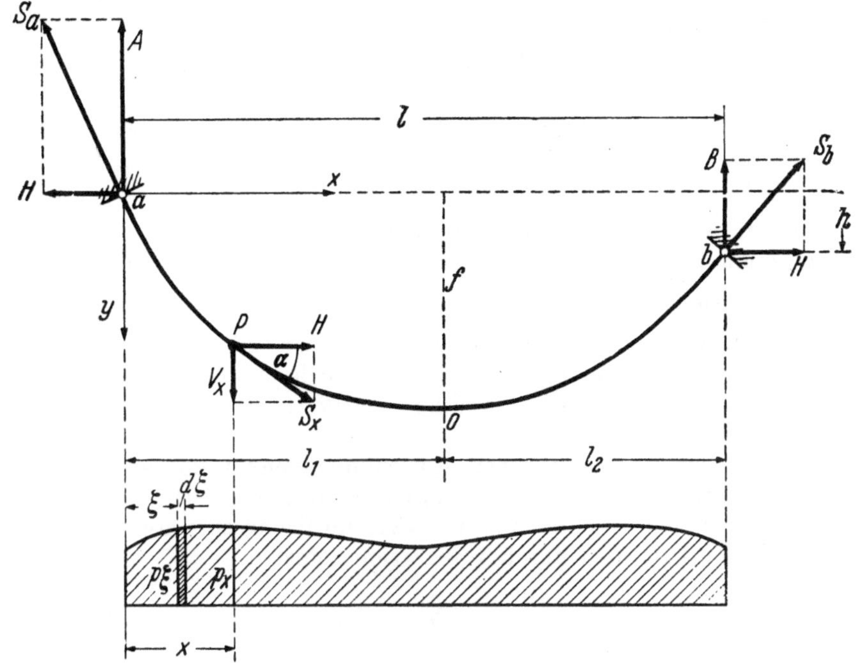

Abb. 122

In Abb. 122 bezeichne p_x [kg/cm] die auf die Längeneinheit der Horizontalprojektion bezogene „Belastungsintensität" (S. 83) an der Stelle x. Diese Belastung soll unmittelbar und stetig auf die einzelnen Seilelemente wirken (z. B. Eigengewicht, Schneelast usw.). Denkt man sich an der Stelle x einen Schnitt durch das Seil gelegt, so ist die Horizontalkomponente der dort vorhandenen Spannkraft S_x gleich dem „Horizontalzug" H des Seiles, während sich für die Vertikalkomponente V_x aus dem Gleichgewicht der vertikalen Kräfte am abgeschnittenen Seilstück ergibt

$$V_x = A - \int_{\xi=0}^{\xi=x} p_\xi \, d\xi. \tag{110}$$

Nun ist

$$\operatorname{tg} \alpha = \frac{dy}{dx} = \frac{V_x}{H},$$

woraus durch Differentiation folgt

$$\frac{d^2y}{dx^2} = \frac{1}{H} \frac{dV_x}{dx}. \tag{111}$$

Geht man vom Querschnitt x um dx weiter, so ändert sich H nicht, wohl aber V_x, und zwar um den Betrag $-p_x dx$, wie man sofort aus (110) erkennt. Demnach wird

$$\frac{dV_x}{dx} = -p_x,$$

womit Gl. (111) übergeht in

$$\frac{d^2 y}{dx^2} = -\frac{p_x}{H} \tag{112}$$

als Differentialgleichung der Seilkurve (vgl. auch S. 87).

Man kann diese Gleichung auch unmittelbar aus den früheren Betrachtungen über die Gelenkstangenverbindung ableiten. Aus Abb. 118 folgt nämlich

$$\operatorname{tg} \alpha_2 = \frac{y_2 - y_1}{x_2 - x_1}; \qquad \operatorname{tg} \alpha_3 = \frac{y_3 - y_2}{x_3 - x_2},$$

womit Gl. (102) lautet

$$\frac{P_2}{H} = \frac{y_2 - y_1}{x_2 - x_1} - \frac{y_3 - y_2}{x_3 - x_2}.$$

Macht man jetzt $x_2 - x_1 = x_3 - x_2 = \Delta x$ und dividiert durch Δx, so wird

$$\frac{y_3 - 2y_2 + y_1}{(\Delta x)^2} = -\frac{P_2}{H \Delta x}. \tag{113}$$

Die linke Seite der vorstehenden Gleichung stellt den „Differenzenquotienten zweiter Ordnung" dar. Verkleinert man Δx immer mehr und geht schließlich zur Grenze $\Delta x \to dx$ und $\frac{P_2}{\Delta x} \to p_x$ über, so geht die Gelenkstangenverbindung in ein Seil und Gl. (113) in die Differentialgleichung der Seilkurve (112) über. Aus dieser kann y durch zweimalige Integration berechnet und damit die Gleichgewichtsform des Seiles festgelegt werden, sobald p_x als Funktion von x gegeben ist.

In vielen Fällen der praktischen Anwendung genügt die Annahme einer **gleichförmig über die Horizontalprojektion verteilten Belastung** $p_x = p = \text{const.}$, besonders dann, wenn es sich um flachgespannte Seile handelt. In diesem Falle erhält man durch Integration sofort

$$\frac{dy}{dx} = -\frac{p}{H} x + C_1 \tag{114}$$

und

$$y = -\frac{p}{H} \frac{x^2}{2} + C_1 x + C_2. \tag{115}$$

Für $x = 0$ ist $y = 0$, woraus $C_2 = 0$ folgt, während sich C_1 aus der Bedingung $y = h$ für $x = l$ zu $C_1 = \frac{pl}{2H} + \frac{h}{l}$ ergibt. Damit lautet Gl. (115)

$$y = \frac{px}{2H}(l - x) + \frac{h}{l} x. \tag{116}$$

Ist also der Horizontalzug H des Seiles vorgeschrieben, so ist durch (116) dessen Gleichgewichtsfigur bestimmt.

Mitunter ist nicht H, sondern der größte Durchhang f des Seiles gegeben (Abb. 122). Dann folgt aus (116) mit $y = f$ für $x = l_1$ und $l_2 = l - l_1$

$$f = \frac{p l_1 l_2}{2H} + \frac{h l_1}{l} \tag{117}$$

oder

$$H = \frac{p l_1 l_2}{2\left(f - \frac{h}{l} l_1\right)}. \tag{117a}$$

Um l_1 zu bestimmen, beachte man, daß $\dfrac{dy}{dx} = 0$ für $x = l_1$ sein muß, womit nach (114)

$$C_1 = \frac{p\,l_1}{H}$$

wird. Da andererseits bereits $C_1 = \dfrac{p\,l}{2H} + \dfrac{h}{l}$ gefunden war, erhält man

$$\frac{p}{H} = \frac{h}{l\left(l_1 - \dfrac{l}{2}\right)}\,.$$

Damit geht (117) wegen $l_2 = l - l_1$ nach einfacher Umformung über in die quadratische Gleichung

$$l_1^2 - \frac{2fl}{h}\,l_1 + \frac{fl^2}{h} = 0\,.$$

Ihre Auflösung nach l_1 liefert

$$l_1 = \frac{fl}{h} \overset{(+)}{-} \sqrt{\left(\frac{fl}{h}\right)^2 - \frac{fl^2}{h}}\,.$$

Hier kommt nur das negative Zeichen in Frage, weshalb

$$l_1 = \frac{fl}{h}\left(1 - \sqrt{1 - \frac{h}{f}}\right)\,. \tag{118}$$

Damit kann H nach (117a) berechnet werden.

Im tiefsten Punkt O des Seiles ($x = l_1$; $y = f$) ist $S_{(x=l_1)} = H$ und $V_{(x=l_1)} = 0$. Aus dem Gleichgewicht der vertikalen Kräfte am linken Seilast $a\!-\!O$ folgt somit als vertikale Lagerkraft

$$A = pl_1,$$

und entsprechend wird

$$B = p\,l_2\,.$$

Die Spannkraft S_x des Seiles an der Stelle P ist

$$S_x = \sqrt{H^2 + V_x^2}\,,$$

wo

$$V_x = H\,\mathrm{tg}\,\alpha = H\frac{dy}{dx}\,.$$

Die größten Spannkräfte treten also an den Lagerpunkten auf, da für diese die Steigung $\dfrac{dy}{dx}$ am größten ist. Man erhält dafür

$$S_a = \sqrt{A^2 + H^2}$$

bzw.

$$S_b = \sqrt{B^2 + H^2}\,.$$

Liegen die beiden Auflagerpunkte a und b gleich hoch, so liefert G. (118) mit $h = 0$ den unbestimmten Wert $\dfrac{0}{0}$. Durch Bildung des Grenzwertes ergibt sich

$$l_1 = f\,l \lim_{h \to 0} \frac{1 - \sqrt{1 - \dfrac{h}{f}}}{h} = f\,l \lim_{h \to 0} \frac{1}{2f} \frac{\left(1 - \dfrac{h}{f}\right)^{-1/2}}{1} = \frac{l}{2}\,,$$

wie man aus Symmetriegründen auch direkt hätte folgern können. Damit wird nach (117a)

$$H = \frac{p\,l^2}{8f} \tag{119}$$

und nach (116)

$$y = \frac{4f}{l^2}\,x\,(l - x)\,. \tag{120}$$

Dies ist die Gleichung einer Parabel, bezogen auf den Auflagerpunkt a als Koordinatenursprung.

Von Interesse ist noch der Fall, daß das gleichförmig über seine Horizontalprojektion mit p [kg/cm] belastete Seil außerdem noch eine Einzellast P trägt (Abb. 123). In Gl. (115) verschwindet wieder die Integrationskonstante C_2, da $y = 0$ für $x = 0$. Zur Bestimmung von C_1 beachte man, daß für $x = 0$ die

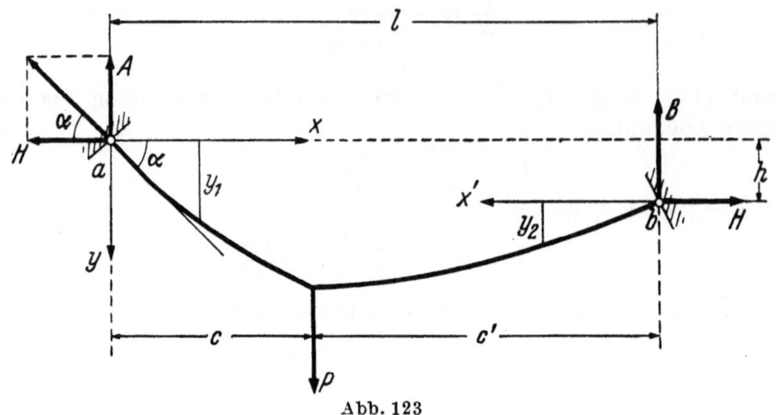

Abb. 123

Steigung $\dfrac{dy}{dx} = \dfrac{A}{H}$ sein muß, weshalb aus (114) folgt $C_1 = \dfrac{A}{H}$. Somit wird für $0 \leqq x \leqq c$ (linker Seilast) nach (115)

$$y = y_1 = -\frac{p}{H}\frac{x^2}{2} + \frac{A}{H}x. \tag{121}$$

Die Momentengleichgewichtsbedingung für das **ganze** Seil, bezogen auf das rechte Auflager b, lautet:

$$Al - Hh - p\frac{l^2}{2} - Pc' = 0,$$

weshalb

$$A = \frac{pl}{2} + P\frac{c'}{l} + H\frac{h}{l}.$$

Mit diesem Werte geht (121) über in

$$y_1 = \frac{1}{H}\left(\frac{pl}{2}x - \frac{px^2}{2} + \frac{Pc'}{l}x\right) + \frac{h}{l}x.$$

Eine entsprechende Gleichung kann für den rechten Ast angeschrieben werden, wenn man vom Lager b ausgeht, nämlich (Abb. 123)

$$y_2 = \frac{1}{H}\left(\frac{pl}{2}x' - \frac{px'^2}{2} + \frac{Pcx'}{l}\right) - \frac{h}{l}x'.$$

Bei gleich hohen Auflagern und in der Mitte angreifender Last P wird mit $h = 0$ und $c = c' = \dfrac{l}{2}$

$$y_1 = \frac{1}{H}\left(\frac{pl}{2}x - \frac{px^2}{2} + \frac{Px}{2}\right),$$

und der Durchhang in der Mitte ist mit $x = \dfrac{l}{2}$

$$f = \frac{1}{H}\left(\frac{pl^2}{8} + \frac{Pl}{4}\right).$$

Zur Berechnung der Seillänge L beachte man, daß für ein Bogenelement ds die Beziehung gilt

$$ds = \sqrt{dx^2 + dy^2} = dx\,\sqrt{1 + \left(\frac{dy}{dx}\right)^2}\,. \tag{122}$$

Durch Integration über die Länge l folgt daraus

$$L = \int\limits_{x=0}^{x=l} dx\,\sqrt{1 + \left(\frac{dy}{dx}\right)^2}\,. \tag{123}$$

Daraus kann L berechnet werden, wenn die Gleichgewichtsform etwa nach (116) bekannt ist.

Bei flachgekrümmten Seilkurven hat $\dfrac{dy}{dx}$ durchweg einen kleinen Wert, so daß man in solchen Fällen für L einen brauchbaren Näherungswert ableiten kann. Nach dem binomischen Lehrsatz wird

$$\left[1 + \left(\frac{dy}{dx}\right)^2\right]^{1/2} = 1 + \frac{1}{2}\left(\frac{dy}{dx}\right)^2 - \frac{1}{8}\left(\frac{dy}{dx}\right)^4 + \cdots$$

Ist nun $\dfrac{dy}{dx} \ll 1$, so können die Potenzen von $\left(\dfrac{dy}{dx}\right)^4$ an aufwärts als kleine Größen höherer Ordnung angesehen werden. Es genügt dann bereits die Beibehaltung der beiden ersten Glieder des vorstehenden Ausdrucks, also

$$\sqrt{1 + \left(\frac{dy}{dx}\right)^2} \approx 1 + \frac{1}{2}\left(\frac{dy}{dx}\right)^2\,. \tag{124}$$

Es seien wieder gleich hohe Auflager a und b angenommen. Dann folgt aus (120)

$$\frac{dy}{dx} = \frac{4f}{l^2}(l - 2x),$$

womit (123) unter Beachtung von (124) liefert

$$L = \int\limits_{x=0}^{x=l} dx\left\{1 + \frac{8f^2}{l^4}(l^2 - 4lx + 4x^2)\right\}$$

oder

$$L = l + \frac{8f^2}{3l}\,.$$

Die hier berechnete Seillänge L ergibt sich, wenn das Seil unter dem Einfluß eines dem Durchhang f entsprechenden Horizontalzuges H steht. Im ungespannten Zustand besitzt das in Wirklichkeit ja nicht undehnbare sondern elastische Seil eine etwas geringere Länge L_0, und zwar ist, wenn $\varDelta L_0$ die elastische Längenänderung infolge der Seilspannung S bezeichnet,

$$L = L_0 + \varDelta L_0.$$

Die Längenänderung $\varDelta L_0$, die übrigens auch durch Temperaturänderungen beeinflußt wird, kann nach den Regeln der Festigkeitslehre berechnet werden (vgl. dazu Bd. II), womit auch die Länge L_0 des ungespannten Seiles, das den gestellten Forderungen hinsichtlich des Durchhanges f bzw. der Größe von H entspricht, bestimmt ist.

Die gemeine Kettenlinie. Bisher war vorausgesetzt, daß die auf ein Seilelement ds entfallende stetige Belastung proportional seiner Horizontalprojektion dx sei. Eine solche Annahme kann auch noch mit hinreichender Genauigkeit gemacht werden, wenn der Einfluß des Eigengewichtes eines flachgespannten Seiles untersucht werden soll, z. B. eines Telegraphendrahtes, des Kabels eines Kabelkranes usw. Hängt dagegen ein gleichförmig schweres Seil oder eine Kette stärker durch, so hat man zu beachten, daß das Eigengewicht des Seiles, auf die Einheit der Seillänge bezogen, konstant ist, nicht aber in bezug auf die Einheit der Horizontalprojektion.

Abb. 124 möge die gesuchte Gleichgewichtsform darstellen. Ihr tiefster Punkt O sei als Ursprung des Koordinatensystems (X, Y) gewählt; die Seillänge von O bis zu einem beliebigen Punkte P sei mit s bezeichnet. Schneidet man das Stück OP aus dem Seil heraus, so folgt aus der Bedingung des vertikalen Gleichgewichts der an OP angreifenden Kräfte, wenn q das Gewicht pro Längeneinheit des Seiles angibt (Abb. 124a):

$$V = q s. \tag{125}$$

Außerdem ist

$$\operatorname{tg} \vartheta = \frac{dy}{dx} = \frac{V}{H}, \tag{126}$$

weshalb

$$\frac{dy}{dx} = \frac{q s}{H}.$$

Durch Differentiation von (125) erhält man

$$dV = q\, ds$$

oder mit Rücksicht auf (122)

$$dV = q\, dx \sqrt{1 + \left(\frac{dy}{dx}\right)^2} = q\, dx \sqrt{1 + (y')^2}.$$

Andererseits folgt durch Differentiation von (126)

$$\frac{dV}{dx} = H \frac{d^2 y}{dx^2} = H \frac{dy'}{dx},$$

so daß

$$H \frac{dy'}{dx} = q \sqrt{1 + (y')^2}$$

oder

$$\frac{dy'}{\sqrt{1 + (y')^2}} = \frac{q}{H}\, dx.$$

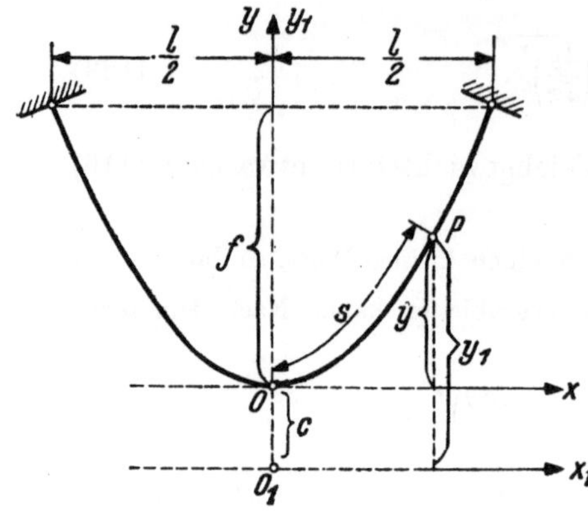

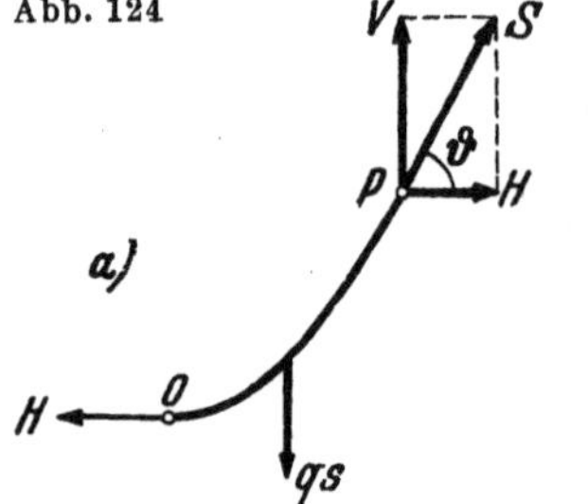

Abb. 124

Die beiderseitige Integration vorstehender Gleichung liefert

$$\ln\left(y' + \sqrt{1 + (y')^2}\right) = \frac{q}{H}\, x + C_1. \tag{127}$$

An der Stelle $x = 0$ ist $\frac{dy}{dx} = y' = 0$, weshalb $C_1 = 0$ wird. Setzt man noch zur Abkürzung

$$\frac{q}{H} = \frac{1}{c},$$

so lautet (127) einfacher

$$\ln\left(y' + \sqrt{1 + (y')^2}\right) = \frac{x}{c},$$

wofür man auch schreiben kann

$$y' + \sqrt{1 + (y')^2} = e^{\frac{x}{c}}.$$

Die Auflösung dieser Gleichung nach y' liefert

$$y' = \frac{1}{2}\left(e^{\frac{x}{c}} - e^{-\frac{x}{c}}\right) = \mathfrak{Sin}\frac{x}{c}. \tag{128}$$

Daraus folgt durch Integration

$$y = c\,\mathfrak{Cof}\frac{x}{c} + C_2.$$

Nun ist $y = 0$ für $x = 0$, weshalb $C_2 = -c$, so daß sich als Gleichung der gesuchten Gleichgewichtslage des Seiles ergibt

$$y = c \operatorname{\mathfrak{Cof}} \frac{x}{c} - c.$$

Verschiebt man schließlich noch die x-Achse um die Länge $c = \dfrac{H}{q}$ parallel nach unten in die Lage x_1 (Abb. 124), so geht obige Gleichung mit $y + c = y_1$ über in die Gleichung der gemeinen Kettenlinie

$$y_1 = c \operatorname{\mathfrak{Cof}} \frac{x_1}{c}. \tag{129}$$

Für die Spannkraft S an einer beliebigen Stelle P des Seiles erhält man

$$S = \sqrt{V^2 + H^2} = H \sqrt{\left(\frac{V}{H}\right)^2 + 1}$$

oder wegen (126) und (128)

$$S = H \sqrt{1 + (y')^2} = H \sqrt{1 + \operatorname{\mathfrak{Sin}}^2 \frac{x_1}{c}} = H \operatorname{\mathfrak{Cof}} \frac{x_1}{c}.$$

Unter Beachtung von (129) wird also

$$S = H \frac{y_1}{c} = y_1 \, q,$$

d. h. die Spannkraft S an der Stelle (x_1, y_1) ist gleich der Einheitsbelastung q multipliziert mit der zugehörigen Ordinate y_1.

Ist der größte Durchhang f des Seiles gegeben, so folgt aus (129) mit $y_1 = f + c$ für $x_1 = \dfrac{l}{2}$

$$f + c = c \operatorname{\mathfrak{Cof}} \left(\frac{l}{2c}\right),$$

woraus $c = \dfrac{H}{q}$ und damit der Horizontalzug H mit Hilfe von Tabellen für die Hyperbelfunktionen berechnet werden kann.

8. Das ebene Fachwerk.

Allgemeines.

Als ideales Fachwerk bezeichnet man ein Tragsystem, das aus einer Anzahl in ihren Endpunkten — den sogenannten Knotenpunkten — miteinander durch reibungslose Gelenke verbundener, gewichtsloser Stäbe besteht. Ein Stab, der durch zwei reibungslose Gelenke mit anderen Stäben verbunden ist, erfährt für den Fall, daß die äußeren Kräfte nur in den Gelenkpunkten angreifen, eine Spannkraft, deren Richtungslinie mit der Stabachse zusammenfällt (S. 73). Demnach werden alle Stäbe des lediglich in den Knotenpunkten belasteten Fachwerks nur axial auf Zug oder Druck beansprucht[1].

Ideale Fachwerke, welche nur in den Knotenpunkten belastet sind, gibt es in Wirklichkeit nicht, da stets das Eigengewicht der Stäbe als stetig über die

---

[1] Bei den praktischen Ausführungen der Dach-Brücken- und Kranträger ist die Voraussetzung reibungsfreier Gelenke nicht erfüllt, da die einzelnen Fachwerkstäbe in den Knotenpunkten gewöhnlich mit Hilfe von Knotenblechen vernietet oder verschweißt sind. Der Einfluß dieser steifen — d. h. nicht gelenkigen — Stabanschlüsse auf den Spannungszustand der Fachwerke kann durch Berechnung der dabei auftretenden „Nebenspannungen" besonders berücksichtigt werden, wie in der Theorie der statisch unbestimmten Systeme gezeigt wird. Vgl. etwa W. Kaufmann, Statik der Tragwerke, 3. Aufl., S. 204. Berlin, Springer-Verlag, 1949.

Stablängen verteilte Last vorhanden ist und auf alle nicht lotrecht stehenden Stäbe biegend wirkt. Doch sind die dadurch bedingten Sekundärspannungen so gering, daß sie im allgemeinen vernachlässigt werden können. Man verteilt deshalb das Eigengewicht auf die angrenzenden Knotenpunkte und kann dann das materielle Fachwerk als ein ideales ansehen.

Ein ebenes Fachwerk muß, wenn es als Tragkonstruktion brauchbar sein soll, als Ganzes genommen wie eine starre Scheibe wirken, es muß, wie man sagt, kinematisch bestimmt oder stabil sein. Unter dem Einfluß beliebiger äußerer Kräfte dürfen die einzelnen Knotenpunkte bzw. Stäbe ihre Lage gegeneinander nicht ändern, sofern man die Stäbe als „starr", d. h. von unveränderlicher Länge ansieht. In Wahrheit treten zwar infolge der in den Fachwerkstäben wirkenden Spannkräfte von der Größe dieser Kräfte abhängige elastische Längenänderungen der Stäbe auf. Da diese aber innerhalb der für die Beanspruchung der Baustoffe festgelegten Grenzen sehr klein sind gegenüber den Abmessungen der Stäbe, so wird die Annahme gemacht, daß am ruhenden Fachwerk alle auf das System wirkenden Kräfte dieselbe Lage behalten, die sie am unverformten, d. h. starren Fachwerk einnehmen würden.

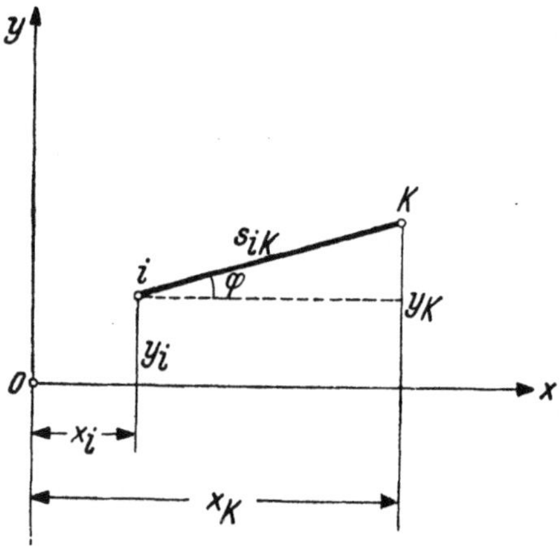

Zunächst sei ein freies, d. h. nicht gestütztes Fachwerk mit k Knotenpunkten und r Stäben betrachtet. Bezeichnet s_{ik} die Länge des zwischen den Knotenpunkten i und k liegenden Stabes, deren Koordinaten in bezug auf ein beliebiges rechtwinkliges Achsenkreuz x_i, y_i bzw. x_k, y_k sein mögen, so besteht zwischen diesen Koordinaten und der Stablänge die Beziehung (Abb. 125)

$$(x_k - x_i)^2 + (y_k - y_i)^2 = s_{ik}^2. \qquad (130)$$

Bei einem Fachwerk von k Knotenpunkten sind $2k$ Knotenpunktskoordinaten vorhanden, zu deren Festlegung also $2k$ Bedingungen erforderlich sind. Nun ist die Lage eines stabilen Fachwerks — wie die jeder starren Scheibe — in der Ebene durch die Angabe dreier Stücke vollkommen bestimmt, etwa durch die Koordinaten x_i, y_i des Punktes i und den Winkel φ, den die Richtung i—k mit der x-Achse einschließt, wodurch z. B. auch $y_k = y_i + s_{ik} \sin \varphi$ festgelegt ist. Von den $2k$ Knotenpunktskoordinaten sind dann noch $2k-3$ unbekannt. Zu ihrer Berechnung stehen bei r vorhandenen Stäben r Bedingungen (130) zur Verfügung. Damit nun das Fachwerk stabil oder kinematisch bestimmt ist, muß die Anzahl dieser r Gleichungen ausreichen, um die noch fehlenden $2k-3$ Knotenpunktskoordinaten berechnen zu können. Es muß also sein

$$r = 2k - 3,$$

wobei r die Anzahl der für die Stabilität notwendigen Stäbe angibt. Wäre nur ein Stab weniger vorhanden, so wäre das Fachwerk labil oder verschieblich und somit im allgemeinen für praktische Zwecke unbrauchbar. Dagegen ändert die Zufügung eines weiteren Stabes zu den bereits vorhandenen nichts an der Stabilität des Fachwerks. Die Bedingung der Stabilität für das freie Fachwerk kann deshalb auch in der Form geschrieben werden

$$r \geq 2k - 3.$$

An einem freien Fachwerk möge sich eine Gruppe von eingeprägten Kräften Gleichgewicht halten. Denkt man sich einen beliebigen Knotenpunkt des Fach-

Abb. 125

werks herausgeschnitten, so muß auch zwischen den an diesem Knoten angreifenden äußeren Kräften und den in den Achsen der vom Schnitt getroffenen Stäbe angebrachten Spannkräften Gleichgewicht bestehen. Für jeden Knoten stehen zwei Gleichgewichtsbedingungen zur Verfügung, nämlich $\sum X = 0$ und $\sum Y = 0$, wenn X bzw. Y die Komponenten aller an dem betrachteten Knoten wirkenden äußeren und inneren Kräfte nach den Koordinatenachsen bezeichnen, im ganzen also $2k$ solcher Gleichungen. Würde man aus diesen $2k$ Gleichungen sämtliche Stabspannkräfte eliminieren, so müßten drei nur von den äußeren Kräften abhängige Gleichungen übrigbleiben, welche das Gleichgewicht dieser Kräfte an der Fachwerkscheibe ausdrücken. Zur Bestimmung der Stabspannkräfte sind also nur $2k - 3$ unabhängige Bedingungen vorhanden. Soll nun das Fachwerk statisch bestimmt sein, d. h. soll es möglich sein, alle Stabspannkräfte mit Hilfe der Gleichgewichtsbedingungen allein eindeutig zu berechnen, so muß einmal die Zahl der Stäbe gerade wieder

$$r = 2k - 3 \tag{131}$$

sein, und ferner muß die Determinante $\varDelta$ aus den Koeffizienten der Unbekannten einen von Null verschiedenen Wert haben. Ein freies Fachwerk, bei dem diese Bedingungen erfüllt sind, heißt statisch bestimmt und stabil. Die Erfüllung der Bedingung $\varDelta \lessgtr 0$ schließt auch eine unendlich kleine Beweglichkeit des betrachteten Fachwerks aus[1].

Wird $r > 2k - 3$, so genügen die Gleichgewichtsbedingungen allein nicht mehr zur Berechnung der Stabspannkräfte; ein solches Fachwerk ist statisch unbestimmt. Zu seiner Berechnung muß die Elastizitätstheorie herangezogen werden (vgl. Bd. II dieses Lehrbuches).

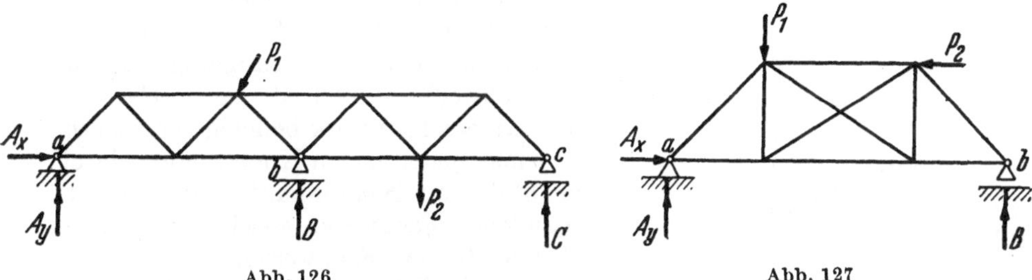

Abb. 126Abb. 127

Bei den gestützten Fachwerken treten an den Stützpunkten (Lagerknoten) unbekannte Reaktionskräfte auf, deren Zahl je nach der Art der Stützung verschieden sein kann. Bezeichnet man mit a die Anzahl der voneinander unabhängigen Stützkraftkomponenten, so treten beim gestützten Fachwerk im ganzen r unbekannte Stabkräfte und a unbekannte Lagerkräfte auf. Soll ein solches Fachwerk statisch bestimmt sein, so muß $a + r$ gleich der Anzahl der verfügbaren Knotengleichgewichtsbedingungen sein, also bei k Knoten (einschließlich der Lagerknoten)

$$a + r = 2k. \tag{132}$$

Für die einzelne starre Scheibe sind zur statisch bestimmten Lagerung $a = 3$ Stützkräfte erforderlich (S. 71), womit (132) in die für das freie Fachwerk abgeleitete Gleichung (131) übergeht.

Ist $a + r > 2k$, so ist das Fachwerk statisch unbestimmt, und zwar nennt man es äußerlich statisch unbestimmt oder statisch unbestimmt gestützt, wenn die statische Unbestimmtheit durch eine überzählige Stützung (Abb. 126),

---

[1] Föppl, A.: Schweiz. Bauzeitung 1887, S. 42 und Theorie des Fachwerks, S. 26.

innerlich statisch unbestimmt, wenn sie durch einen überzähligen Stab bedingt ist (Abb. 127).

Gl. (132) gilt übrigens auch für Fachwerke, welche aus mehreren in sich starren Scheiben zusammengesetzt sind, da ein System von materiellen Scheiben immer dann im Gleichgewicht ist, wenn dies für jeden seiner Teile zutrifft. So besitzt z. B. der in Abb. 128 dargestellte statisch bestimmte Gelenkträger $a = 4$ Lagerreaktionen, $r = 28$ Stäbe und $k = 16$ Knotenpunkte, d. h. es ist in der Tat $r + a = 2\,k$.

In der Folge sollen nur statisch bestimmte und stabile Fachwerke betrachtet werden. Die dabei zu lösende Aufgabe besteht in der Ermittlung der Stabspann-

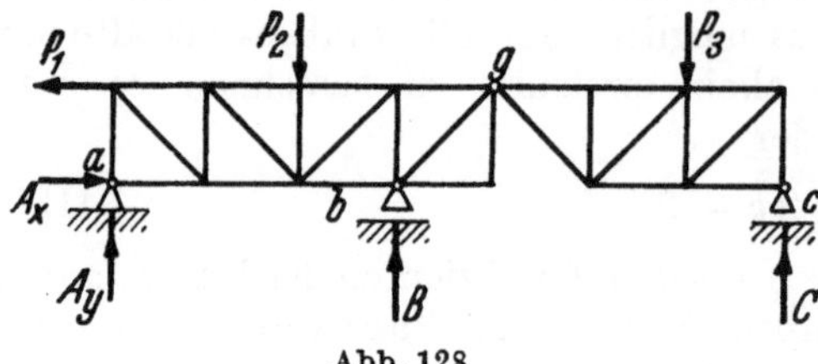

Abb. 128

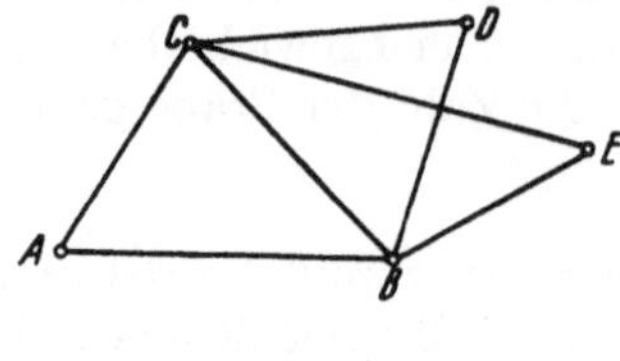

Abb. 129

kräfte, die durch eine in den Knotenpunkten angreifende äußere Belastung erzeugt werden.

Das einfachste Fachwerk ist ein Stabdreieck, bei dem unter der Voraussetzung starrer Stäbe eine gegenseitige Verschiebung der Knotenpunkte bzw. der Stäbe infolge einer beliebigen Knotenpunktsbelastung nicht möglich ist ($r = 2\,k - 3$). Schließt man in zwei Punkten des Dreiecks, etwa in B und C (Abb. 129) einen weiteren Knoten D durch zwei Stäbe an, so bleibt das so entstehende System statisch bestimmt und stabil, da nach wie vor die Bedingung (131) für freie Fachwerke erfüllt ist. So fortfahrend kann man das Fachwerk beliebig vergrößern, indem man jeden neuen Knotenpunkt durch zwei Stäbe an Knotenpunkte des bereits vorhandenen Fachwerks anschließt, z. B. E an C und B usw. Fachwerke, die nach diesem einfachen Bildungsgesetz aufgebaut werden, sind immer stabil und sollen hinfort als einfache Fachwerke bezeichnet werden. Nur in einem Ausnahmefall entsteht kein stabiles System, nämlich dann, wenn der neu anzuschließende Punkt in die Richtung der Verbindungsgeraden der beiden Knotenpunkte fällt, an die er angeschlossen werden soll.

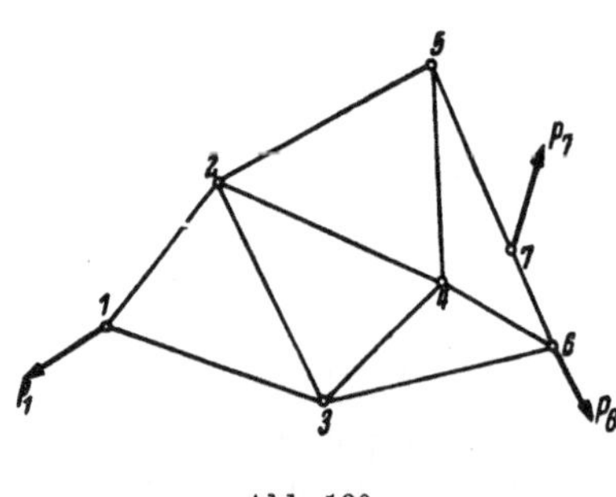

Abb. 130

Die beiden Punkte 5 und 6 in Abb. 130 sind je zweistäbig an das stabile und statisch bestimmte Fachwerk 1-2-3-4 angeschlossen. Fällt nun der neu anzuschließende Punkt 7 in die Richtung 5—6, so kann zwischen einer beliebig gerichteten, im Knoten 7 angreifenden Kraft P_7 (die mit den Kräften P_1 und P_6 an der Scheibe im Gleichgewicht stehen möge) und den Spannkräften der Stäbe 5—7 und 6—7 Gleichgewicht nicht bestehen. Dieses wird vielmehr erst eintreten, wenn der Punkt 7 eine unendlich kleine Verschiebung rechtwinklig zur Richtung 5—6 erleidet, so daß die Stäbe 5—7 und 6—7 um einen unendlich kleinen Winkel gegeneinander geneigt sind. In diesem Falle liefert die Zerlegung der Last nach den Richtungen 5—7 und 6—7 theoretisch, d. h. bei vollkommen starren Stäben, unendlich große Spannkräfte, das Fachwerk ist also praktisch unbrauchbar. In Wirklichkeit wird sich zwar infolge der elastischen Längenänderungen der Stäbe eine endliche Verschiebung des Knotens 7 einstellen können, die aber doch so klein ist, daß die Zerlegung der Last P_7 immer noch sehr große Spannkräfte in den Stäben liefert.

Wird ein in senkrechter Ebene liegendes Dreiecksfachwerk oben und unten durch einen zusammenhängenden Linienzug begrenzt (Abb. 131), so nennt man die betreffenden Stabzüge Ober- bzw. Untergurt, während die dazwischen liegenden „Füllungsstäbe" als Diagonalen und Vertikalen bezeichnet werden. Solche aus einer Scheibe bestehenden Dreiecksfachwerke sind innerlich statisch bestimmt und stabil. Zu ihrer statisch bestimmten Stützung sind drei voneinander unabhängige Lagerreaktionen erforderlich (z. B. ein festes und ein verschiebliches Stützgelenk).

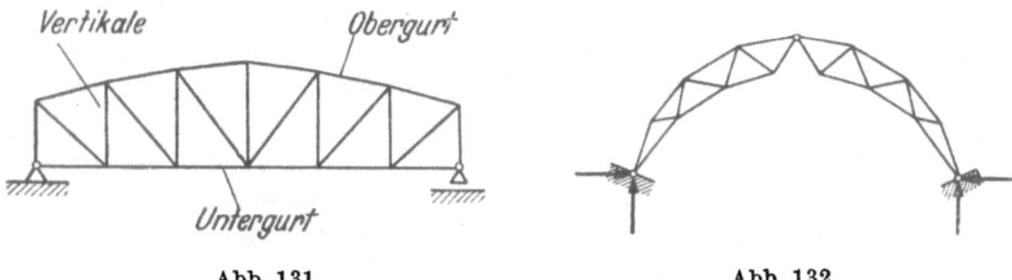

Abb. 131   Abb. 132

Abb. 132 zeigt einen ebenfalls statisch bestimmten Fachwerk-Dreigelenkbogen, der aus zwei in sich stabilen und innerlich statisch bestimmten Scheiben aufgebaut ist. Wollte man hier auf das ganze System die Bedingung (131) für das freie Fachwerk anwenden, so würde man finden, daß ein zur Stabilität notwendiger Stab fehlt. Indessen ist eine vierte Lagerreaktion vorhanden, so daß das Ganze als gestütztes System statisch bestimmt und stabil ist, wie auch sofort aus (132) folgt. Ähnlich verhält es sich mit dem in Abb. 133 dargestellten Dreigelenkbogen.

Ermittlung der Stabspannkräfte.

a) Das Culmannsche Verfahren.

An dem in Abb. 134 dargestellten Fachwerk möge sich eine gegebene Lastengruppe P mit den Lagerkräften A und B (die in bekannter Weise mittels der Gleichgewichtsbedingungen für die starre Scheibe bestimmt werden können), das

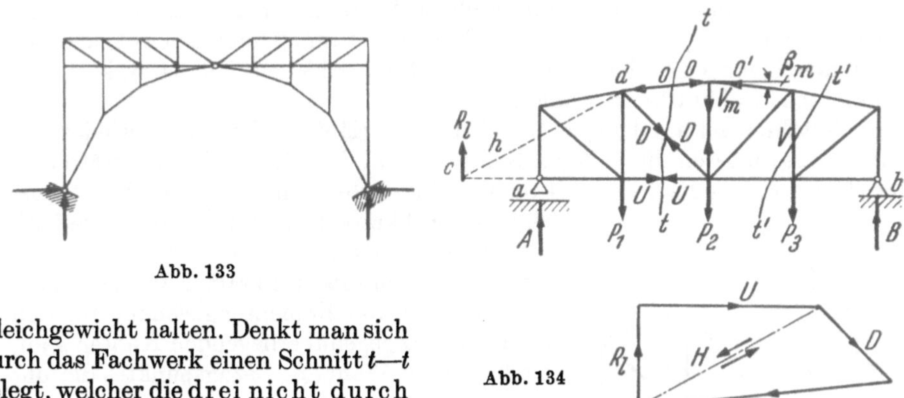

Abb. 133

Abb. 134

Gleichgewicht halten. Denkt man sich durch das Fachwerk einen Schnitt t—t gelegt, welcher die drei nicht durch einen Punkt gehenden Stäbe O, D und U trifft, so müssen die links vom Schnitt angreifenden äußeren Kräfte (hier A und P_1) zusammen mit den Spannkräften O, D und U der vom Schnitt getroffenen Stäbe ein Gleichgewichtssystem bilden. Dasselbe gilt für die äußeren Kräfte P_2, P_3, B des rechten Trägerteils und die Spannkräfte O, D und U. Um also diese Spannkräfte zu bekommen, bestimme man zunächst entweder die Resultante R_l der äußeren Kräfte links vom Schnitt oder die Resultante R_r der äußeren Kräfte rechts vom Schnitt und hat dann nur die bekannte Aufgabe zu lösen: eine nach Größe, Richtung und Lage gegebene Kraft (R_l oder R_r) nach drei Richtungen O, D und U zu zerlegen, die sich nicht in einem Punkt schneiden (vgl. S. 37). Der Umfahrungssinn des so entstehenden Kraftecks muß wegen des geforderten Gleichgewichts stetig sein. In Abb. 134 ist die Resultante R_l aus A und P_1 zunächst zerlegt nach der Richtung U und der in die Verbindungslinie c—d fallenden Hilfsrichtung h, darauf die so gewonnene Hilfskraft H nach den Richtungen der Stäbe O und D. Der Umfahrungssinn R_l, U, D, O ist stetig. Die so gewonnenen Kraftpfeile gelten für die Stabkräfte des linken Trägerteiles, für den das Gleichgewicht untersucht ist. Am rechten Fachwerkteil sind die entgegengesetzten Pfeilrichtungen einzutragen (Wechselwirkungsprinzip). Es zeigt sich, daß O eine Druckkraft wird, D und U dagegen sind Zugkräfte. Wollte man die Stabkraft im Vertikalstab V bestimmen, so hätte man einen Schnitt t'—t' zu legen und im übrigen entsprechend zu verfahren, wobei im vorliegenden Falle zweckmäßig die Kräfte rechts vom Schnitt t'—t' betrachtet werden.

Das vorstehende Verfahren versagt, wenn die Spannkraft des mittleren Vertikalstabes V_m bestimmt werden soll, da sich jetzt ein nur drei Stäbe (darunter V_m) treffender Schnitt durch das Fachwerk nicht legen läßt. In diesem Falle trennt man zweckmäßig den oberen Knotenpunkt von V_m durch einen Schnitt vom Fachwerk und wendet auf diesen die Gleichgewichtsbedingungen für Kräfte an einem Punkt an. Sind etwa die beiden angrenzenden Obergurtspannkräfte O und O' bereits gefunden, so folgt aus der Bedingung, daß die Summe der Vertikalkräfte gleich Null sein muß,

$$(O + O') \sin \beta_m = V_m,$$

wenn β_m den Neigungswinkel der Stäbe O und O' gegen die Horizontale bezeichnet.

b) Das Rittersche Verfahren.

Bei dem vorstehend besprochenen Culmannschen Verfahren wurde das Gleichgewicht der am abgeschnittenen (linken oder rechten) Fachwerkteil wirkenden Kräfte auf graphischem Wege hergestellt. Das Rittersche Verfahren löst die gleiche Aufgabe auf rechnerischem Wege unter Benutzung der drei Gleichgewichtsbedingungen der Ebene. Dabei ist es im allgemeinen zweckmäßig, Momentenbedingungen zu benutzen und als Drehpunkt den Schnittpunkt zweier der gesuchten Stabkräfte zu wählen.

Das Verfahren sei am Beispiel der Abb. 135 erläutert. Legt man wieder den Schnitt t—t, so müssen die äußeren Kräfte A und P_1 mit den Schnittkräften O, D und U am linken Fachwerkteil im Gleichgewicht stehen. Da der Richtungssinn der Stabkräfte O, D, U noch unbekannt ist, werden diese Kräfte vorerst als Zugkräfte eingeführt. Um die Stabkraft O zu berechnen, schreibe man die Momentengleichung für den dem Stabe O gegenüberliegenden Knoten 4 an, da bei dieser Wahl des Bezugspunktes die unbekannten Stabkräfte D und U in die Momentengleichung nicht eingehen. Man erhält dann mit den Bezeichnungen der Abb. 135

$$O \cdot r + A\, a_2 - P_1 (a_2 - a_1) = 0$$

oder

$$O = - \frac{A\, a_2 - P_1 (a_2 - a_1)}{r}.$$

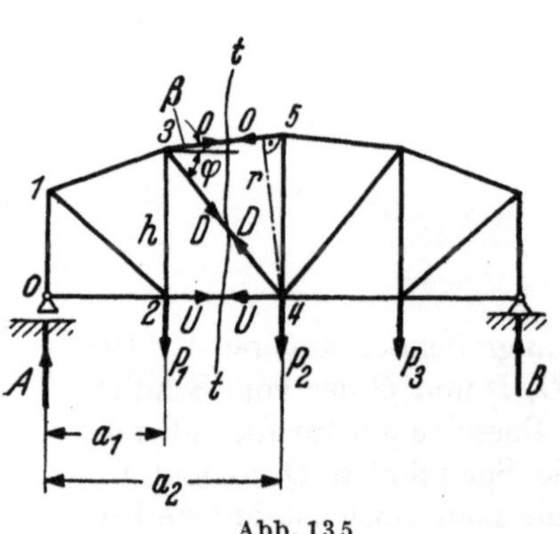
Abb. 135

Das negative Zeichen von O gibt an, daß dieser Stab eine **Druckkraft** erhält.

Entsprechend findet man U aus dem Momentengleichgewicht für den Knoten *3*, in dem sich O und D schneiden, nämlich

$$A\,a_1 - U\,h = 0; \qquad U = \frac{A\,a_1}{h}$$

als **Zugkraft**.

Zur Bestimmung der Diagonalkraft D könnte man sinngemäß so vorgehen, daß man als Momentendrehpunkt den Schnittpunkt der Stäbe O und U benutzt. Im vorliegenden Falle ist dieser Punkt ungünstig zu bestimmen, weshalb man

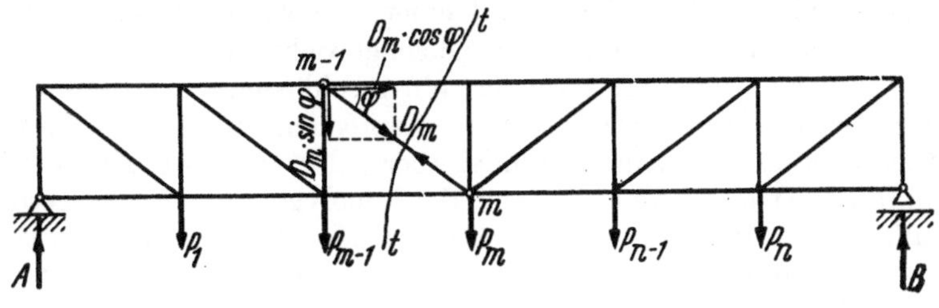

Abb. 136

besser die Bedingung des Gleichgewichts der horizontalen Kräfte am linken Fachwerkteil benutzt, nachdem die Stabkräfte O und U bereits bekannt sind. Man erhält dann

$$O\cos\beta + D\cos\varphi + U = 0$$

oder

$$D = -\frac{1}{\cos\varphi}\,(U + O\cos\beta),$$

wo O mit seinem Vorzeichen einzusetzen ist.

Besonders einfach gestaltet sich die Berechnung der Diagonal- und Vertikalstabkräfte bei Parallelträgern, die nur mit lotrechten Kräften belastet sind (Abb. 136). Man erhält dann für den Diagonalstab aus dem Gleichgewicht der vertikalen Kräfte des linken Trägerteiles sofort

$$A - P_1 - P_{m-1} - D_m \sin\varphi = 0$$

oder

$$D_m = \frac{1}{\sin\varphi}(A - P_1 - P_{m-1}).$$

Entsprechend gestaltet sich die Berechnung einer Vertikalstabkraft.

c) Der Cremonasche Kräfteplan.

Die vorstehenden, kurz als „Schnittmethoden" bezeichneten Verfahren ermöglichen die Bestimmung einer beliebigen Stabkraft des Fachwerkverbandes, wenn sich durch den fraglichen Stab ein nur drei Stäbe treffender Schnitt durch das Fachwerk legen läßt. Um alle Stabkräfte zu bestimmen, hat man also entsprechend viele Schnitte zu legen. Anders ist es beim sogenannten Cremonaplan, bei dem in einer einzigen Figur alle Stabkräfte des Fachwerks ermittelt werden können.

Ein ideales Fachwerk, in dessen Knotenpunkten beliebig gerichtete, miteinander im Gleichgewicht stehende äußere Kräfte Q angreifen (Lasten und Reaktionen), kann statisch als ein System von Punkten betrachtet werden, an welchen außer den Kräften Q noch die in die Richtung der Stabachsen fallenden Stabspannkräfte wirksam sind. Die Frage nach dem Gleichgewicht des

Fachwerks ist damit zurückgeführt auf die Untersuchung des gleichzeitigen Gleichgewichts aller seiner Knotenpunkte.

Ist nun an dem betrachteten Fachwerk mindestens ein Knotenpunkt vorhanden, an dem nur zwei nicht in eine Richtung fallende Stäbe zusammentreffen, so liefern die Gleichgewichtsbedingungen für diesen Punkt bei bekannten äußeren Kräften sofort die unbekannten Stabkräfte, deren Richtungen ja durch die Stabrichtungen gegeben sind.

Bei einem einfachen Fachwerk (S. 110) läßt sich von diesem ersten Knoten ausgehend immer ein weiterer finden, an dem nur zwei neue unbekannte Stabkräfte auftreten, die in der gleichen Weise gefunden werden können. Die Bestimmung der Stabkräfte beruht also auf einer von Knotenpunkt zu Knotenpunkt fortschreitenden Anwendung der Gleichgewichtsbedingungen. Es wäre demnach für jeden Knotenpunkt gesondert ein geschlossenes Krafteck zu zeichnen, dessen Seiten zu den Richtungen der entsprechenden äußeren Kräfte und Fachwerkstäbe parallel sind. Nun verbindet aber jeder Stab zwei Knotenpunkte, seine Spannkraft tritt also immer in zwei Kräftepolygonen auf. Die gesonderte Zeichnung aller dieser Polygone ist umständlich. Man fügt sie deshalb zur Vereinfachung so aneinander, daß jede Stabkraft nur einmal in Erscheinung tritt und erhält auf diese Weise einen Cremonaschen Kräfteplan, welcher für einfache Fachwerke immer gezeichnet werden kann, wobei allerdings bestimmte Regeln eingehalten werden müssen.

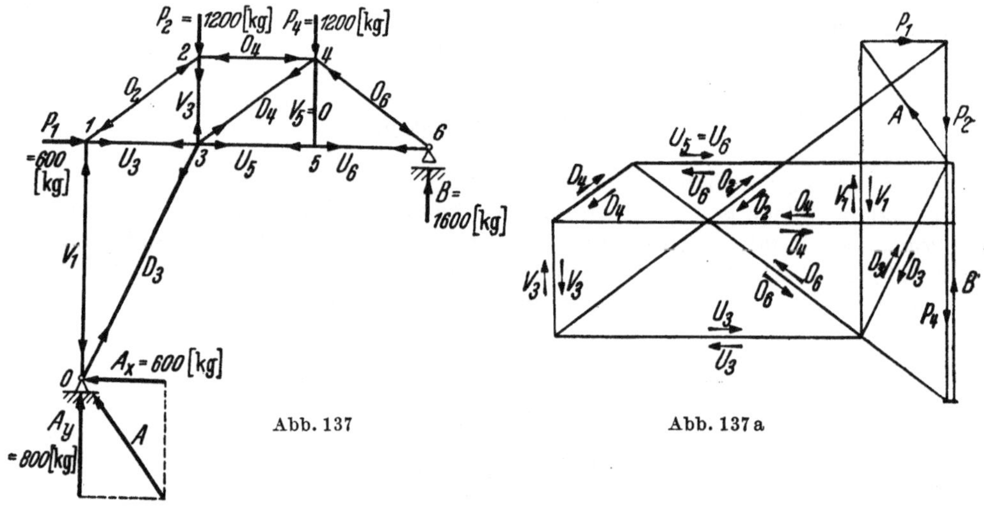

Abb. 137   Abb. 137a

Der in Abb. 137 dargestellte Fachwerkträger, dessen Knotenpunkte die Ordnungsnummern *0* bis *6* erhalten, sei mit den aus der Figur ersichtlichen Kräften belastet und möge im Punkte *0* ein festes, im Punkte *6* ein horizontal verschiebliches Stützgelenk besitzen. Man bestimme zunächst in bekannter Weise graphisch oder rechnerisch die Stützkräfte *A* und *B* und **trage nun alle äußeren Kräfte mit einer beliebigen Kraft beginnend und ringsherum dem Rande des Fachwerks folgend zu einem geschlossenen Kräftepolygon von stetigem Umfahrungssinn auf** (Abb. 137a). **Dabei ist die Reihenfolge der Kräfte genau einzuhalten, so wie man sie längs des Fachwerkrandes antrifft** (1. Regel). Ob man den Rand im Uhrzeigersinn umläuft oder entgegengesetzt, ist dabei gleichgültig. Hier soll der Uhrzeigersinn gewählt werden. Jetzt suche man einen Knotenpunkt, an dem nur zwei Stäbe zusammentreffen, etwa den Knoten *0*, und zerlege die dort angreifende Kraft A nach den beiden Stabrichtungen *0—1* und *0—3*, wodurch die Stabkräfte V_1 und D_3 gefunden werden. Hat man — wie hier geschehen — die äußeren Kräfte in der Reihenfolge des Uhrzeigersinns zum Kräftepolygon aufgetragen, so muß die Zerlegung der Kraft A nach den Richtungen von V_1 und D_3 im gleichen Sinne vorgenommen werden, d. h. man zieht durch den Endpunkt der Kraft A die Parallele zu V_1, durch den Anfangspunkt von A die Parallele zu D_3, da am Knoten 0 die Reihenfolge dieser Kräfte A, V_1, D_3 ist, wenn man den Knoten im Uhrzeigersinn umläuft (2. Regel).

Der Sinn von V_1 und D_3 ist durch denjenigen von A festgelegt. Man erhält am Knoten 0 die Kraft V_1 als Druck, denn sie ist nach 0 hin gerichtet, die Kraft D_3 dagegen als Zug, von 0 weg gerichtet. Den Druck- bzw. Zugpfeil trägt man zweckmäßig in die Fachwerkfigur ein, wobei der Pfeilsinn für die gegenüberliegenden Knotenpunkte *1* und *3* umzukehren ist. Nachdem dies geschehen, geht man zum Knoten *1* weiter, da an diesem nur noch zwei unbekannte Stabkräfte angreifen, nämlich O_2 und U_3, und führt für den Knoten *1* die Kräftezerlegung unter Beachtung der 2. Regel durch. Im Kräfteplan kehrt man den Pfeil von V_1 um, da diese Kraft auf den Knoten *1* drückt. Auf V_1 folgt im Lageplan die äußere Kraft P_1, die im Kräfteplan bereits an V_1 anschließt. Durch den Endpunkt von P_1 zieht man die Parallele zum Stab O_2, durch den Anfangspunkt von V_1 die Parallele zum Stab U_3 und bringt diese Parallelen zum Schnitt. Damit ist das Kräftepolygon für den Knoten *1* geschlossen. O_2 wird als Druck-, U_3 als Zugkraft gefunden; die entsprechenden Pfeile werden in das Fachwerknetz am Knotenpunkt *1* und den gegenüberliegenden Knoten *2* (Druck) und *3* (Zug) eingetragen. Der nächste Knoten, an dem nur zwei neue unbekannte Stabkräfte auftreten, ist der Punkt *2*, für den nun in der angegebenen Weise die Zerlegung vorgenommen wird. Damit erhält man O_4 und V_3. Vom Knoten *2* geht man zum Knoten *3* und bestimmt dort D_4 und U_5. Bei der Zeichnung des Kräftepolygons für den Knoten *5* zeigt sich, daß der Stab V_5 spannungslos ist, und daß $U_6 = U_5$ wird. Am Knoten *4* ist jetzt nur noch eine Unbekannte, nämlich O_6 vorhanden. Diese Kraft muß durch den Anfangspunkt von D_4 und den Endpunkt von P_4 gehen. Die Verbindungslinie dieser bereits vorhandenen Punkte des Kräfteplanes muß der Stabrichtung *4—6* im Lageplan parallel sein, womit eine wichtige Kontrolle für die Richtigkeit der Zeichnung gegeben ist. Am Knoten *6* muß sich schließlich für die Kräfte U_6, O_6 und B ebenfalls ein geschlossenes Krafteck ergeben, dessen Seiten den entsprechenden Linien des Lageplanes parallel sind. Aus dem Kräfteplan können nun alle Stabkräfte der Größe nach unter Berücksichtigung des gewählten Kräftemaßstabes entnommen werden. Ihr Richtungssinn (Zug oder Druck) ist durch die im Lageplan eingetragenen Pfeilrichtungen ersichtlich.

An Hand des hier behandelten Beispiels sei noch auf einige geometrische Beziehungen zwischen Fachwerksystem und Kräfteplan hingewiesen. Dabei sollen zum Fachwerknetz auch die Richtungslinien der am Fachwerk angreifenden äußeren Kräfte gerechnet werden. Dem Bildungsgesetz des Kräfteplanes entsprechend gehört dann zu jeder Linie des Trägernetzes eine ihr parallele Linie des Kräfteplanes und umgekehrt. Außerdem entspricht jedem Knotenpunkt des Fachwerks ein Polygon — nämlich das zugehörige Krafteck — im Kräfteplan. Aber auch umgekehrt gehört zu jedem Eckpunkt im Kräfteplan ein Polygon im Trägersystem. Für solche Punkte des Kräfteplanes, von denen keine äußeren Kräfte ausgehen, ist dies ohne weiteres aus Abb. 137 ersichtlich. Aber auch denjenigen Eckpunkten des Kräfteplanes, an denen zwei äußere Kräfte und eine oder mehrere Stabkräfte zusammentreffen, entspricht im Trägersystem ein Polygon, wenn man im erweiterten Sinne die Richtungslinien der äußeren Kräfte und die zwischen ihnen liegenden Stabachsen als solches auffaßt. Zwei Figuren, die zu einander in einem derartigen geometrischen Verhältnis stehen, bezeichnet man als reziproke Figuren. Die Theorie der reziproken Figuren und ihre Anwendung auf das Fachwerk ist zuerst von Maxwell entwickelt worden. Schließlich sei noch vermerkt, daß nicht für jedes statisch bestimmte Fachwerk ein reziproker Kräfteplan in der vorstehenden Weise gezeichnet werden kann (s. unten). Für einfache Fachwerke ist dies jedoch stets der Fall.

Der in Abb. 138 dargestellte zusammengesetzte Polonceauträger folgt nicht dem oben besprochenen Bildungsgesetz der einfachen Fachwerke (vgl. S. 110). Zwar stellt jede der beiden Scheiben *0—4—7* und *14—11—7* für sich ein einfaches Fachwerk dar, der Übergang von der einen Scheibe zur andern erfolgt aber hier derart, daß die beiden Scheiben den Knoten *7* gemein haben und im übrigen durch den Stab *4—11* miteinander verbunden sind. Für ein

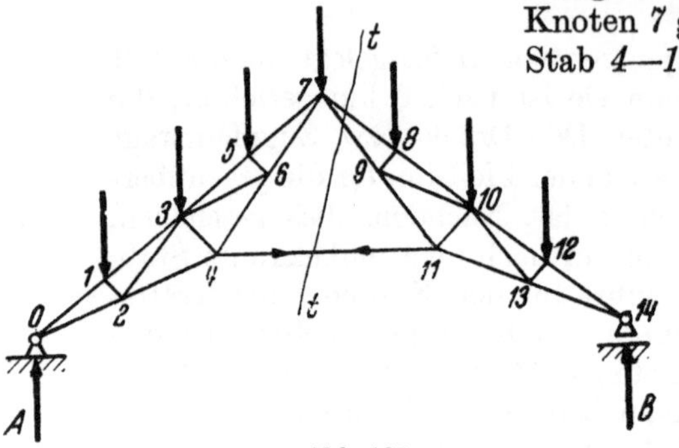

Abb. 138 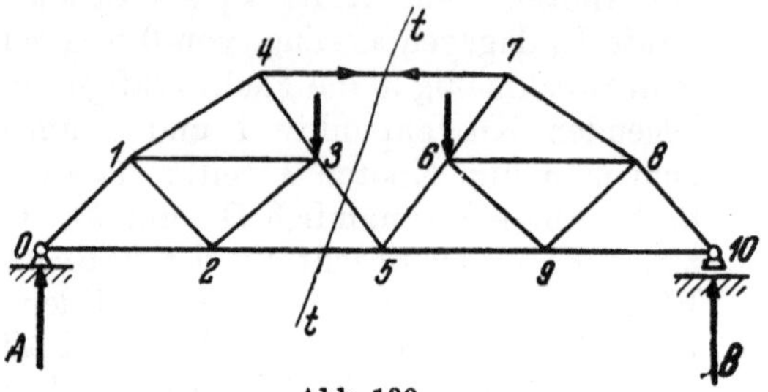   Abb. 139

derartiges „zusammengesetztes" Fachwerk kann der Cremonaplan nicht ohne weiteres gezeichnet werden. Nach Ermittlung der Lagerkräfte A und B könnte man zwar im Knoten O die Kraft A nach den Richtungen *0—1* und *0—2* zerlegen und darauf die Zerlegung an den Knoten *1* und *2* fortsetzen. Sobald dies geschehen ist, würde man jedoch sowohl beim Knoten *3* als auch bei *4* nicht zwei, sondern drei unbekannte Stabkräfte antreffen, deren zeichnerische Ermittlung nach den obigen Regeln nicht möglich ist. Das Gleiche ist der Fall, wenn man von rechts vorgehend an die Knoten *10* oder *11* gelangt. Um sich zu helfen, lege man jetzt einen Schnitt *t—t* durch das Fachwerk, welcher die Stäbe *4—11*, *7—8* und *7—9* trifft, und bestimme die Spannkraft im Stabe *4—11* nach dem Ritterschen Verfahren aus der Momentengleichung für den Knoten *7*. Nachdem diese gefunden ist, kann sie als äußere Kraft an den Knoten *4* bzw. *11* angebracht, die Zerlegung am Knoten *4* nunmehr durchgeführt und der Cremonaplan wie oben besprochen gezeichnet werden.

In gleicher Weise verfährt man bei dem in Abb. 139 dargestellten Fachwerk, das aus den beiden Scheiben *0—4—5* und *7—5—10* zusammengesetzt ist, und dessen Innenknoten *3* und *6* belastet sind. Man bestimmt zunächst wieder nach Ritter die Spannkraft im Stabe *4—7* und kann dann für jede der beiden Scheiben den Cremonaplan zeichnen.

Das in Abb. 140 skizzierte Fachwerk besitzt überhaupt keinen Knoten, von dem nur zwei Stäbe ausgehen. Man kann hier jedoch die Spannkraft des Stabes *5—7* sofort berechnen, indem man den Horizontalschnitt *t—t* legt und z. B. für die untere Fachwerkhälfte die Gleichgewichtsbedingung der horizontalen Kräfte anschreibt. Diese liefert mit den Bezeichnungen der Abb. 140, wenn hier S von vornherein als Druckkraft eingeführt wird,

$$A_x = S \cos \alpha.$$

Nun ist, wie aus dem Gleichgewicht der ganzen Scheibe folgt,

$$A_x = \frac{P\,l}{h},$$

weshalb

$$S = \frac{P\,l}{h \cos \alpha}.$$

Nachdem S bekannt ist (Druckkraft, s. oben), läßt sich, vom Knoten 7 ausgehend, der Cremonaplan in bekannter Weise auftragen (Abb. 140a).

Die Benutzung Cremonascher Kräftepläne empfiehlt sich immer dann, wenn es sich um eine ruhende Belastung handelt, z. B. bei Dachbindern, Kranträgern usw. Soll jedoch der Einfluß beweglicher Lasten auf die Stabkräfte eines Fachwerkes untersucht werden, wie dies besonders bei Brückenträgern der Fall ist, so verwendet man zweckmäßig die sogenannten Einflußlinien, auf deren Besprechung hier indessen nicht eingegangen werden kann [1].

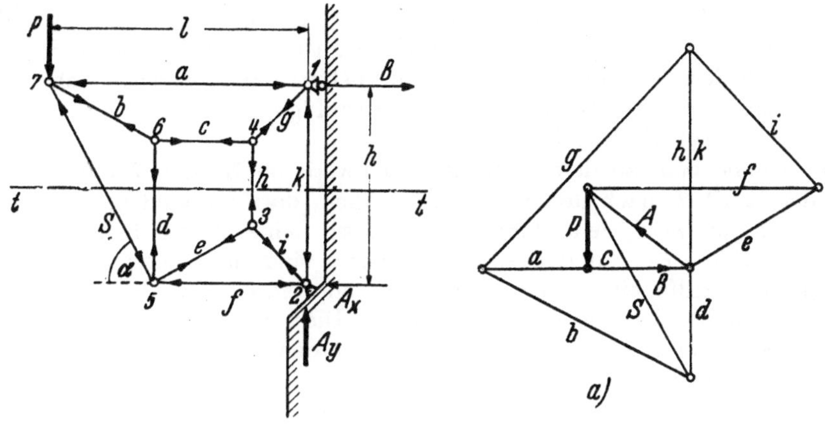

Abb. 140

d) Die Methode der Stabvertauschung.

Liegt ein Fachwerk vor, bei dem die unter a) bis c) behandelten Verfahren nicht anwendbar sind, so bedient man sich mit Vorteil der von L. Henneberg entwickelten Methode der Stabvertauschung, welche stets zum Ziele führt, sofern es sich um ein stabiles Fachwerk handelt.

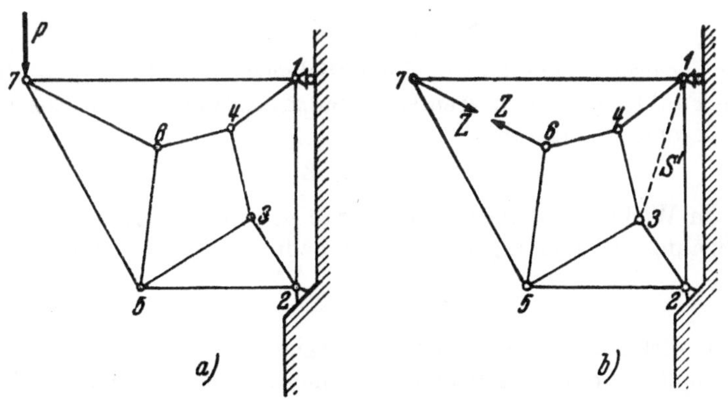

Abb. 141

Der Untersuchung möge das in Abb. 141a dargestellte Fachwerk zu Grunde gelegt werden, welches im Knoten 1 verschieblich, im Knoten 2 gelenkig fest gelagert ist. Die dabei auftretenden Stützkräfte können in bekannter Weise aus den drei Gleichgewichtsbedingungen der Scheibe berechnet werden. Das Fachwerk besitzt $r = 11$ Stäbe, $k = 7$ Knotenpunkte und $a = 3$ Stützkompo-

---

[1] Vgl. hierzu etwa W. Kaufmann, Statik der Tragwerke, 3. Aufl. S. 69 u. 82, Berlin Springer-Verlag 1949.

nenten, die Bedingung (132) ist also erfüllt. Man erkennt aber sofort, daß hier die Schnittmethode, welche in Abb. 140 zum Ziele führte, nicht anwendbar ist.

Zur Bestimmung der Stabkräfte kann man folgendermaßen vorgehen. Nachdem die Auflagerkräfte in den Knoten *1* und *2* ermittelt sind, denke man sich an einem Knoten, von dem drei Stäbe ausgehen, einen Stab entfernt, z. B. den Stab *6—7*. Da das System durch Hinwegnahme dieses Stabes labil würde, so muß zur Aufrechterhaltung der Stabilität an einer anderen Stelle ein neuer Stab — Ersatzstab — in das Trägernetz eingezogen werden, und zwar soll dies so geschehen, daß dadurch das gegebene Fachwerk in ein einfaches verwandelt wird, dessen Stabilität auf jeden Fall gesichert ist. Im vorliegenden Falle sei als Ersatzstab der Stab *1—3* gewählt (Abb. 141b). Man überzeugt sich leicht, daß nach Entfernung des Stabes *6—7* und Hinzufügung des Stabes *1—3* in der Tat ein einfaches Fachwerk entsteht.

Nun beginne man an dem einfachen Fachwerk im Knoten *7* mit der Zerlegung der Kraft P nach den beiden jetzt allein dort vorhandenen Stabrichtungen *7—1* und *7—5*, gehe darauf nach *6*, wo keine äußere Kraft angreift, weshalb die Stäbe *6—4* und *6—5* spannungslos sind, und bestimme so fortschreitend mit Hilfe eines Cremonaplanes alle Stabkräfte des einfachen Fachwerkes infolge der gegebenen Belastung. Diese mögen allgemein mit S_0, für den Ersatzstab *1—3* mit S_0' bezeichnet werden.

Jetzt denke man sich in der Richtung *7—6* an den Knoten *7* und *6* zwei gleich große, aber entgegengesetzt gerichtete Kräfte von der Größe „eins“ angebracht und bestimme die in den Stäben des einfachen Fachwerks infolge dieser gedachten Belastung „eins“ auftretenden Stabkräfte, welche mit S_1 bezeichnet sein mögen. In Wirklichkeit sind in den Knoten *7* und *6* nicht die Kräfte „eins“, sondern die zunächst unbekannten Kräfte Z (d. h. die Spannkraft des entfernt gedachten Stabes *6—7*) vorhanden, welche demnach im einfachen Fachwerk die Stabkräfte $S_1 Z$ erzeugen müssen. Überlagert man nun beide Belastungen — nämlich P und Z — so ergibt sich für einen beliebigen Stab des Fachwerks die Spannkraft

$$S = S_0 + S_1 Z, \tag{133}$$

da wegen der linearen Beschaffenheit der Gleichgewichtsbedingungen alle Stabkräfte lineare Funktionen der Lasten sind (Superpositionsgesetz). Entsprechend erhält man für den Ersatzstab

$$S' = S_0' + S_1' Z.$$

Nun ist aber in Wirklichkeit dieser Ersatzstab gar nicht vorhanden, kann also auch keine Spannkraft übertragen. Aus der Bedingung $S' = 0$ folgt somit

$$Z = -\frac{S_0'}{S_1'}$$

als Größe der wirklichen Spannkraft des Stabes *6—7* infolge der gegebenen Belastung P, und zwar im gegebenen (d. h. nicht einfachen) Fachwerk.

Sind also am einfachen Fachwerk etwa mit Hilfe zweier Cremonapläne für den Ersatzstab die Stabkräfte S_0' infolge P und S_1' infolge $Z = 1$ gefunden, so kann Z sofort berechnet werden. Nachdem aber $Z = S_{7-6}$ bekannt ist, lassen sich die übrigen Stabkräfte des gegebenen Fachwerks entweder mit Hilfe von Gl. (133) oder mittels eines weiteren Cremonaplanes leicht bestimmen.

Mitunter kommt es vor, daß man bei einem gegebenen Fachwerk nicht nur einen, sondern mehrere Ersatzstäbe S', S'', S'''… einführen muß. Der dabei einzuschlagende Weg ist im Prinzip der gleiche wie hier beschrieben. An Stelle der Gl. (133) tritt dann z. B. bei zwei Ersatzstäben der Ausdruck

$$S = S_0 + S_1 Z_1 + S_2 Z_2, \tag{134}$$

wobei wieder S_0 die Spannkraft eines Stabes des einfachen Fachwerks infolge einer gegebenen Belastung bezeichnet, S_1 die Spannkraft desselben Stabes infolge der gedachten Belastung $Z_1 = 1$, welche an Stelle des ersten entfernten Stabes am einfachen Fachwerk angebracht ist, entsprechend S_2 die Spannkraft infolge $Z_2 = 1$. Für die zwei Ersatzstäbe bestehen dann entsprechend dem Ausdruck (134) die zwei Gleichungen

$$S' = S_0' + S_1' \, Z_1 + S_2' \, Z_2 = 0$$
$$S'' = S_0'' + S_1'' \, Z_1 + S_2'' \, Z_2 = 0,$$

aus denen Z_1 und Z_2, d. h. die wirklichen Stabkräfte der entfernten Stäbe, bestimmt werden können, sofern die Koeffizientendeterminate des Gleichungssystems

$$\varDelta = \begin{vmatrix} S_1' & S_2' \\ S_1'' & S_2'' \end{vmatrix} = S_1' \, S_2'' - S_1'' \, S_2'$$

einen von Null verschiedenen Wert hat. Wird dagegen $\varDelta = 0$, so ist das vorgelegte Fachwerk nicht stabil und somit für praktische Zwecke nicht brauchbar.

9. Die räumliche Stützung.

Bei den bislang besprochenen gestützten Körpern handelte es sich durchweg um ebene Systeme, gemäß den Voraussetzungen auf S. 72. Wird dagegen der zu stützende Körper von beliebig im Raume gelegenen Kräften ergriffen, so kommen zu seiner stabilen Lagerung folgende Stützungsarten in Betracht:

1. Das feste räumliche Stützgelenk (Kugelgelenk). Diese Art der Lagerung liegt vor, wenn der Körper in einem Punkte a festgehalten wird und um diesen Punkt reibungslos im Raume drehbar ist. (Abb. 142a). Die bei dieser Stützung entstehende Lagerkraft $\mathfrak{A}$ geht durch den Punkt a und kann jede beliebige Richtung im Raume annehmen. Sie ist, wie jede durch einen gegebenen Punkt gehende Kraft durch drei Stücke, etwa ihre drei Komponenten A_x, A_y, A_z nach drei Koordinatenrichtungen X, Y, Z bestimmt. Das räumliche feste Stützgelenk ist statisch dreiwertig, da es Widerstände in drei Achsrichtungen zu leisten vermag. Man kann es also durch drei in die beliebigen Achsrichtungen X, Y, Z fallende Pendelstützen ersetzen (Abb. 142b; vgl. hierzu S. 73).

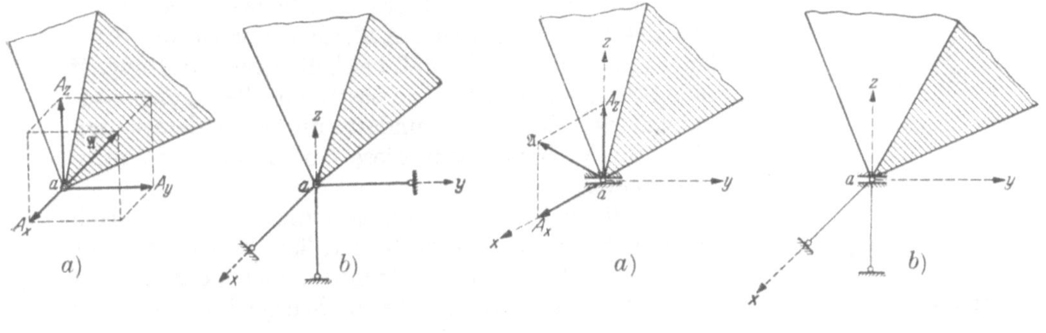

Abb. 142   Abb. 143

2. Das in einer Geraden verschiebliche räumliche Stützgelenk (Linienlager). Dieses entsteht, wenn der Körper wieder in einem Punkte a frei drehbar gelagert ist, der sich aber — im Gegensatz zu 1 — längs einer beliebigen Geraden reibungslos verschieben kann (Abb. 143a). Die dabei auftretende Lagerkraft $\mathfrak{A}$ kann nur in die durch a senkrecht zur Verschiebungsrichtung gelegte Ebene fallen. Wird, wie in Abb. 143a, die Verschiebungsrichtung als Y-Achse gewählt, so liegt die Lagerkraft in der XZ-Ebene. Sie ist hier durch ihre beiden Komponenten A_x und A_z bestimmt. Das in einer Geraden verschiebliche räumliche Stützgelenk ist also statisch zweiwertig. Es kann

durch zwei in die X- bzw. Z-Richtung fallende Pendelstützen ersetzt werden (Abb. 143b).

3. Das in einer Ebene verschiebliche räumliche Stützgelenk kann eine Lagerkraft nur in der durch den Lagerpunkt a gehenden, zur Verschiebungsebene senkrechten Richtung aufbringen. Wird die Verschiebungsebene als XY-Ebene gewählt, so ist eine Lagerkraft $A = A_z$ nur in der Z-Richtung möglich. Dieses Lager ist also statisch einwertig und kann durch eine in die Z-Richtung fallende Pendelstütze ersetzt werden (Abb. 144).

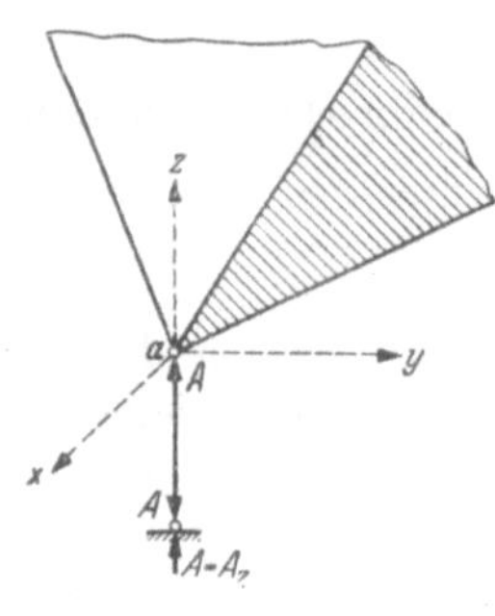

Bezüglich der Richtung der Reaktionskomponenten A_x, A_y, A_z soll — wie bei der ebenen Stützung — vorausgesetzt werden, daß diese Kräfte sowohl Druck- als auch Zugkräfte sein können. Im letzteren Falle muß durch besondere Maßnahmen dafür gesorgt werden, daß ein Abheben des Körpers vom Lager nicht eintreten kann.

4. Die feste räumliche Einspannung (Abb. 145). Diese entsteht, wenn der Körper in einer Ebene $abcd$ unverschieblich und unter Verhinderung jeglicher Drehung festgehalten wird. Eine solche Lagerung schließt jede Bewegungsmöglichkeit im Raume aus, hält den Körper also gegen jeden Kraftangriff im Gleichgewicht. Sie ist statisch sechswertig. Die sechs voneinander

Abb. 144

unabhängigen Reaktionskomponenten sind je ein Widerstand A_x, A_y, A_z in den drei Achsrichtungen X, Y, Z und je ein Einspannmoment (Reaktionsmoment) M_{ex}, M_{ey}, M_{ez} in bezug auf diese drei Achsen.

Durch geeignete Auswahl und Anordnung der unter 1 bis 4 besprochenen Lagerarten läßt sich für jeden starren Körper bei beliebiger Belastung eine statisch bestimmte und stabile Lagerung bewirken. Damit dieses der Fall ist, muß die Anzahl der vorhandenen Reaktionskomponenten gerade gleich sechs sein, entsprechend den sechs Gleichgewichtsbedingungen des starren Körpers. Außerdem müssen die Stützen so angeordnet sein, daß bei beliebigem Kraftangriff jede Stützkomponente eine bestimmte Bewegungsmöglichkeit des Körpers verhindert, und zwar derart, daß ohne ihr Vorhandensein diese eine Bewegung eintreten könnte.

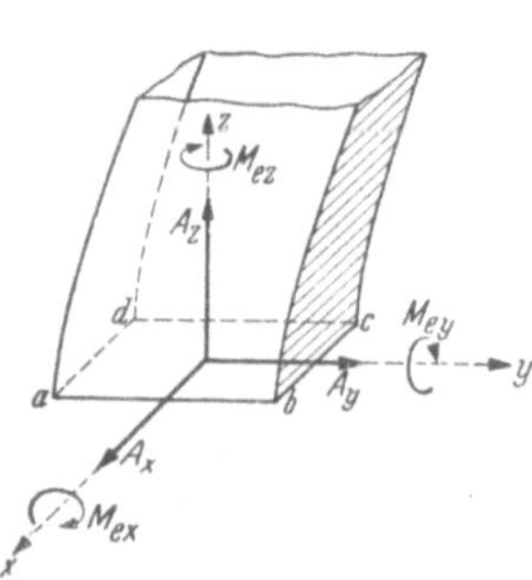

Ob die gewählte Lagerung eines starren Körpers statisch bestimmt und stabil ist, läßt sich immer mit Hilfe der sechs Gleichgewichtsbedingungen des Körpers

Abb. 145

auf analytischem Wege entscheiden. Ist nämlich die eindeutige Lösung dieser Gleichgewichtsbedingungen nach den unbekannten Lagerreaktionen bei beliebigem Kraftangriff möglich, und ergibt sich dabei für jede einzelne Lagerkraft eine endliche Größe (bzw. der Wert Null), so ist die Stützung auf jeden Fall statisch bestimmt und stabil. Dieser Fall liegt vor, wenn die Koeffizientendeterminante $\varDelta$ der Gleichgewichtsbedingungen $\lessgtr 0$ wird. Ergibt die Rechnung dagegen gerade $\varDelta = 0$, so handelt es sich um eine instabile, bei beliebiger Belastung unbrauchbare Lagerung. Gleichgewicht ist in solchen Fällen nur möglich, wenn die gegebene Belastung des Körpers bestimmte Bedingungen erfüllt. Außerdem ist die Stützung dann statisch unbestimmt.

Nachstehend mögen beispielsweise einige Stützungsarten starrer Körper besprochen werden.

Der in Abb. 146 dargestellte starre Körper von konstanter Dicke d, dessen obere und untere Grundflächen gleichseitige Dreiecke bilden, ist im Punkte a durch drei, im Punkte b durch zwei und in c durch eine Pendelstütze festgehalten. Diese Stützen sollen den Koordinatenachsen X, Y, Z parallel laufen, deren Anfangspunkt in das Stützgelenk a gelegt ist (Abb. 146). Die Lagerung in a entspricht einem festen, die in b einem längs einer Geraden (parallel der X-Achse) verschieblichen und die in c einem in der XY-Ebene verschieblichen Stützgelenk. Insgesamt sind also sechs voneinander unabhängige Reaktionskomponenten zu erwarten. Die Belastung des Körpers bestehe in einer lotrechten Einzelkraft P, die durch den Schwerpunkt S der oberen Grundfläche geht, und einer im Schwerpunkt S' der rechten Seitenfläche angreifenden Kraft H senkrecht zu dieser Fläche.

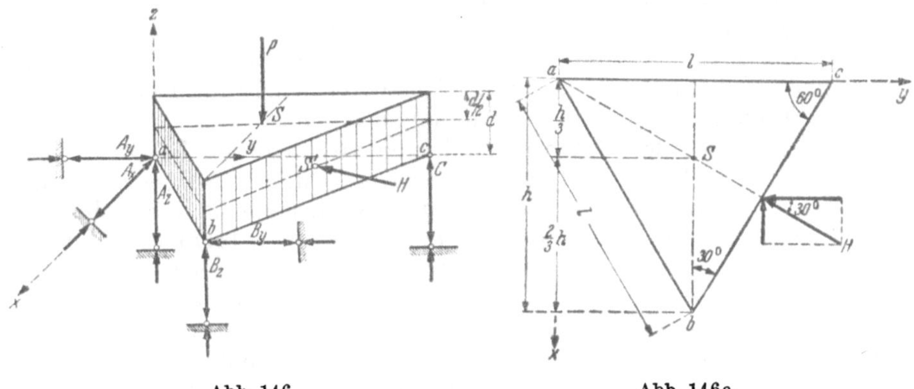

Abb. 146   Abb. 146a

Mit den Bezeichnungen der Abb. 146 und 146a lauten die statischen Gleichgewichtsbedingungen (53) wie folgt:

$$1. \quad \sum X = 0 = -A_x - H \sin 30°$$

$$2. \quad \sum Y = 0 = A_y - B_y - H \cos 30°$$

$$3. \quad \sum Z = 0 = A_z + B_z + C - P = 0$$

$$4. \quad \sum M_x = 0 = -B_z \frac{l}{2} - Cl + P \frac{l}{2} - H \cos 30° \frac{d}{2}$$

$$5. \quad \sum M_y = 0 = B_z h - P \frac{h}{3} + H \sin 30° \frac{d}{2}$$

$$6. \quad \sum M_z = 0 = B_y h.$$

Aus 1. folgt $A_x = -H \sin 30° = -\dfrac{1}{2} H$

$$\text{,, } 5. \text{ ,, } \quad B_z = \frac{1}{3} P - H \sin 30° \frac{d}{2h} = \frac{1}{3} P - \frac{1}{4} H \frac{d}{h}$$

$$\text{,, } 6. \text{ ,, } \quad B_y = 0$$

$$\text{,, } 2. \text{ ,, } \quad A_y = H \cos 30° = H \frac{h}{l}$$

$$\text{,, } 4. \text{ ,, } \quad C = \frac{1}{3} P + \frac{1}{8} H \frac{d}{h} - \frac{1}{2} H \frac{hd}{l^2}$$

$$\text{,, } 3. \text{ ,, } \quad A_z = \frac{P}{3} + \frac{1}{8} \cdot H \frac{d}{h} + \frac{1}{2} H \frac{hd}{l^2}.$$

Wie man sieht, ist die Auflösung der sechs Gleichgewichtsbedingungen nach den Lagerkräften bei der hier angenommenen Belastung eindeutig möglich. Daß sich die Reaktion B_y zu Null ergibt, folgt daraus, daß die Horizontalkraft H im vorliegenden Falle die Z-Achse schneidet. Die gegebenen Lasten P und H können also eine Drehung des Körpers um diese Achse nicht hervorrufen, weshalb die einzige Reaktion, die eine solche Drehung verhindern würde — nämlich B_y — zu Null werden muß. Würde die Kraft H eine andere als die angenommene Richtung haben, so würde auch B_y einen von Null verschiedenen Wert annehmen.

Die in Abb. 146 angegebene Stützung ist aber auch für jede andere Belastung statisch bestimmt und stabil. Man kann sich leicht davon überzeugen, wenn man eine beliebige Last mit den Komponenten P_x, P_y, P_z annimmt, deren Angriffspunkt in bezug auf die Achsen X, Y, Z die Koordinaten x, y, z besitzt. Dann lauten die Gleichungen (53)

$$1.\ \textstyle\sum X = 0 = -A_x + P_x; \qquad\qquad 4.\ \textstyle\sum M_x = 0 = -B_z \frac{l}{2} - Cl + P_y z - P_z y$$

$$2.\ \textstyle\sum Y = 0 = A_y - B_y + P_y; \qquad\qquad 5.\ \textstyle\sum M_y = 0 = B_z h + P_z x - P_x z$$

$$3.\ \textstyle\sum Z = 0 = A_z + B_z + C + P_z; \qquad 6.\ \textstyle\sum M_z = 0 = B_y h + P_x y - P_y x.$$

Die Auflösung dieser Gleichungen nach den sechs unbekannten Reaktionsgrößen ist eindeutig möglich.

Die Verteilung der sechs Stützkomponenten auf die einzelnen Lager kann auch so erfolgen, daß drei statisch zweiwertige Auflager vorhanden sind. Eine solche Stützung zeigt Abb. 147, bei der wieder die drei Lager durch sechs den Koordinatenachsen X, Y, Z parallel laufende Pendelstützen ersetzt sind. Auch diese Stützung ist statisch bestimmt und stabil.

Würde dagegen die der Y-Achse parallele Pendelstütze des Lagers b durch eine der X-Achse parallele ersetzt, so wäre der Körper in der Lage, eine Parallelverschiebung längs der Y-Achse auszuführen. Gleichgewicht wäre also nur möglich, wenn die Belastung des Körpers nur aus Kräften bestünde, die keine Lastkomponente in der Y-Richtung besitzen (bedingtes Gleichgewicht). Die Stützung wäre außerdem statisch unbestimmt, da zur Berechnung der sechs unbekannten Lagerkräfte nur noch fünf Gleichgewichtsbedingungen verfügbar sind, nachdem in der Bedingung $\sum Y = 0$ keine Unbekannte auftritt.

Auch die in Abb. 148 angegebene Lagerung eines starren Körpers in den drei Punkten a, b, c eines Kreises mittels statisch zweiwertiger Stützgelenke ist instabil, wenn die Lager senkrecht abgestützt sind und in Tangenten an den Kreis geführt wer-

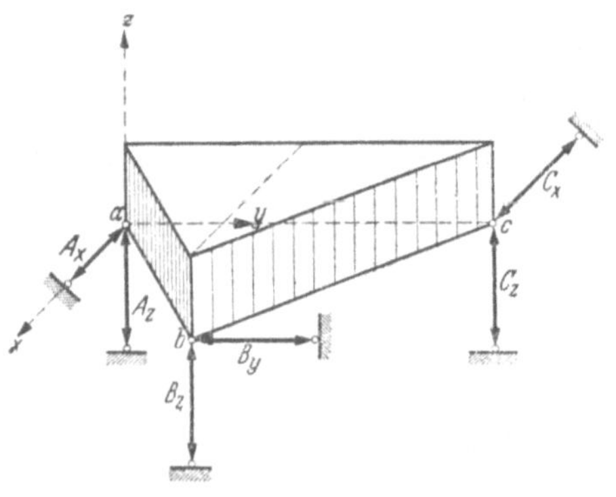

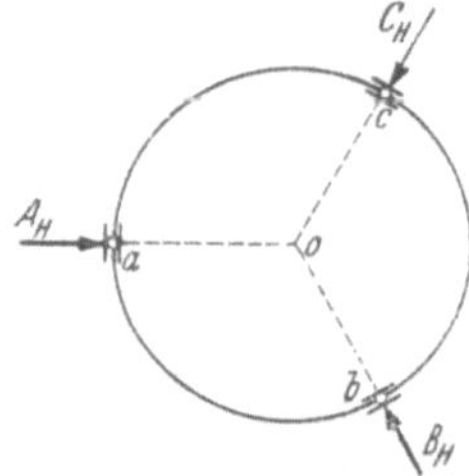

Abb. 147   Abb. 148

den. Wie man sofort erkennt, ist nämlich keine der sechs Stützkräfte in der Lage, das Drehungsgleichgewicht um die durch den Kreismittelpunkt O gelegte lotrechte Achse herzustellen.

Eine statisch bestimmte und stabile Lagerung des starren Körpers läßt sich auch erreichen, indem man in sechs Punkten des Körpers je ein einwertiges Stützgelenk anordnet, wie z. B. in Abb. 149, wo die einzelnen Lager der besseren Übersicht halber wieder durch Pendelstützen parallel zu den Koordinatenachsen X, Y, Z ersetzt sind. (Die im Punkte c punktiert angedeutete Reaktion C' denke man sich vorläufig weg.) Für eine beliebige Last mit den Komponenten P_x, P_y, P_z und dem Angriffspunkt O (x, y, z) lauten die Gleichgewichtsbedingungen mit den aus Abb. 149 ersichtlichen Bezeichnungen:

$$1)\ \textstyle\sum X = 0 = -B - C + E + P_x;$$

$$2)\ \textstyle\sum Y = 0 = F + P_y;$$

$$3)\ \textstyle\sum Z\ \ \ = 0 = A + D + P_z\,;$$

$$4)\ \textstyle\sum M_x = 0 = -\,D l_2 + F l_3 + P_y z - P_z y\,;$$

$$5)\ \textstyle\sum M_y = 0 = -\,E l_3 + P_z x - P_x z\,;$$

$$6)\ \textstyle\sum M_z = 0 = (E - C) l_2 - F l_1 + P_x y - P_y x\,.$$

Man überzeugt sich leicht, daß diese Gleichungen nach den sechs Unbekannten eindeutig lösbar sind. Die Stützung ist also auf jeden Fall statisch bestimmt und stabil.

Ersetzt man dagegen die Stütze C durch eine der Y-Achse parallele Stütze C' im Punkte c (Abb. 149), so lauten die Gleichgewichtsbedingungen folgendermaßen

$$1)\ \textstyle\sum X\ \ \ = 0 = -\,B + E + P_x\,;$$

$$2)\ \textstyle\sum Y\ \ \ = 0 = -\,C' + F + P_y\,;$$

$$3)\ \textstyle\sum Z\ \ \ = 0 = A + D + P_z\,;$$

$$4)\ \textstyle\sum M_x = 0 = -\,D l_2 + F l_3 + P_y z - P_z y\,;$$

$$5)\ \textstyle\sum M_y = 0 = -\,E l_3 + P_z x - P_x z\,;$$

$$6)\ \textstyle\sum M_z = 0 = (C' - F) l_1 + E l_2 + P_x y - P_y x\,;$$

Aus 5) folgt $E = \dfrac{1}{l_3}\,(P_z x - P_x z)$. Setzt man diesen Wert in 6) ein und beachtet, daß wegen 2) $C' - F = P_y$ ist, so wird

$$P_y l_1 = -\,\frac{l_2}{l_3}\,(P_z x - P_x z) - (P_x y - P_y x),$$

d. h. die Lasten müssen unter sich die vorstehende Bedingung erfüllen, wenn Gleichgewicht überhaupt möglich sein soll (**bedingtes Gleichgewicht**). Da E bekannt ist, folgt aus

$$1)\ B = \frac{1}{l_3}\,(P_z x - P_x z) + P_x\,.$$

Zur Berechnung der noch fehlenden Unbekannten A, C', D und F stehen nur noch die drei Gleichungen 2), 3) und 4) zur Verfügung. Die Aufgabe wäre also statisch unbestimmt.

Die oben besprochene Gleichgewichtsaufgabe (mit Stütze C) kann auch so aufgefaßt werden, daß man die gegebene Last $\mathfrak{P}$ (P_x, P_y, P_z) nach den sechs Richtungen A bis F zerlegt. Dann müssen

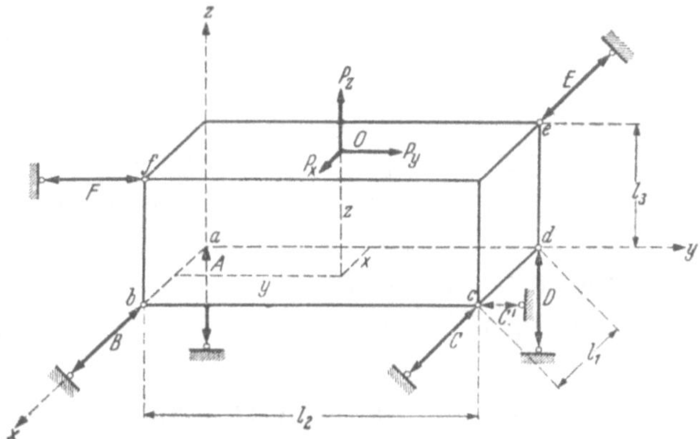

Abb. 149

die Komponenten von $\mathfrak{P}$ nach diesen Richtungen das Entgegengesetzte der hier gefundenen Reaktionen sein (vgl. S. 56).

Allgemein läßt sich sagen, daß für eine statisch bestimmte und stabile Stützung folgende Bedingungen erfüllt sein müssen: Zunächst darf die Anzahl der voneinander unabhängigen Reaktionskomponenten nicht kleiner und nicht größer als sechs sein. Erfolgt die Stützung in einzelnen Punkten, so müssen sich diese Reaktionen auf mindestens drei nicht in einer Geraden liegende Punkte verteilen, da bei nur zwei Stützpunkten oder bei drei in einer Geraden liegenden eine Drehung des Körpers um diese Gerade möglich wäre. Hinsichtlich der Richtung der einzelnen Lagerreaktionen muß ferner nach den Ausführungen auf S. 57 die Forderung erhoben werden, daß nicht mehr als drei durch einen Punkt gehen, nicht mehr als drei einander parallel sind und nicht mehr als drei in einer Ebene liegen. Es darf sich auch keine Gerade zeichnen lassen, welche die Richtungslinien der sechs Reaktionskomponenten schneidet oder ihnen parallel ist, da die Lagerkräfte in einem solchen Falle eine Drehung des Körpers um diese Gerade nicht verhindern könnten (vgl. Abb. 148). Schließlich dürfen auch nicht zwei Reaktionen in dieselbe Gerade fallen, da eine von ihnen bereits genügt, um den starren Körper in dieser Richtung festzuhalten. Im übrigen liefert die Untersuchung der Koeffizientendeterminante $\varDelta$ ein untrügliches Mittel zur Beurteilung der Stabilität einer Stützung (vgl. S. 119).

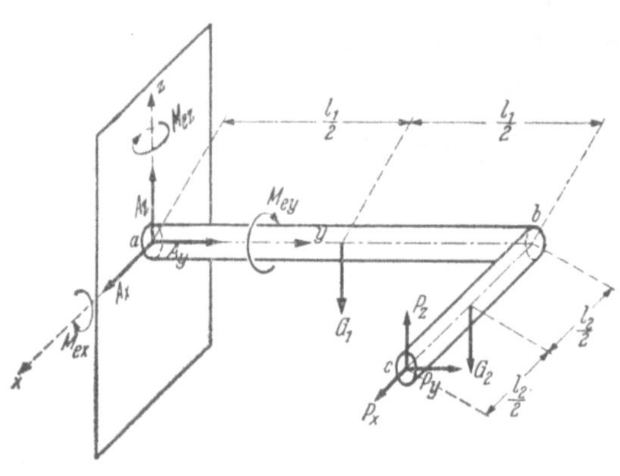

Abb. 150

Bei Stäben verwendet man zur statisch bestimmten und stabilen Lagerung häufig eine feste räumliche Einspannung. Die Berechnung der dabei auftretenden sechs Reaktionsgrößen möge am Beispiel der Abb. 150 erläutert werden.

Der bei b rechtwinklig abgebogene Stab a—b—c, dessen Achse in der XY-Ebene liegt, sei bei a in einer starren Wand fest eingespannt und mit den Gewichten G_1 bzw. G_2 in den Stabmitten sowie einer Einzellast $\mathfrak{P}$ mit den Komponenten P_x, P_y, P_z im Schwerpunkt des Endquerschnitts c belastet. An der Einspannstelle treten drei Reaktionskräfte A_x, A_y, A_z in Richtung der drei Koordinatenachsen X, Y, Z und drei Reaktionsmomente M_{ex}, M_{ey}, M_{ez} in bezug auf diese

Achsen auf. Demnach erhält man folgende Gleichgewichtsbedingungen:

$$1. \ \textstyle\sum X = 0 = A_x + P_x; \qquad\qquad 4. \ \textstyle\sum M_x = 0 = M_{ex} + G_1 \frac{l_1}{2} + (G_2 - P_z)\,l_1;$$

$$2. \ \textstyle\sum Y = 0 = A_y + P_y; \qquad\qquad 5. \ \textstyle\sum M_y = 0 = M_{ey} + P_z l_2 - G_2 \frac{l_2}{2};$$

$$3. \ \textstyle\sum Z = 0 = A_z - (G_1 + G_2) + P_z; \quad 6. \ \textstyle\sum M_z = 0 = M_{ez} + P_x l_1 - P_y l_2.$$

Aus diesen Gleichungen ergeben sich die Reaktionskräfte

$$A_x = -P_x; \qquad A_y = -P_y; \qquad A_z = G_1 + G_2 - P_z;$$

und die Reaktionsmomente

$$M_{ex} = (P_z - G_2)\,l_1 - G_1 \frac{l_1}{2}\,; \qquad M_{ey} = G_2 \frac{l_2}{2} - P_z l_2; \qquad M_{ez} = P_y l_2 - P_x l_1.$$

10. Starrer Körper auf waagerechter Unterlage.

Stützt sich ein starrer Körper gegen die waagerechte Oberfläche eines anderen ruhenden Körpers, so kann letzterer an den Berührungsstellen — unter der Voraussetzung ideal glatter Oberflächen — nur lotrecht aufwärts gerichtete Stützwiderstände leisten. Gleichgewicht des gestützten Körpers ist daher nur möglich, wenn auch die Lasten lotrecht gerichtet sind oder aber eine lotrechte Resultante besitzen. (Über den Einfluß der Reibung als stützende Kraft vgl. den folgenden Abschnitt.)

Findet die Berührung des Körpers mit der Lagerebene in einem Punkte oder in einer Geraden statt, so muß die Resultante der Lasten durch den Berührungspunkt bzw. die Berührungsgerade gehen, da andernfalls eine Drehung des Körpers um diesen Punkt (Gerade) eintreten würde. Der Reaktionsdruck der Lagerebene muß im Gleichgewichtsfalle in die gleiche Gerade wie die Lastresultante fallen und die entgegengesetzte Richtung besitzen.

Unterliegt der gestützte Körper nur der Wirkung der Schwere und ist seine Oberfläche an der Berührungsstelle mit der Lagerebene kugelförmig oder zylindrisch gestaltet, so geht die lotrechte Lagerkraft durch den Kugelmittelpunkt bzw. die Zylinderachse. In dieser Lotrechten muß im Gleichgewichtsfalle der Körperschwerpunkt liegen. Je nachdem ob er nun lotrecht unterhalb oder oberhalb des Kugelmittelpunktes bzw. der Zylinderachse liegt oder damit zusammenfällt, hat man drei verschiedene Gleichgewichtszustände zu unterscheiden:

Im ersten Fall (Abb. 151, homogene Halbkugelschale) kehrt der Körper, wenn man ihn ein wenig aus seiner Gleichgewichtslage auslenkt, unter der Wirkung des von dem Normalwiderstand N und dem Körpergewicht G gebildeten Kräftepaares in seine Gleichgewichtslage zurück. Das Gleichgewicht ist stabil (sicher).

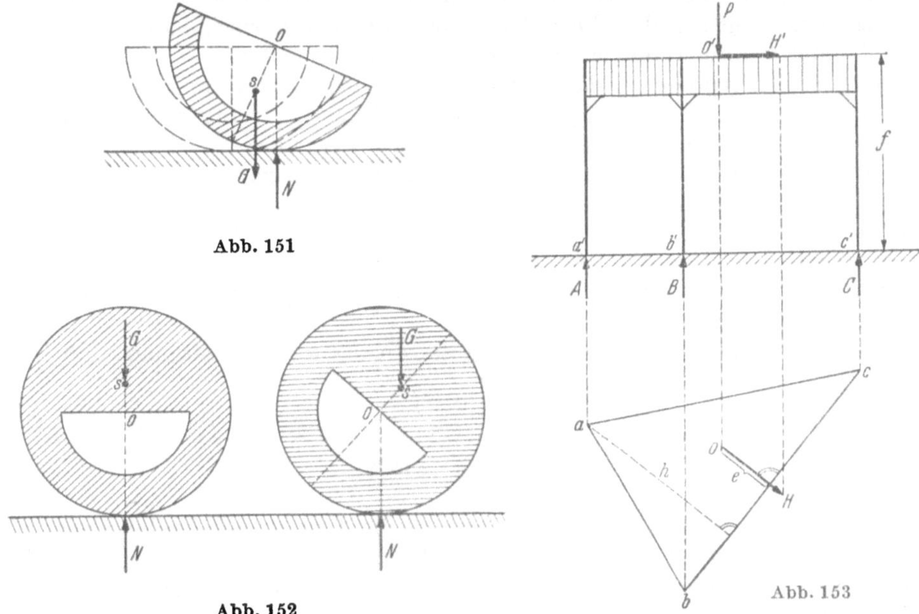

Abb. 151

Abb. 152

Abb. 153

Handelt es sich dagegen, wie in Abb. 152, um einen kugelförmigen oder zylindrischen Hohlkörper mit unsymmetrischer Aussparung, und zwar dergestalt, daß der Hohlraum sich unten befindet, der Körperschwerpunkt S also oberhalb des Kugelmittelpunktes bzw. der Zylinderachse O liegt, so ist das Gleichgewicht in der angegebenen Lage labil (unsicher). Ein solcher Körper wird sich, ein wenig aus seiner Gleichgewichtslage gedreht, unter der Wirkung des entstehenden Kräftepaares (G und N) weiter aus dieser entfernen. Erst wenn der Hohlraum nach oben zu liegen kommt, d. h. wenn S unterhalb von O liegt, ist das Gleichgewicht wieder stabil.

Bei einer homogenen Vollkugel oder einem Vollzylinder liegt der Schwerpunkt S im Kugelmittelpunkt bzw. in der Zylinderachse. In diesem Falle gehen das Körpergewicht G und der Normalwiderstand N der horizontalen Stützebene durch S, fallen also in dieselbe Gerade. Der Körper befindet sich in jeder Lage im Gleichgewicht, das man jetzt als indifferent (unentschieden) bezeichnet.

Wird ein mit einer lotrechten Einzelkraft P belasteter Körper in drei nicht in einer Geraden liegenden Punkten a, b, c gegen eine horizontale Ebene abgestützt (Abb. 153), so wendet man zur Berechnung der drei lotrechten Stützkräfte

A, B, C zweckmäßig die Momentengleichungen in bezug auf die drei Drehachsen durch je zwei Stützpunkte an. So ergibt sich z. B. mit den Bezeichnungen der Abb. 153 (in der man sich zunächst die horizontale Last H entfernt denke) für die Stützkraft A aus dem Momentengleichgewicht in bezug auf die Achse b—c

$$A = P \frac{e}{h}. \tag{135}$$

Entsprechend bestimmt man die Lagerkräfte B und C.

Steht der Körper ohne Verankerung frei auf der horizontalen Stützebene, so können die Lagerwiderstände keine negativen (nach abwärts gerichteten) Werte annehmen. Nun wird in Gl. (135) $A = 0$ für $e = 0$, d. h. wenn die Richtungslinie von P die Seite b—c des Stützdreiecks a—b—c gerade schneidet. Diese Lage stellt eine Grenzlage des Gleichgewichts dar. Würde die Richtungslinie der Kraft P die Stützebene außerhalb des Dreiecks a—b—c schneiden (z. B. bei einem seitlich über die Stützen auskragenden Körper), so wäre Gleichgewicht ohne Verankerung der Stützen nicht mehr möglich.

Es sei jetzt angenommen, daß außer der lotrechten Last P im Punkte O noch die Horizontalkraft H angreifen möge, deren Richtung senkrecht zur Kante b—c stehen möge. Dann können die lotrechten Stützkräfte A, B, C allein kein Gleichgewicht mehr herbeiführen. Es müßten an den Lagerstellen noch waagerechte Widerstände hinzutreten. Bis zu einem gewissen Grade werden diese durch die Reibung geliefert (vgl. den nächsten Abschnitt). Hier möge statt dessen angenommen werden, daß eine vorspringende Kante die seitliche Verschiebung des Körpers verhindere. Außer dem Ruhezustande ist dann nur ein Kippen um diese Kante möglich.

Das Momentengleichgewicht in bezug auf die Kante b—c verlangt, daß

$$Ah - Pe + Hf = 0$$

wird, woraus folgt

$$A = \frac{1}{h}(Pe - Hf).$$

A wird zu Null, wenn $Pe = Hf$ ist, womit die Grenze des Drehungsgleichgewichts erreicht wäre. Gleichgewicht ist also nur möglich, solange $Pe \geqq Hf$ ist. Pe heißt das **Standsicherheits**-, Hf das **Umsturzmoment**.

Wird der starre Körper in mehr als drei Punkten gegen eine horizontale Ebene abgestützt, so lassen sich die Stützkräfte mit Hilfe der statischen Gleichgewichtsbedingungen nicht mehr ermitteln. Eine solche Stützung ist statisch unbestimmt.

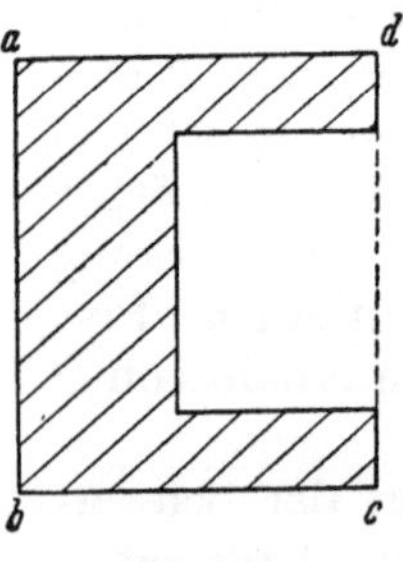

Abb. 154

Ähnliche Überlegungen wie die hier angestellten gelten auch dann, wenn ein starrer Körper in einer ebenen Fläche (also nicht in einzelnen Punkten) gegen eine horizontale Lagerebene abgestützt ist. An die Stelle des Stützdreiecks a—b—c in Abb. 153 tritt dann die Grundfläche, in welcher der Körper abgestützt ist. Hat diese einspringende Teile, wie in Abb. 154, so ist nicht erforderlich, daß die Resultante der Lasten durch die wirkliche (hier schraffierte) Berührungsfläche zwischen Körper und Stützebene geht. Man erhält vielmehr den hier für die Standsicherheit maßgebenden Bereich der Grundfläche, indem man die eigentliche Berührungsfläche so weit ergänzt, daß einspringende Winkel fortfallen (Fläche a—b—c—d), denn eine Seite oder Tangente der Grundfläche kann nur dann zu einer Drehkante werden, wenn ihre Verlängerung die Berührungsfläche nicht schneidet.

11. Das räumliche Fachwerk.

Im Anschluß an die in Ziffer 8 dieses Abschnittes besprochene elementare Theorie des ebenen Fachwerks sollen hier noch einige allgemeine Bemerkungen über Raumfachwerke folgen.

Entsprechend der räumlichen Anordnung der Stäbe denkt man sich diese in den Knotenpunkten durch Kugelgelenke miteinander verbunden, die eine freie Drehbarkeit der Stäbe nach allen Richtungen ermöglichen. Auch hier wird — wie in der Ebene — vorausgesetzt, daß alle Kräfte (einschließlich der Lagerreaktionen) in den Knotenpunkten angreifen, weshalb alle Stäbe nur axialen Zug oder Druck erhalten.

Ein gestütztes Raumfachwerk heißt statisch bestimmt, wenn bei beliebig gerichteten, auf das System wirkenden Lasten die Stabspannkräfte und Auflagerreaktionen lediglich mit Hilfe der statischen Gleichgewichtsbedingungen bestimmt werden können. Besitzt das Fachwerk k Knotenpunkte, r Stäbe und a Stützungen, wo a gleich der Anzahl der voneinander unabhängigen Reaktionskomponenten ist, so stehen den $r + a$ unbekannten Stab- und Lagerkräften $3\,k$ Knotengleichgewichtsbedingungen gegenüber, da für jeden der k Knoten die drei Gleichgewichtsbedingungen des Punktes im Raume gelten (vgl. S. 48). Soll also das System statisch bestimmt sein, so ist erforderlich, daß

$$r + a = 3\,k \tag{136}$$

wird. Voraussetzung ist dabei, daß die Koeffizientendeterminante der Gleichgewichtsbedingungen einen von Null verschiedenen Wert hat, da andernfalls die Unbekannten der Aufgabe für beliebige Belastungsfälle nicht eindeutig bestimmt werden können.

Übersteigt die Anzahl der unbekannten Stab- und Lagerkräfte die Zahl der verfügbaren Knotengleichgewichtsbedingungen, so können erstere auf statischem Wege nicht ermittelt werden. Ein so gegliedertes und gestütztes Fachwerk ist statisch unbestimmt. Ist endlich die Zahl der unbekannten Stab- und Lagerkräfte kleiner als $3\,k$, so ist Gleichgewicht im allgemeinen nicht möglich, das Fachwerk also für praktische Zwecke unbrauchbar.

In Ziffer 9 wurde gezeigt, daß zur statisch bestimmten und stabilen Lagerung eines starren Körpers sechs voneinander unabhängige Stützwerte erforderlich sind. Besitzt nun ein Raumfachwerk, für das die Bedingung (136) erfüllt ist, gerade $a = 6$ Stützungen, so muß dieses, als freies Fachwerk betrachtet, in sich selbst statisch bestimmt und stabil sein, d. h. die für das freie Fachwerk notwendige Anzahl von Stäben ist

$$r = 3\,k - 6\,.$$

Andererseits können auch mehr als sechs Lagergrößen auftreten, ohne daß dadurch das System statisch unbestimmt wird, wenn man nur für jeden überzähligen Stützwert einen Stab aus dem Fachwerkverbande entfernt, wobei allerdings die Auswahl der zu entfernenden Stäbe nicht gleichgültig ist, falls das System stabil bleiben soll. Hinsichtlich der Ausbildung der Stützpunkte gilt dasselbe wie beim starren Körper (feste, in Geraden verschiebliche und in einer Ebene verschiebliche Lagergelenke).

Das einfachste Raumfachwerk entsteht, wenn man an ein Stabdreieck ABC einen Knotenpunkt D durch drei nicht in der Dreiecksebene liegende Stäbe anschließt. Mit dieser Grundfigur können weitere Knotenpunkte durch dreistäbigen Anschluß verbunden werden, wobei nur darauf zu achten ist, daß die drei Anschlußstäbe nicht in eine Ebene fallen, da andernfalls bei beliebiger Richtung einer in dem betreffenden Knoten angreifenden äußeren Kraft das

Knotengleichgewicht nicht hergestellt werden kann (vgl. S. 48). Der drei-
stäbige Knotenpunktsanschluß stellt also das einfachste Bildungsgesetz für das
räumliche Fachwerk dar.

Bezeichnen Q_x, Q_y, Q_z die Komponenten einer in einem Fachwerkknoten
angreifenden äußeren Kraft (bzw. der Resultante der an diesem Knoten wirkenden
äußeren Kräfte) nach den Achsen X, Y, Z eines rechtwinkligen Koordinaten-
systems, ferner $\cos \alpha_i$, $\cos \beta_i$, $\cos \gamma_i$ die Richtungscosinus des von diesem Knoten
ausgehenden Fachwerkstabes mit der Spannkraft S_i ($i = 1, 2, 3 \ldots$), dann
lauten die drei Knotengleichgewichtsbedingungen:

$$Q_x + \sum_i S_i \cos \alpha_i = 0; \quad Q_y + \sum_i S_i \cos \beta_i = 0; \quad Q_z + \sum_i S_i \cos \gamma_i = 0.$$

Sofern nun in dem betrachteten Knoten nur drei Stäbe zusammentreffen,
lassen sich deren Spannkräfte aus den vorstehenden Gleichungen eindeutig
bestimmen.

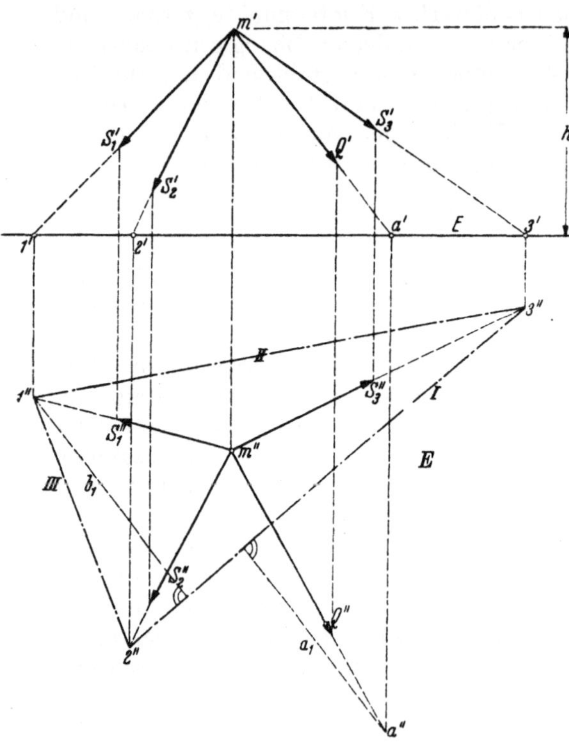

Abb. 155

Ein Fachwerk, welches mindestens einen Knoten besitzt,
von dem nur drei Stäbe — und
damit drei unbekannte Stabkräfte — ausgehen, und bei dem
sich, von Knoten zu Knoten
fortschreitend, immer ein weiterer Knoten finden läßt, an
dem nur drei neue unbekannte
Stabkräfte hinzutreten, sei als
ein einfaches Raumfachwerk
bezeichnet (vgl. auch S. 110).
Bei einem solchen können durch
wiederholte Auflösung der obigen Knotengleichgewichtsbedingungen sämtliche unbekannten Stabspannkräfte bestimmt
werden.

Die unmittelbare Anwendung
dieser Gleichgewichtsbedingungen ist indessen umständlich,
falls sich nicht durch entsprechende Wahl der Koordinatenachsen wesentliche Vereinfachungen erzielen lassen. Ist
dieses nicht der Fall, so führt

das nachstehende Verfahren schnell zum Ziele.

In Abb. 155 seien m' und m'' die Auf- und Grundrißprojektion des Knoten-
punktes m eines Raumfachwerkes und S_1', S_2', S_3' bzw. S_1'', S_2'', S_3'' die Spannkräfte der von m ausgehenden Stäbe im Auf- und Grundriß. Im Knoten m greife
ferner die beliebig gerichtete Last Q an, die mit den Spannkräften der Stäbe
im Gleichgewicht stehen soll. Man denke sich die Richtungslinien der drei Stäbe
und der Kraft Q bis zum Schnitt *1, 2 ,3, a* mit einer beliebigen Horizontalebene E
im Abstand h von m verlängert und zerlege die nach diesen Punkten verschoben
gedachten Stabkräfte S_1, S_2, S_3, die zunächst als Zugkräfte eingeführt werden, sowie die Kraft Q in ihre Vertikal- und Horizontalprojektionen. Dann
stehen erstere in den Punkten *1, 2, 3, a* senkrecht zur Ebene E, während letztere
in diese Ebene fallen. Stellt man nun die Momentengleichung aller Kraftkom-

ponenten z. B. in bezug auf die die Punkte $2''$ und $3''$ der Ebene E verbindende Achse I auf, so gehen in diese Gleichung nur die Vertikalkomponenten S_{1v} von S_1 und Q_v von Q ein, da S_2 und S_3 sowie die Horizontalkomponenten von S_1 und Q die Achse I schneiden (bzw. ihr parallel sind). Es seien nun $l_1 = m\,1$, $l_2 = m\,2$, $l_3 = m\,3$, $\lambda = m\,a$ die wahren Längen der einzelnen Kraftlinien vom Knoten m bis zu ihren Schnittpunkten mit der Ebene E. Dann ist $S_{1v} = S_1 \dfrac{h}{l_1}$ und $Q_v = Q \dfrac{h}{\lambda}$. Die Momentengleichung in bezug auf die Achse I lautet also:

$$S_{1v}\, b_1 - Q_v\, a_1 = 0,$$

woraus folgt

$$S_1 = Q \frac{a_1}{b_1} \frac{l_1}{\lambda}.$$

In gleicher Weise findet man aus den Momentengleichungen in bezug auf die Achsen II und III

$$S_2 = - Q \frac{a_2}{b_2} \frac{l_2}{\lambda}\,; \qquad S_3 = - Q \frac{a_3}{b_3} \frac{l_3}{\lambda}\,,$$

wenn a_2 und b_2 die Lote von a'' bzw. $2''$ auf die Achse II, a_3 und b_3 die Lote von a'' bzw. $3''$ auf die Achse III bezeichnen. Wie man aus den Vorzeichen ersieht, ergibt sich S_1 als Zug, während S_2 und S_3 Druckkräfte darstellen.

Zur Ermittlung der drei Spannkräfte S_1, S_2, S_3 kann man sich auch des graphischen Verfahrens bedienen, das bei der Zerlegung einer Kraft nach drei durch einen Punkt gehenden Richtungen besprochen wurde (S. 48). Dabei ist allerdings zu beachten, daß der bei der Zerlegungsaufgabe gefundene Pfeilsinn für die hier behandelte Gleichgewichtsaufgabe umgekehrt werden muß. Die Kräftepolygone müssen also hier stetigen Umfahrungssinn haben.

Bei Fachwerken, die nicht dem oben besprochenen einfachen Bildungsgesetz gehorchen, gelingt es mitunter, einen solchen Schnitt zu führen, daß alle von ihm getroffenen Stäbe mit Ausnahme eines einzigen eine bestimmte Achse schneiden. Stellt man nun das Moment aller am abgeschnittenen Fachwerkteil angreifenden Kräfte in bezug auf diese Achse auf, so enthält diese Gleichung nur eine unbekannte Stabkraft, die somit berechnet werden kann. Auch zur Bestimmung der Lagerkräfte läßt sich dieses der Ritterschen Schnittmethode nachgebildete Verfahren anwenden, wenn alle vom Schnitt getroffenen Stäbe eine bestimmte Achse schneiden, wie an dem nachfolgenden Beispiel gezeigt werden soll[1].

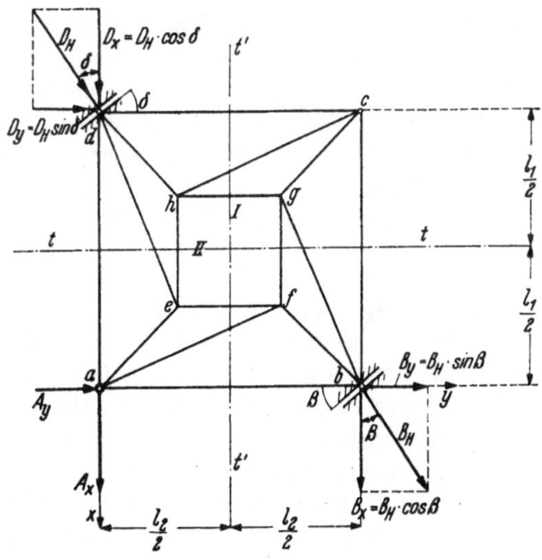

Abb. 156

Das in Abb. 156 im Grundriß dargestellte Raumfachwerk besitze im Punkte a ein festes, in b und d je ein längs einer horizontalen Geraden verschiebliches und in c ein in der Horizontalebene verschiebliches Stützgelenk. Insgesamt sind demnach $a = 8$ voneinander unabhängige Reaktionskomponenten vorhanden (vgl. S. 119). Da das Fachwerk $r = 16$ Stäbe und $k = 8$ Knotenpunkte besitzt, so ist die für das statisch bestimmte Fachwerk notwendige Bedingung $a + r = 3\,k$ erfüllt.

---

[1] Landsberg, Zentralblatt d. Bauverwaltung, 1903, S. 221 u. 361.

Das Fachwerk sei auf ein rechtwinkliges Koordinatensystem bezogen, dessen Ursprung in das Auflager a gelegt wird. Die Z-Achse sei wieder positiv nach aufwärts gerichtet, desgleichen die vier lotrechten Lagerkräfte A_z, B_z, C und D_z. Legt man nun durch das Fachwerk den lotrechten Schnitt $t—t$, so gehen die von diesem Schnitt getroffenen Fachwerkstäbe durch die Gerade I, in der sich die beiden Ebenen $a—e—h—d$ und $b—f—g—c$ schneiden bzw. sie sind dieser Geraden parallel. Die Momentengleichung aller an einer Fachwerkhälfte angreifenden Kräfte in bezug auf die Achse I enthält also keine Stabspannkräfte. Sie liefert somit eine Beziehung zwischen den am abgeschnittenen Fachwerkteil wirkenden Lagerkräften und der darauf entfallenden Belastung. In gleicher Weise kann man den lotrechten Schnitt $t'—t'$ legen und die Momentengleichung aller am linken oder rechten Fachwerkteil angreifenden Kräfte in bezug auf die Schnittgerade II der Ebenen $a—b—f—e$ und $c—d—h—g$ anschreiben, die ebenfalls keine Stabkräfte enthält.

Es möge jetzt h_I den Abstand der Achse I, h_{II} denjenigen der Achse II von der Lagerebene $a—b—c—d$ bezeichnen. Ferner sei M_{PI} das Moment der am Fachwerkteil $c—d—h—g$ angreifenden Lasten in bezug auf die Achse I, ebenso M_{PII} das Moment der am Fachwerkteil $b—c—g—f$ angreifenden Lasten in bezug auf die Achse II. Dann ergeben sich folgende Momentengleichungen:

Fachwerkteil $c—d—h—g$, bezogen auf Achse I:

$$(D_z - C)\frac{l_2}{2} - D_H \sin \delta \, h_I + M_{PI} = 0.$$

Fachwerkteil $b—c—g—f$, bezogen auf Achse II:

$$(B_z - C)\frac{l_1}{2} + B_H \cos \beta \, h_{II} + M_{PII} = 0.$$

Zu diesen zwei Gleichungen treten nun noch die sechs Gleichgewichtsbedingungen des ganzen Fachwerks, so daß zur Berechnung der acht unbekannten Lagerreaktionen insgesamt ebensoviele Bedingungen verfügbar sind.

In allen Fällen, bei denen die bisher besprochenen Verfahren zur Spannkraftermittlung versagen, führt die Methode der Stabvertauschung zum Ziele, vorausgesetzt, daß das vorliegende Fachwerk statisch bestimmt und stabil ist. Dieses Verfahren wurde bereits bei der Behandlung des ebenen Fachwerks besprochen (vgl. S. 117) und findet in analoger Weise auch auf räumliche Systeme Anwendung. Zu diesem Zwecke verwandelt man das zu untersuchende Fachwerk in ein einfaches, indem man einen oder mehrere Stäbe entfernt und an anderer Stelle ebensoviele Ersatzstäbe einzieht. In den Knotenpunkten der entfernten Stäbe bringt man in deren Richtung die Spannkräfte dieser Stäbe als Lasten Z_1, Z_2, ... an dem so gewonnenen einfachen Fachwerk an und stellt dessen Spannkräfte durch Überlagerung in der Form

$$S = S_0 + S_1 Z_1 + S_2 Z_2 + \ldots$$

dar, wo S_0, S_1, S_2, ... Z_1, Z_2, ... die gleiche Bedeutung haben wie auf S. 118. Aus der Bedingung, daß die Spannkräfte in den Ersatzstäben gleich Null sein müssen, ergeben sich n lineare Gleichungen mit n Unbekannten Z, wenn n die Anzahl der eingeführten Ersatzstäbe bezeichnet. Aus diesen n Gleichungen können die n unbekannten Stabkräfte Z_1, Z_2, ... der entfernten Stäbe berechnet werden, vorausgesetzt, daß die Koeffizientendeterminante dieser Gleichungen einen von Null verschiedenen Wert hat. Die Untersuchung dieser Determinante bietet somit ein Hilfsmittel, um sich über die Stabilität des Systems ein Urteil bilden zu können.

Der einzuschlagende Weg möge nachstehend an einem einfachen Beispiel erläutert werden. Gegeben sei das in Abb. 157 im Auf- und Grundriß dargestellte Fachwerk, das in den Punkten a, b, c, d gelenkig fest gelagert ist, so daß $a = 4 \cdot 3 = 12$ unbekannte Lagergrößen auftreten. Da ferner $r = 12$ Stäbe und $k = 8$ Knoten vorhanden sind, so ist die Bedingung (136) wieder erfüllt.

Um das vorgelegte Fachwerk in ein einfaches zu verwandeln, entferne man den Stab $e—h$, füge als Ersatz den in die Verlängerung von $e—h$ fallenden Stab

h—i ein, wobei i ein fester Punkt außerhalb des Fachwerks sei, und bringe in den Knotenpunkten e und h die zunächst unbekannte Spannkraft Z_1 des entfernten Stabes als Lasten an. Für jede Stabkraft des auf diese Weise entstandenen einfachen Fachwerkes gilt jetzt die Gleichung

$$S = S_0 + S_1 Z_1, \qquad (137)$$

wenn S_0 die Spannkraft infolge der gegebenen Belastung und S_1 diejenige infolge der gedachten Belastung $Z_1 = 1$ bezeichnet. Insbesondere erhält man für den Ersatzstab h—i die Stabkraft

$$S' = S_0' + S_1' Z_1.$$

Da dieser Stab in Wahrheit nicht vorhanden ist, so folgt aus der vorstehenden Gleichung mit $S' = 0$

$$Z_1 = -\frac{S_0'}{S_1'}. \qquad (138)$$

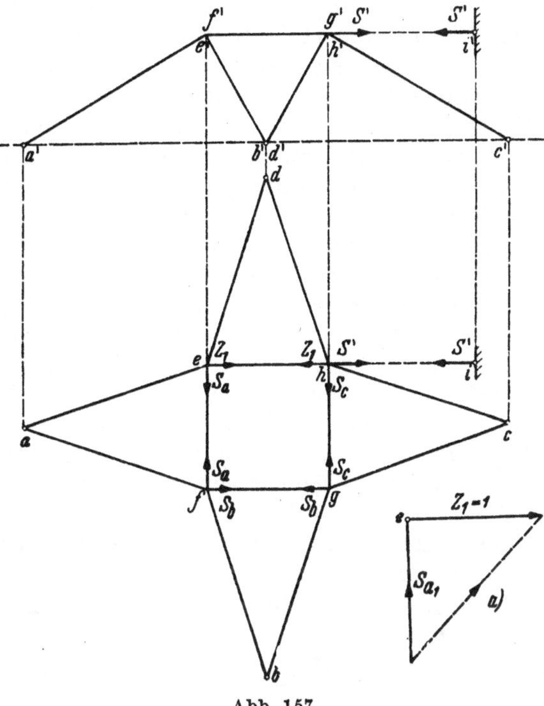

Abb. 157

Damit das vorgelegte Fachwerk auf alle Fälle stabil ist, muß $S_1' \gtrless 0$ sein, da andernfalls Z_1 und wegen (137) die Spannkräfte S der übrigen Stäbe des Fachwerks nicht eindeutig bestimmbar sind bzw. unendlich groß werden. Der Wert S_1' läßt sich in einfacher Weise berechnen, wie nachstehend gezeigt werden soll[1].

Zunächst möge die Spannkraft des vom Knoten e des einfachen Fachwerks ausgehenden Stabes e—f infolge $Z_1 = 1$ bestimmt werden. Soll am Knoten e Gleichgewicht bestehen, so muß die Resultante der Spannkräfte in den Stäben e—a und e—d in dieselbe Gerade fallen wie die Resultante der Stabkraft e—f und der Last $Z_1 = 1$, d. h. in die Schnittgerade der Ebenen a—e—d und e—f—g—h. Wegen der bestehenden Symmetrie ist diese Gerade parallel der Diagonale f—h. Wie aus dem Kräftedreieck Abb. 157 a hervorgeht, muß im Stabe e—f die Druckkraft $S_{a1} = -1$ herrschen, damit die Resultante aus dieser Kraft und der gedachten Last $Z_1 = 1$ parallel der Diagonale f—h wird. Geht man nun zum Knoten f weiter, so findet man aus demselben Grunde im Stabe f—g die Zugkraft $S_{b1} = 1$, ferner am Knotenpunkt g im Stabe g—h wieder die Druckkraft $S_{c1} = -1$. Am Knoten h müssen die drei Kräfte $Z_1 = 1$ (Zug), $S_{c1} = -1$ (Druck) und S_1' (im Stabe h—i) eine zur Diagonale e—g parallele Resultante liefern. Das ist aber nur möglich, wenn $S_1' = 0$ wird. Man erkennt also, daß nach den obigen Ausführungen das vorgelegte Fachwerk mit Rücksicht auf Gl. (138) unbrauchbar ist.

Würde man das System so ausbilden, daß an Stelle des Quadrates e—f—g—h ein regelmäßiges Fünfeck tritt und demnach auch fünf symmetrisch liegende

---

[1] Vgl. H. Müller-Breslau: Die neueren Methoden der Festigkeitslehre, 4. Aufl. S. 283. Leipzig 1913.

Stützpunkte vorhanden sind, so würde wieder ein statisch bestimmtes Fachwerk entstehen, das aber jetzt auch stabil ist. Man findet nämlich durch eine ähnliche Überlegung wie oben, daß beim regelmäßigen Fünfeck in dem Ersatzstab infolge der Belastung $Z_1 = 1$ die Zugkraft $S_1' = 2$ entsteht, also $\neq 0$. Daraus folgt ganz allgemein das zuerst von A. Föppl[1] bewiesene Gesetz, daß die hier besprochenen Systeme, welche unter dem Namen Netzwerkkuppeln zusammengefaßt werden, verschieblich sind, sofern die horizontalen Stabpolygone regelmäßige Figuren von gerader Seitenzahl sind, dagegen stabil, wenn die Seitenzahl ungerade ist.

Im letzteren Falle können, nachdem die Spannkraft Z_1 des entfernt gedachten Stabes aus (138) bestimmt ist, auch diejenigen aller übrigen Stäbe mittels der Beziehung (137) berechnet werden. Ähnlich hat man zu verfahren, wenn mehrere Ersatzstäbe eingeführt werden müssen.

Die Formen, welche die räumlichen Fachwerke annehmen können, sind äußerst mannigfaltig. Für die Technik sind diejenigen Systeme von besonderer Wichtigkeit, bei denen die gesamten tragenden Konstruktionsteile auf einem Mantel liegen, der einen einfach zusammenhängenden inneren Raum umschließt. Derartige Raumfachwerke bestehen im allgemeinen aus Sparren oder Schrägstäben und mehreren übereinander liegenden Stabpolygonen, auch Ringe genannt, in deren Ecken die Sparren oder Schrägstäbe angreifen. Um eine Verschiebung der Knotenpunkte zu verhindern, sind in den Mantelflächen — sofern diese nicht schon aus Dreiecken bestehen — Diagonalstäbe eingeschaltet. Die Gliederung der einzelnen Systeme kann wiederum je nach dem angewandten Bildungsgesetz sehr verschieden sein.

Abb. 158 zeigt den Grundriß einer regelmäßigen Netzwerkkuppel. Diese besteht aus regelmäßigen, in parallelen Ebenen liegenden „Stockwerkringen" und einzelnen Netzwerkstäben, welche die das Fachwerk in mehrere Geschosse oder Stockwerke teilenden Ringe verbinden und mit den Polygonseiten in der Mantelfläche liegende Dreiecke bilden. Im Gegensatz zu Abb. 157 besitzt die hier dargestellte Kuppel einen sogenannten Fußring und infolge-

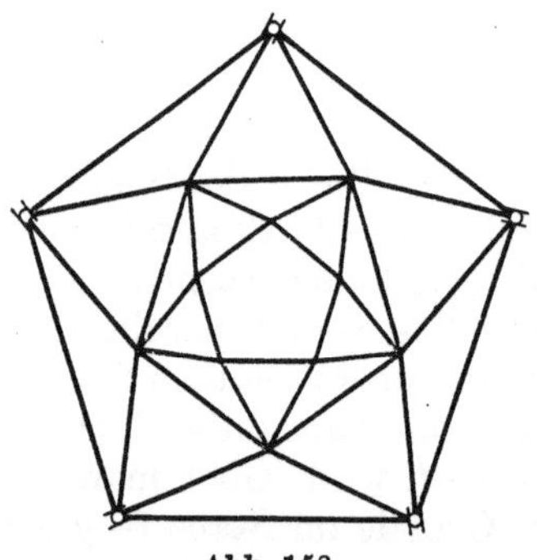

Abb. 158

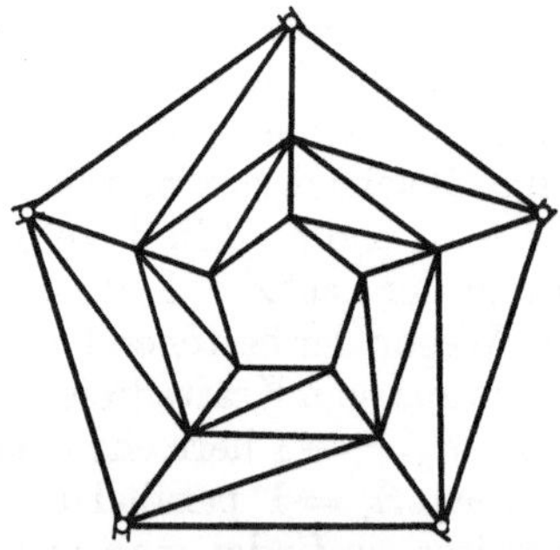

Abb. 159

dessen keine festen Auflager, sondern in Linien bewegliche. Auch hier ist, wie man sich leicht überzeugt, die Bedingung $r + a = 3\,k$ erfüllt. Hinsichtlich der Stabilität dieser Systeme gilt das weiter oben darüber bereits Gesagte

Den Netzwerkkuppeln im Aufbau verwandt sind die Schwedlerkuppeln (Abb. 159), welche aus ersteren hervorgehen, wenn man die Stockwerkringe so gegeneinander verschiebt, daß die entsprechenden Seiten der übereinander liegenden Ringe einander parallel sind. Die Schwedlerkuppeln sind besonders

---

[1] Föppl, A.: Vorl. über Techn. Mechanik, II. Bd. 5. Aufl., S. 257. Leipzig und Berlin 1920.

dadurch gekennzeichnet, daß sie in Meridianebenen liegende Sparren besitzen, die mit den Ringseiten Trapeze bilden, welche durch Diagonalen versteift sind. Die Sparren können geradlinig oder gebrochen sein. Hinsichtlich der Lagerung gilt das Gleiche wie bei den Netzwerkkuppeln. Die in Abb. 158 und 159 angedeutete Stützung ist insofern bemerkenswert, als außer den lotrechten Lagerkräften nur solche in Richtung der Fußringseiten übertragen werden.

Für die Stabilität der Schwedlerkuppeln genügt es, wenn in jedem Trapezfelde eine Diagonale vorhanden ist. Infolge symmetrischer Belastung sind diese Diagonalen spannungslos, bei unsymmetrischer dagegen können sie Zug- oder Druckkräfte erhalten. Bei praktischen Ausführungen sucht man nach Möglichkeit zu vermeiden, daß lange Diagonalstäbe wegen der bestehenden Knickgefahr auf Druck beansprucht werden. Aus diesem Grunde legt man in jedes Feld zwei sich kreuzende Diagonalen, von denen immer nur eine, je nach Art der Belastung, Zug erhält, während die andere als spannungslos angesehen wird. In Wirklichkeit trifft dieses allerdings nicht genau zu, vielmehr ist eine solche Anordnung hochgradig statisch unbestimmt.

Zum Schluß möge noch eine Bemerkung über die Art der Lagerführung bei Raumfachwerken mit auf Geraden verschieblichen Stützpunkten und Fußring eingeschaltet werden. Besteht der Fußring aus einem regelmäßigen n-Eck, so ist ersichtlich, daß eine unendlich kleine Drehung des ganzen Fachwerkes um die Systemachse möglich ist, falls alle Eckpunkte des Fußringes in Tangenten an den umbeschriebenen Kreis des n-Ecks geführt werden. Ein derartiges System ist verschieblich, die Stützung also unbrauchbar. Das gleiche gilt für solche Fachwerke, deren Fußring ein regelmäßiges n-Eck von gerader Seitenzahl ist, sofern sämtliche Eckpunkte in Lagern geführt werden, deren Gleitbahnen radial gerichtet sind. In diesem Falle ist eine Verschiebung der Stützpunkte abwechselnd nach innen und außen ohne Änderung der Stablängen möglich (Abb. 160). Weist das n-Eck dagegen ungerade Seitenzahl auf, so ist die Stützung bei radial angeordneten Gleitbahnen stabil.

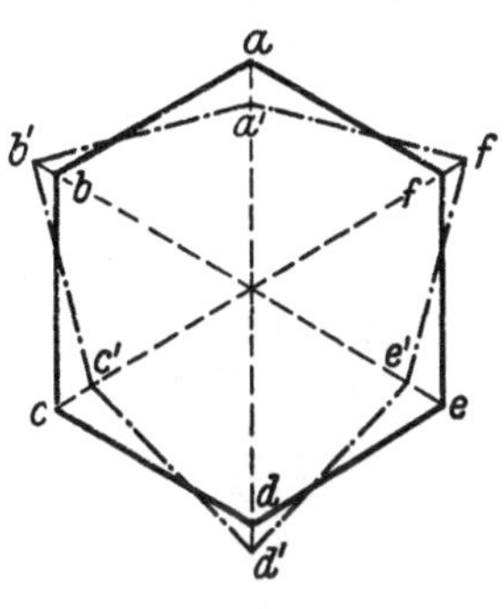

Abb. 160

Außer den vorstehend kurz besprochenen Raumfachwerken gibt es eine große Anzahl anderer Formen, die teils aus den hier behandelten abgeleitet werden können, teils auch anderen Bildungsgesetzen folgen[1].

---

[1] Vgl. etwa W. Schlink: Statik der Raumfachwerke. Leipzig 1907.

V. Die Reibung.

1. Allgemeine Betrachtungen über Haft- und Gleitreibung.

Berühren sich zwei feste Körper unter Druck in einer ebenen Fläche, so üben sie aufeinander Kräfte aus, deren Richtung normal zur Berührungsebene steht (Normaldruck), falls die Körper an der Berührungsstelle „vollkommen glatt" sind. Ideal glatte Oberflächen gibt es freilich in der Natur ebensowenig wie vollkommen „starre" Körper. Wäre dieses wirklich der Fall, so würde ein solcher in gleichförmiger Bewegung befindlicher „glatter" Körper auf einer „glatten" waagerechten Ebene — wenn man zunächst vom Luftwiderstand absieht — seine Bewegung stets mit der gleichen Geschwindigkeit fortsetzen (Trägheitsgesetz), da sein Gewicht und der Normalwiderstand der Bahn miteinander im Gleichgewicht stehen. Die Erfahrung lehrt aber, daß dieses nicht zutrifft, daß vielmehr der Körper nach einer gewissen Zeit zur Ruhe kommt, und zwar schneller als es der Fall sein würde, wenn sich nur der Luftwiderstand der Bewegung widersetzen würde. Diese Tatsache läßt auf das Vorhandensein eines Tangentialwiderstandes schließen, d. h. einer Kraft, die in der gemeinsamen Berührungsebene liegt und der Vorwärtsbewegung des Körpers entgegenwirkt.

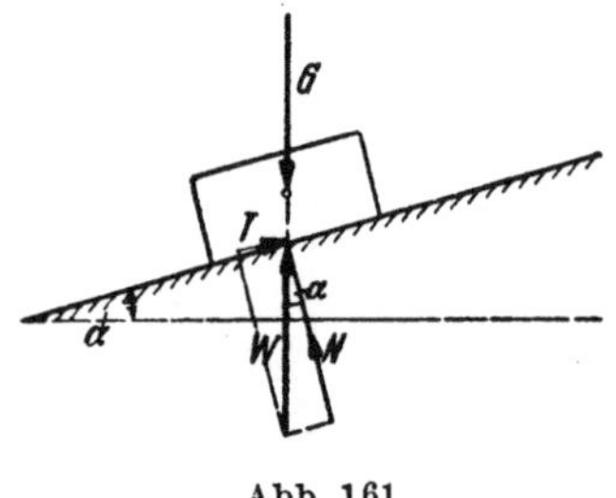

Abb. 161

Von dem Vorhandensein dieses Tangentialwiderstandes kann man sich leicht überzeugen, wenn man einen starren Körper auf eine schiefe Ebene legt (Abb. 161). Solange der Neigungswinkel a dieser Ebene eine bestimmte obere Grenze nicht überschreitet, bleibt der Körper auf der schiefen Ebene in Ruhe. Das ist aber aus Gründen des Gleichgewichts nur möglich, wenn außer dem Normalwiderstand N der Bahn noch eine Tangentialkraft T auftritt, deren Resultante W von gleicher Größe und entgegengesetzter Richtung ist wie das Körpergewicht G. Diesen so gekennzeichneten Tangentialwiderstand bezeichnet man als Reibungskraft oder kurz Reibung und spricht, je nachdem es sich um relative Ruhe oder relative Bewegung der Körper gegeneinander handelt, von Haftreibung oder Gleitreibung.

Zwischen diesen beiden Arten der Reibung besteht ein grundsätzlicher Unterschied. Angenommen der Winkel a in Abb. 161 sei so klein, daß der betrachtete Körper auf der schiefen Ebene in Ruhe bleibt, dann ist T eine Haftreibung und besitzt die Eigenschaften einer Reaktionskraft, genau so wie der Normalwiderstand N. Sie muß also in solcher Größe und Richtung auftreten, die notwendig ist, um das Gleichgewicht herzustellen. Das ist aber, wie die Erfahrung lehrt, nur bis zu einer bestimmten Neigung der Ebene möglich. Vergrößert man nämlich den Winkel a allmählich, so beginnt bei einer gewissen Größe $a = \varphi_0$ das Abrutschen des Körpers.

Aus Abb. 161 folgt

$$\operatorname{tg}\alpha = \frac{T}{N} \qquad \text{oder} \qquad T = N\operatorname{tg}\alpha$$

und demnach für den Grenzfall

$$T_0 = N\operatorname{tg}\varphi_0 = \mu_0\,N, \tag{139}$$

wenn

$$\mu_0 = \operatorname{tg}\varphi_0 \tag{140}$$

gesetzt wird. Für die **Haftreibung** T ergibt sich damit die Beziehung

$$T \lessgtr \mu_0\,N, \tag{141}$$

wodurch zum Ausdruck gebracht wird, daß T einen bestimmten Grenzwert — nämlich $\mu_0\,N$ — nicht überschreiten, darunter aber alle beliebigen Werte annehmen kann. μ_0 heißt die **Reibungsziffer** der Haftreibung und ist dimensionslos, d. h. eine unbenannte Zahl, φ_0 dagegen heißt der **Reibungswinkel**.

Aus zahlreichen Versuchen ist bekannt, daß μ_0 bzw. φ_0 im wesentlichen von den physikalischen Eigenschaften der sich berührenden Körper, d. h. von der Beschaffenheit (Rauhigkeit) der Berührungsflächen, von ihrer Bearbeitung und etwaigen Schmierung abhängen. Dabei bietet naturgemäß eine streng begriffliche Festsetzung des „Rauhigkeitsgrades" erhebliche Schwierigkeiten, wodurch die Überprüfung gewonnener Versuchsergebnisse wegen der Unsicherheit bei der genauen Wiederherstellung der Versuchskörper äußerst erschwert ist.

Die Reibungsziffer μ_0 ist um so größer, je rauher die Oberflächen der sich berührenden Körper sind. Sie nimmt wesentlich ab bei polierten oder geglätteten Oberflächen, insbesondere auch bei Verwendung von Schmiermitteln. Letztere bewirken nämlich eine Trennung der Körperflächen durch eine dünne Flüssigkeitsschicht, weshalb dann an die Stelle der sogenannten **trockenen** Reibung die **Flüssigkeitsreibung** tritt, welche wesentlich anderen Gesetzen folgt als erstere. Auf diese Frage soll später noch eingegangen werden.

Handelt es sich nicht, wie hier zunächst angenommen wurde, um eine ebene, sondern um eine gekrümmte Berührungsfläche zwischen beiden Körpern, so denke man sich diese in lauter Flächenelemente zerlegt und wende dann Gl. (141) auf jedes Flächenelement an, also

$$dT \lessgtr \mu_0\,dN. \tag{141a}$$

Zusammenfassend kann gesagt werden: Die Haftreibung ist eine Reaktionskraft, welche in der Berührungsfläche zweier Körper liegt und eine solche Größe und Richtung annimmt, daß sie ein Gleiten der Körper gegeneinander gerade verhütet, sofern sie unter den vorliegenden Umständen dazu überhaupt in der Lage ist. Jedenfalls ist ihr ein **Grenzwert** vorgeschrieben [Gl. (141)], den sie keinesfalls überschreiten kann, und der von der Größe des herrschenden Normaldruckes und von der Beschaffenheit der Körperoberflächen, d. h. deren Reibungsziffer μ_0, abhängt. Letztere ist eine unbenannte Zahl und muß durch Versuche bestimmt werden. Reicht der durch Gl. (141) ausgedrückte Grenzwert zur Herstellung des Gleichgewichts nicht aus, so kann dieses auch nicht eintreten, es beginnt dann eine Gleitbewegung des einen Körpers gegen den andern.

Die bei der Bewegung eines Körpers auf der schiefen Ebene, wie überhaupt bei jeder Gleitbewegung eines Körpers gegen einen anderen, in der Berührungsebene wirkende Tangentialkraft wird als **Gleitreibung** oder **Reibung der Bewegung** bezeichnet. Von der oben besprochenen Haftreibung (Reibung der Ruhe) unterscheidet sie sich in wesentlichen Punkten. Auch hier stellt sich ein Normalwiderstand der Gleitbahn gegen den gleitenden Körper ein, da eine Verschiebung rechtwinklig zu dieser Bahn nicht eintreten kann. Während aber über die Richtung der Haftreibung zunächst nichts Bestimmtes ausgesagt werden

kann, muß diejenige der Gleitreibung offenbar der relativen Gleitgeschwindigkeit an der Berührungsstelle entgegengesetzt gerichtet sein. Bei der Abwärtsbewegung eines Körpers auf der schiefen Ebene ist also die an ihm wirkende
Gleitreibung nach aufwärts gerichtet, entgegen der Bewegung. Andererseits
greift nach dem Wechselwirkungsgesetz an der Gleitbahn eine nach abwärts
gerichtete Reibungskraft an, denn man kann sich den Bewegungsvorgang auch
so vorstellen, daß sich die Gleitbahn relativ zum Körper nach aufwärts bewegt.
Dieser relativen Aufwärtsbewegung entspricht für die Gleitbahn eine abwärts
gerichtete Gleitreibung. Je nachdem also, welchen der gleitenden Körper man
gerade betrachtet, ist die Gleitreibung einzuführen. Jedenfalls ist sie stets der
relativen Bewegung entgegengerichtet.

Die zur Ermittlung der Größe der Gleitreibung T angestellten Versuche
haben ergeben, daß sie im wesentlichen dem an der Berührungsstelle herrschenden
Normalwiderstand N der Bahn proportional angenommen werden kann (Cou-
lombsches Reibungsgesetz). Man setzt also

$$T = \mu\, N \qquad\qquad (142)$$

und bezeichnet den Proportionalitätsfaktor μ als Reibungszahl (Reibungs-
koeffizient) der gleitenden Reibung, die — wie die Versuche lehren — etwas
kleiner ist als die Reibungszahl μ_0 der Haftreibung. Wie μ_0 so hängt auch μ
von der physikalischen Beschaffenheit der Körperoberflächen, der Art ihrer
Bearbeitung und etwaigen Schmierung ab. Unbedingt zuverlässig ist indessen
die Gl. (142) nicht. Vielmehr haben Versuche gelehrt, daß μ auch durch die
Größe der Berührungsfläche beeinflußt werden kann, besonders wenn es sich
um sehr kleine oder sehr große Drücke handelt. Im letzteren Falle dürfte die
Abweichung wohl durch die dabei auftretenden Formänderungen veranlaßt
werden.

Wichtig ist noch die Tatsache, daß im Falle gleitender Reibung bereits eine
kleine, senkrecht zur Bewegungsrichtung wirkende Kraft in der Lage ist, den
gleitenden Körper aus seiner Bewegungsrichtung abzulenken. Daraus ist z. B.
das seitliche Abrutschen (Schleudern) eines auf nasser Straße stark abgebremsten
Kraftwagens zu erklären.

Einen gewissen Einfluß, wenn auch mehr untergeordneter Art, auf die Größe
von μ hat auch die Geschwindigkeit der Gleitbewegung, und zwar in sehr ver-
schiedenem Maße, je nachdem es sich um trockene Reibung handelt oder um
sogenannte Schmiermittelreibung.

Bei der trockenen Reibung, d. h. ohne irgendwelche Benetzung oder Schmierung der Berührungsflächen, zeigt sich, daß die Reibungszahl beim Übergang
aus der Ruhe in die Bewegung am größten ist. Mit wachsender Geschwindig-
keit nimmt sie ab, bleibt aber dann bei Geschwindigkeiten von etwa 1 bis 5 $\left[\dfrac{m}{sek}\right]$
nahezu konstant. Größere Geschwindigkeiten als die hier genannten kommen
besonders im Eisenbahnbetrieb vor, und zwar handelt es sich dabei um die Reibung
zwischen Rad und Bremsklotz beim Bremsen oder zwischen dem abgebremsten
Rad und der Schiene. Eingehende Versuche, die zur Erforschung dieser Vorgänge
angestellt worden sind, haben gezeigt, daß bei großen Geschwindigkeiten eine
wesentliche Abnahme der Reibungszahl μ zu verzeichnen ist, und zwar schwanken
diese Werte zwischen $\mu = 0{,}1923$ für $v = 10 \left[\dfrac{km}{h}\right]$ Geschwindigkeit und $\mu = 0{,}0878$
für $v = 105 \left[\dfrac{km}{h}\right]$, bezogen auf Schiene und Rad[1].

---

[1] Org. Fortschr. Eisenbahnw. Bd. 50 (1913) S. 330.

Neben der hier besprochenen Abnahme der Reibungszahl μ mit wachsender Geschwindigkeit tritt bei einigen Stoffen aber auch die entgegengesetzte Wirkung auf, nämlich ein Anwachsen von μ, z. B. zwischen Leder und Eisen. Gerade dieser letzte Fall spielt im Maschinenbau bei der Berechnung der Riementriebe eine wichtige Rolle.

Auf einen grundsätzlichen Unterschied zwischen Haft- und Gleitreibung sei an dieser Stelle noch hingewiesen. Während die Haftreibung als Reaktionskraft nach Größe und Richtung zunächst gänzlich unbekannt ist und — wie jede andere Reaktionskraft — erst mit Hilfe gewisser Bedingungsgleichungen ermittelt werden muß, ist die Richtung der Gleitreibung bekannt, nämlich entgegengesetzt der relativen Geschwindigkeit, außerdem ist ihre Größe zufolge der Gl. (142) durch den Normaldruck N mitbestimmt. Die Gleitreibung muß somit ihrem Wesen nach als eingeprägte Kraft angesprochen und wie die übrigen eingeprägten Kräfte (Lasten, Gewichte und sonstige Massenkräfte) behandelt werden (vgl. S. 71).

Die vorstehenden Bemerkungen über die Gleitreibung gelten ausschließlich für trockene Reibung. Ganz anders und wesentlich verwickelter sind die Reibungsgesetze bei geschmierten Oberflächen der Körper, wie sie zur größtmöglichen Verminderung der Reibung im Maschinenbau verwendet werden. Bei vollkommener Schmierung, d. h. vollständiger Trennung der beiden sich berührenden Körperflächen durch eine Schmierschicht aus Talg, Seife, Fett oder Öl, nehmen die Reibungszahlen für verschiedene Werkstoffe bei Verwendung desselben Schmiermittels nahezu gleiche Werte an, da nun nicht mehr die physikalischen Eigenschaften der Berührungsflächen der Körper, sondern nur noch diejenigen des Schmiermittels für die Größe der Reibungszahl verantwortlich sind. Dabei zeigt sich, daß die Reibung bei nicht zu großer Belastung nicht vom Normaldruck, wohl aber von der Gleitgeschwindigkeit, der Größe der Berührungsfläche und der Dicke der Schmierschicht abhängt. Es liegt hier also nicht mehr ein Problem der „starren" Mechanik, sondern ein solches der Hydromechanik vor [1].

Die vollkommene Schmierung kann im allgemeinen bei praktischen Anwendungen nur als Idealfall angesehen werden. In Wirklichkeit werden die Verhältnisse wohl so liegen, daß die Trennung der Körperflächen durch das Schmiermittel nicht an allen Stellen erreicht ist, so daß teils trockene, teils Schmiermittelreibung vorliegt. Aus diesen wenigen Bemerkungen geht schon die große Unsicherheit hervor, die allen Angaben über die Schmiermittelreibung anhaftet. Mehr als in irgendeinem anderen Zweig der Mechanik ist man hier auf den Versuch angewiesen, der allein die nötigen Unterlagen für die Rechnung zu liefern vermag.

Auf die Angabe von Zahlenwerten für die Reibungszahlen soll in diesem Buche verzichtet werden. Sie sind in großer Fülle in der Hütte, des Ingenieurs Taschenbuch, enthalten und können dort nachgesehen werden. Leser, die sich mit der Theorie der Reibung eingehender beschäftigen wollen, seien ferner auf das Referat „Dynamische Probleme der Maschinenlehre" von R. v. Mises in der Enzyklopädie der Mathem. Wissenschaften Bd. IV. 10 (Teubner, Leipzig) hingewiesen, wo auch reichliche Literaturangaben zu finden sind.

Reibungswinkel und Reibungskegel. Auf eine vorteilhafte Verwendung des Reibungswinkels (S. 135) bei der Behandlung von Aufgaben des Gleichgewichts der Körper möge hier noch hingewiesen werden. In Abb. 161 bezeichnet α den Winkel, den der Gesamtwiderstand W der Bahn mit dem Normaldruck N einschließt. Für den Fall, daß die Haftreibung ihren größten Wert annimmt,

---

[1] Vgl. etwa W. Kaufmann: Angew. Hydromechanik, II. Bd. S. 177. Berlin 1934.

wird α gleich dem Reibungswinkel φ_0, der mit der Reibungsziffer μ_0 durch die Beziehung (140) verknüpft ist. Da α keinen größeren Wert als φ_0 annehmen kann, falls der Körper auf seiner Unterlage in Ruhe bleiben soll, müssen alle möglichen Widerstände der Bahn innerhalb eines Kegels — des sogenannten Reibungskegels — liegen, dessen Achse mit der Richtung von N zusammenfällt, und dessen Erzeugende mit der Achse den Winkel φ_0 einschließen. Befindet sich also ein starrer Körper auf einer festen Unterlage in Ruhe, so hat die Haftreibung T einen Wert, der nach (141) im allgemeinen kleiner ist als $\mu_0 N$. Sie tritt vielmehr nur in derjenigen Größe auf, die erforderlich ist, um den Ruhezustand aufrecht zu erhalten. Dann ist aber der Winkel zwischen dem Gesamtwiderstand W der Bahn und dem Normaldruck N kleiner als φ_0 (z. B. β in Abb. 162), und die Richtungslinie von W (beziehungsweise diejenige der eingeprägten Kraft R) liegt innerhalb des Reibungskegels. Im Grenzzustand des Gleichgewichts fallen W bzw. R in die Mantelfläche des Reibungskegels.

Der Gesamtwiderstand W der Bahn fällt auch dann in den Kegelmantel, wenn der eine Körper gegen den anderen eine Gleitbewegung ausführt. Dabei nimmt allerdings der Öffnungswinkel φ des Kegels einen etwas kleineren Wert als φ_0 an, da — wie oben bereits bemerkt wurde — $\mu = \mathrm{tg}\,\varphi$ kleiner ist als

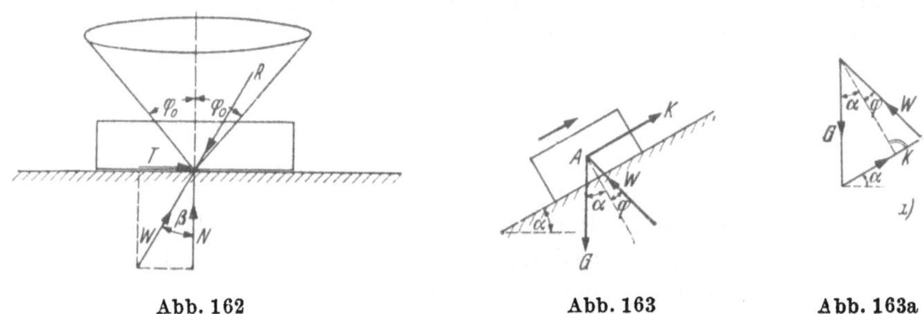

Abb. 162   Abb. 163   Abb. 163a

$\mu_0 = \mathrm{tg}\,\varphi_0$. In der Folge soll auf eine Unterscheidung der Winkel φ und φ_0, bzw. der Reibungsziffern μ und μ_0 verzichtet werden; es wird vielmehr $\varphi = \varphi_0$ und $\mu = \mu_0$ gesetzt. Je nach der zu lösenden Aufgabe ist dabei der Reibungswinkel der Ruhe oder der Bewegung einzuführen.

2. Einige Anwendungen.

a) Bewegung auf der schiefen Ebene.

Auf einen Körper vom Gewicht G, der längs einer unter dem Winkel α gegen die Horizontale geneigten schiefen Ebene gleitet, möge eine parallel zu dieser Ebene aufwärts gerichtete Kraft K wirken (Abb. 163), die sich mit der Richtungslinie von G im Punkte A schneidet. Soll der Körper gleichförmig, d. h. ohne Beschleunigung, aufwärts gezogen werden, so müssen sich die Kräfte G und K mit dem Gesamtwiderstand W der Bahn, der von der Bahnnormalen um den Reibungswinkel φ abweicht, im Gleichgewicht halten. Diese drei Kräfte müssen sich also in A schneiden und ein geschlossenes Krafteck von stetigem Umfahrungssinn bilden (Abb. 163a). Nach dem Sinussatz folgt

$$K : G = \sin(\alpha + \varphi) : \cos\varphi = \sin\alpha + \cos\alpha\,\mathrm{tg}\,\varphi$$

oder wegen $\mathrm{tg}\,\varphi = \mu$

$$K = G\,(\sin\alpha + \mu\cos\alpha). \tag{143}$$

In dieser Gleichung stellt $G\sin\alpha$ die tangentiale Komponente des Körpergewichtes dar und $\mu\,G\cos\alpha = \mu\,N$ die Reibungskraft. Diese beiden Kräfte müssen durch K überwunden werden, damit eine gleichförmige Aufwärtsbewegung möglich ist.

Soll der Körper nicht hinaufgezogen, sondern durch die aufwärts gerichtete Kraft K_1 etwa an einem Seile gleichförmig **hinabgelassen** werden (Abb. 164), so kehrt sich wegen der entgegengesetzten Bewegung der Richtungssinn der Reibung um, und der Bahnwiderstand W weicht jetzt von der Bahnnormalen nach der anderen Seite um den Winkel φ ab. Aus dem Kräftedreieck Abb. 164a folgt dann nach dem Sinussatz

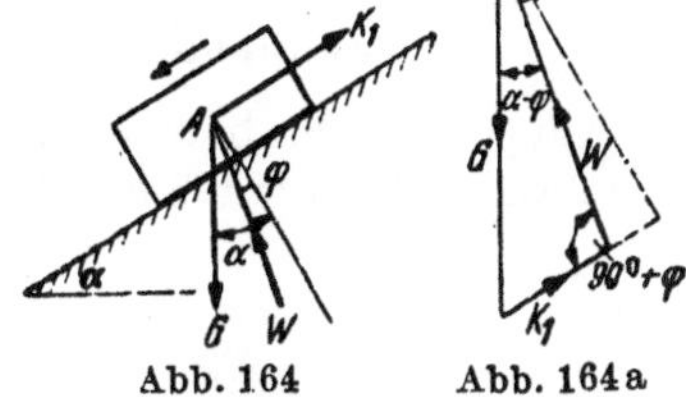

$$K_1 : G = \sin(\alpha - \varphi) : \sin(90° + \varphi)$$
$$= \sin(\alpha - \varphi) : \cos\varphi$$
$$= \sin\alpha - \cos\alpha\ \mathrm{tg}\ \varphi.$$

Man erhält also die erheblich kleinere Kraft

$$K_1 = G(\sin\alpha - \mu\cos\alpha). \qquad (144)$$

Für den Fall, daß $\alpha < \varphi$ ist, wird K_1 negativ, d. h. man muß dann eine nach **abwärts** gerichtete Kraft anbringen, um die Bewegung zu erzwingen.

Abb. 164   Abb. 164a

b) Reibung in Keilnuten.

Liegt ein Körper in einer unter dem Winkel α gegen die Horizontale geneigten Rinne oder Keilnut mit dem Keilwinkel 2δ (Abb. 165), so müssen die Normal-

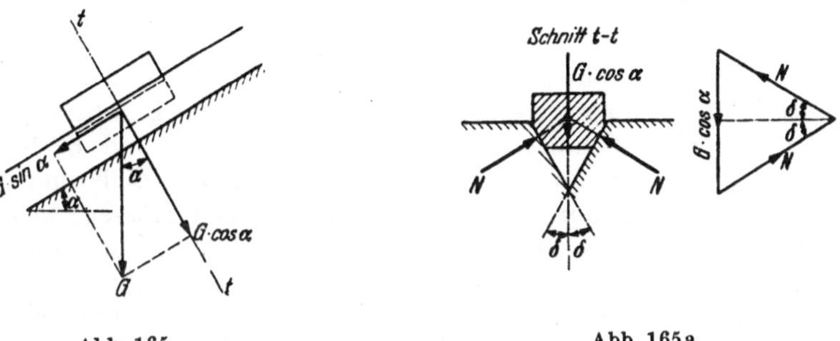

Abb. 165   Abb. 165a

drücke N der Seitenflächen mit der Normalkomponente $G\cos\alpha$ des Körpergewichts im Gleichgewicht stehen (Abb. 165a). Es ist also

$$2N = \frac{G\cos\alpha}{\sin\delta}.$$

Der Bewegung nach aufwärts steht zunächst die Tangentialkomponente $G\sin\alpha$ des Gewichts entgegen und außerdem der Reibungswiderstand $2\mu N = \dfrac{\mu\,G\cos\alpha}{\sin\delta}$. Die für die Aufwärtsbewegung erforderliche Zugkraft wird also

$$K = G\left(\sin\alpha + \frac{\mu\cos\alpha}{\sin\delta}\right). \qquad (145)$$

Das keilartige Einpressen des Körpers in die Nut hat im Vergleich mit der Bewegung auf einer ebenen Fläche [Gl. (143)] denselben Einfluß als wäre die Reibungsziffer von dem Werte μ auf $\dfrac{\mu}{\sin\delta}$ vergrößert.

Im Falle einer **Abwärtsbewegung** kehrt sich die Reibung um, und man erhält für die Haltekraft K_1 analog zu Gl. (144)

$$K_1 = G\left(\sin\alpha - \frac{\mu\cos\alpha}{\sin\delta}\right).$$

Soll insbesondere eine gleichförmige Abwärtsbewegung lediglich unter dem Einfluß der Schwere stattfinden, so wird wegen $K_1 = 0$

$$\operatorname{tg} \alpha = \frac{\mu}{\sin \delta} \quad \text{oder} \quad \alpha = \operatorname{arc\,tg} \frac{\mu}{\sin \delta}.$$

Unter diesem Winkel α muß die Keilrinne geneigt sein, wenn gleichförmiges Abwärtsgleiten eintreten soll.

c) Stabförmiger Körper, von zwei Ebenen gestützt.

Ein gerader Stab möge zwei starre Ebenen in den Punkten A und B berühren, und zwar sollen die beiden Stützebenen rechtwinklig zu der durch A, B und den

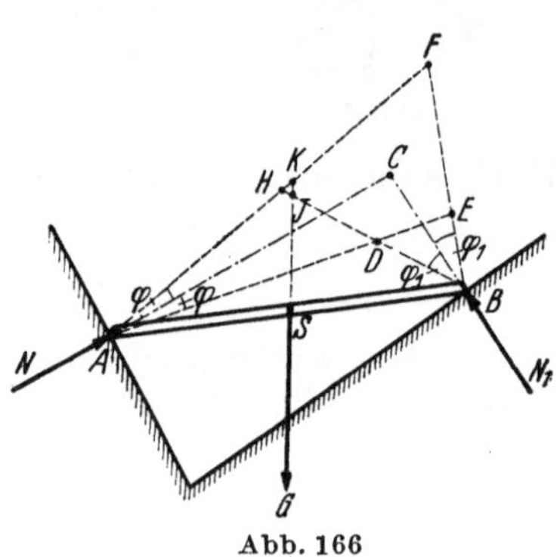

Abb. 166

Stabschwerpunkt S gelegten lotrechten Ebene stehen (Abb. 166). Wären die Körper völlig glatt, so könnten in A und B nur Normaldrücke N bzw. N_1 auftreten, durch deren Schnittpunkt C das Stabgewicht G gehen müßte, wenn Gleichgewicht bestehen sollte. Bei vorhandener Rauhigkeit weichen die beiden Gesamtwiderstände W bzw. W_1 in den Lagerpunkten A bzw. B indessen wegen der dort auftretenden Reibung um einen gewissen Winkel von den Richtungen der Lagernormalen ab. Dabei können W und W_1 alle Richtungen innerhalb der entsprechenden Reibungskegel (vgl. S. 138) annehmen, die man in A und B als deren Spitzen zeichnet. Die Mittelschnitte dieser Kegel bestimmen ein Viereck $DEFH$, das den Bereich aller möglichen Schnittpunkte der Widerstände W und W_1 liefert. Da

nun im Gleichgewichtsfalle die Kräfte G, W und W_1 einen gemeinsamen Schnittpunkt haben müssen, so erfordert der Ruhezustand des Stabes, daß die Richtungslinie des Stabgewichts G durch dieses Viereck geht. Schneidet G das Viereck etwa in den Punkten J und K, so sind längs der Strecke J—K unendlich viele Schnittpunkte von W, W_1 und G möglich, daher sind W und W_1 nach Größe und Richtung unbestimmt. Nur wenn G durch einen der Grenzpunkte E oder H des Vierecks geht, ist die Richtung und damit auch die Größe von W und W_1 bestimmt. In diesen Fällen befindet sich der Stab im Grenzzustand des Gleichgewichts.

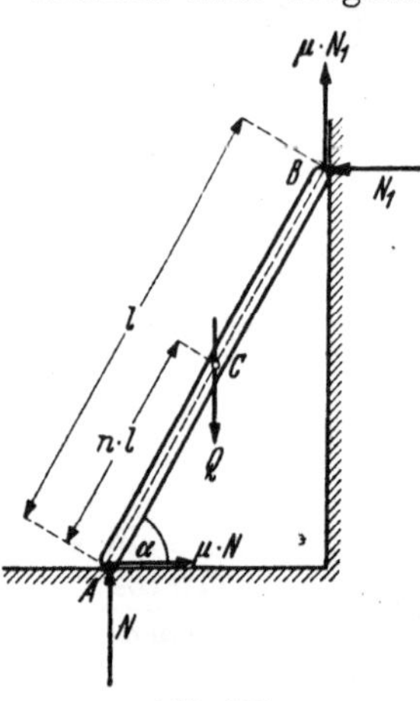

Abb. 167

Ruhestand einer Leiter. Eine Leiter AB von der Länge l stütze sich bei A gegen den Boden und bei B gegen eine lotrechte Wand. (Abb. 167.) Die Reibungsziffern für beide Ebenen seien die gleichen. Der Punkt C, in dem die Resultante Q aus Eigengewicht und Belastung der Leiter die Gerade AB schneidet,
liege um die Strecke $AC = nl$ von A entfernt. Es soll der Neigungswinkel α bestimmt werden, unter dem sich die Leiter an der Grenze des Gleichgewichts befindet.

Man kann diese Aufgabe auf Grund der obigen Angaben mit Hilfe der Reibungskegel lösen. Hier soll dagegen die analytische Behandlung durchgeführt werden.

Im Grenzzustand des Gleichgewichts treten an den Berührungsstellen A und B außer den Normaldrücken N bzw. N_1 noch die vollen Reibungen μN bzw. μN_1 auf und zwar entgegengesetzt der Richtung des möglichen Abrutschens. Damit erhält man folgende drei Gleichgewichtsbedingungen

$$\Sigma\, X = 0 = \mu N - N_1$$
$$\Sigma\, Y = 0 = N - Q + \mu N_1$$
$$\Sigma\, M_A = 0 = Q\, n\, l \cos \alpha - \mu N_1 l \cos \alpha - N_1 l \sin \alpha.$$

Aus der dritten Gleichung ergibt sich

$$\operatorname{tg}\alpha = \frac{Q\,n - \mu\,N_1}{N_1},$$

während die erste und zweite Gleichung liefern

$$N_1 = \frac{Q}{\dfrac{1}{\mu} + \mu}.$$

Man erhält also

$$\operatorname{tg}\alpha = n\left(\frac{1}{\mu} + \mu\right) - \mu.$$

Dieser Winkel α entspricht dem **Grenzzustand der Ruhe**. Damit bei gegebener Lage der Resultante Q aus Eigengewicht und Belastung der Leiter auf alle Fälle Sicherheit gegen Abrutschen besteht, muß

$$\operatorname{tg}\alpha' > n\left(\frac{1}{\mu} + \mu\right) - \mu$$

sein, die Leiter also steiler stehen als dem Grenzwinkel α entsprechen würde.

d) Gleichförmige ebene Bewegung zweier sich berührender Keile.

Zwei Keile I und II mit den Keilwinkeln α_1 und α_2 mögen einander und außerdem zwei Seitenebenen berühren. Auf die Keile wirken Kräfte K_1 und K_2, welche mit den festen Ebenen die Winkel β_1 und β_2 bilden (Abb. 168). Es soll das Verhältnis $K_1 : K_2$ bestimmt werden unter der Annahme, daß Keil I der treibende, Keil II der getriebene sei und daß für alle Berührungsebenen der gleiche Reibungswinkel φ in Frage kommt.

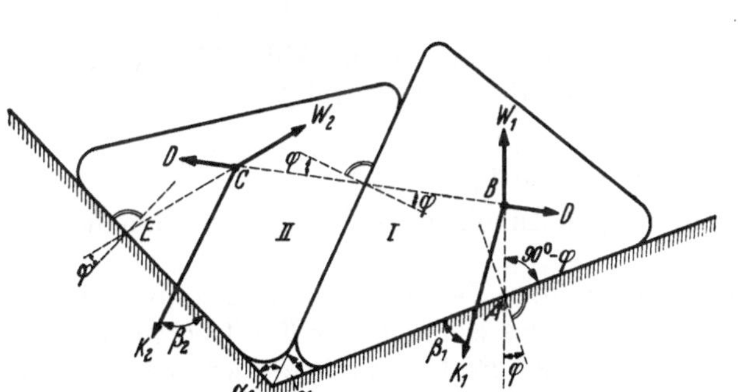

Abb. 168

Die rechte Ebene übt auf Keil I einen Gesamtwiderstand W_1 aus, der von der Normalen um den Reibungswinkel φ entgegen der Bewegung abweicht. Der Angriffspunkt von W_1 ist unbestimmt; er werde daher willkürlich in A angenommen. Durch den Punkt B, in dem W_1 die Kraft K_1 schneidet, muß auch der gegenseitige Druck D der beiden Keile gehen, der wieder je um den Reibungswinkel φ von der Normalen zur Keilebene — und zwar entgegen der relativen Bewegung — abweicht. Die Druckkraft D schneidet die Richtungslinie von K_2 im Punkte C, durch den auch der Gesamtwiderstand W_2 der linken Stützebene gehen muß. W_2 weicht von der Normalen zu dieser Ebene wieder um den Winkel φ ab. Damit stehen die Richtungen aller Kräfte an den Keilflächen fest; ihre Lagen ebenfalls, nachdem der Angriffspunkt A von W_1 willkürlich angenommen ist. Man kann also, ausgehend von der gegebenen Kraft K_2, das Krafteck HFO zeichnen (Abb. 168a), durch welches W_2 und D bestimmt sind.

Darauf zieht man durch die Endpunkte von D (das jetzt mit entgegengesetztem Vorzeichen eingeführt wird) die Parallelen zu W_1 und K_1 und findet in den Strecken FG bzw. GO die Größe von K_1 und W_1. Faßt man den Punkt O als den Pol des aus K_2 und K_1 gezeichneten Kraftecks auf, so erkennt man, daß der Streckenzug E—C—B—A, die sogenannte Drucklinie der Keilverbindung, ein zu den Kräften K_2 und K_1 gezeichnetes Seilpolygon darstellt.

Der spitze Winkel, den die Kräfte K_1 und W_1 miteinander einschließen, beträgt, wie man sich aus Abb. 168 leicht überzeugt, $90° - \varphi - \beta_1$. Entsprechend findet man für den spitzen Winkel zwischen W_2 und K_2 den Wert $90° - \beta_2 + \varphi$. Würden die Kräfte W_1 und D Normaldrücke sein, so würden sie den gleichen Winkel α_1 einschließen wie die entsprechenden Keilflächen. Durch die Abweichung jeder der beiden Kräfte um den Winkel φ vergrößert sich

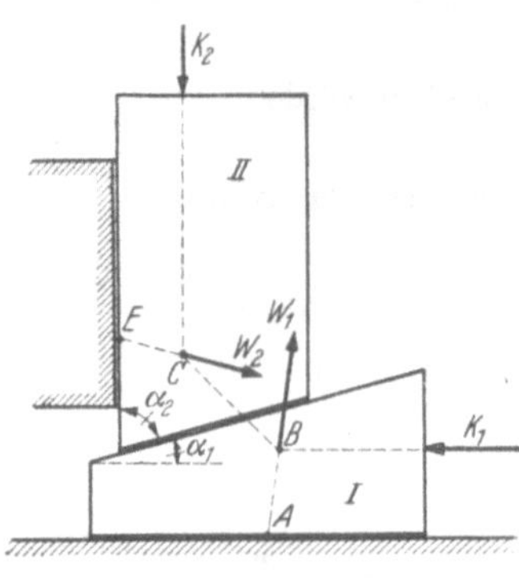

Abb. 169

der von ihnen eingeschlossene Winkel um 2φ. Daher wird im Krafteck der Winkel FOG gleich $\alpha_1 + 2\varphi$. Analog findet man für den Winkel HOF zwischen W_2 und D den Wert $\alpha_2 - 2\varphi$. Nach dem Sinussatz folgt somit aus dem Dreieck FGO

$$\frac{K_1}{D} = \frac{\sin(\alpha_1 + 2\varphi)}{\cos(\beta_1 + \varphi)}$$

und aus dem Dreieck FOH

$$\frac{K_2}{D} = \frac{\sin(\alpha_2 - 2\varphi)}{\cos(\beta_2 - \varphi)} .$$

Durch Division beider Ausdrücke erhält man schließlich

$$K_1 = K_2 \frac{\sin(\alpha_1 + 2\varphi)\cos(\beta_2 - \varphi)}{\sin(\alpha_2 - 2\varphi)\cos(\beta_1 + \varphi)} . \qquad (146)$$

Liegt insbesondere eine Keilanordnung nach Abb. 169 vor, so wird $\alpha_2 = 90° - \alpha_1$ und $\beta_1 = \beta_2 = 0$, weshalb aus (146) folgt

$$K_1 = K_2 \frac{\sin(\alpha_1 + 2\varphi)}{\sin[90° - (\alpha_1 + 2\varphi)]} = K_2 \operatorname{tg}(\alpha_1 + 2\varphi). \qquad (147)$$

Diese Kraft K_1 ist zum gleichförmigen Anheben des Keiles II, auf den die gegebene Last K_2 wirkt, erforderlich.

Betrachtet man die entgegengesetzte Bewegung, faßt also Keil II als den treibenden auf, so ist zum „Halten" des Keiles I eine Kraft notwendig, die sich ergibt, wenn man die Richtungen aller Reibungskräfte oder, was dasselbe ist, die Vorzeichen der Reibungswinkel φ umkehrt. Man erhält dann aus (147)

$$K_1' = K_2 \operatorname{tg}(\alpha_1 - 2\varphi).$$

Für $\alpha_1 < 2\varphi$ wird diese Kraft negativ, d. h. man müßte jetzt mit einer Kraft K_1'' am Keil I ziehen, um eine Abwärtsbewegung des Keiles II herbeizuführen. Die Keilverbindung ist in diesem Falle „selbstsperrend".

3. Reibung an Zapfen.

a) Tragzapfen (Querdrucklager).

Auf einen Zapfen vom Halbmesser r wirke ein durch die Zapfenmitte gehender Druck D, der rechtwinklig zur Längsachse steht, so daß die Zylinderfläche des Zapfens den Druck auf das Lager überträgt. Ein derartiger Zapfen heißt ein Tragzapfen.

Zunächst möge ein „eingelaufener" Tragzapfen betrachtet werden (Abb. 170), der mit einem merklichen Spielraum im Lager liegt, bei dem man also annehmen kann, daß die Berührung zwischen Zapfen und Lager angenähert in einer Mantellinie stattfindet, die in Abb. 170 durch den Punkt A dargestellt wird. Im Ruhezustand wäre A die Stelle, an welcher der Normaldruck N übertragen wird. Wirkt nun auf die Zapfenachse ein rechtsdrehendes Moment, so würde der Zapfen, wenn keine Reibung zwischen ihm und dem Lager vorhanden wäre, an der Stelle A nach links gleiten. Dieses Gleiten sucht die in Wirklichkeit auftretende Reibung solange zu verhindern, bis sie ihren größten Wert $T = \mu N$ erreicht hat. Für den Grenzzustand des Gleichgewichts kann indessen nicht die Lage des Zapfens nach Abb. 170 maßgebend sein, da nach Anbringung der Reibung $T = \mu N$ im Punkte A die Summe der horizontalen Kräfte nicht gleich Null wäre. Es muß sich vielmehr die Berührungsstelle von Zapfen und Lager nach

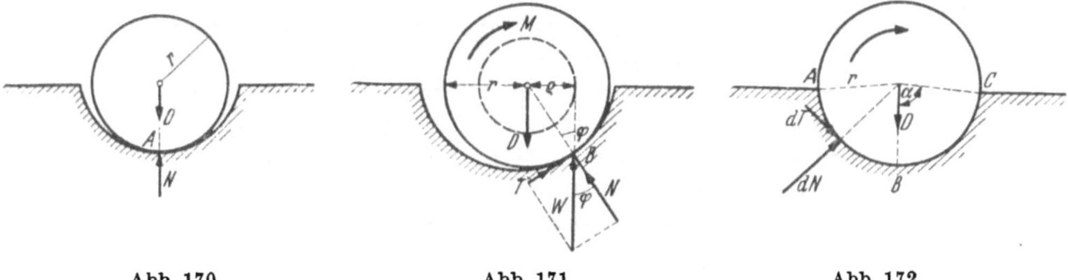

Abb. 170   Abb. 171   Abb. 172

rechts bis zum Punkte B verschieben (Abb. 171), und zwar so weit, daß jetzt die Resultante W (Gesamtwiderstand) aus N und T lotrecht gerichtet ist. Dann wird aus Gleichgewichtsgründen $W = D$, und beide Kräfte bilden ein dem antreibenden Moment M widerstehendes Kräftepaar von der Größe $M_r = D\,r\sin\varphi$. Die Kraft $W = D$ greift im Abstand $\varrho = r\sin\varphi$ von der Zapfenmitte am Zapfen an. Sie berührt demnach an der Grenze des Gleichgewichts einen Kreis vom Radius ϱ, der auch als Reibungskreis bezeichnet wird.

Für gut eingelaufene Zapfen ist im allgemeinen $\mu \leqq 0{,}1$, also $\varphi \leqq 6°$. Bei derartig kleinen Reibungswinkeln kann $\sin\varphi \approx \operatorname{tg}\varphi$ gesetzt werden, womit das Reibungsmoment die Größe

$$M_r = \mu D\,r \tag{148}$$

annimmt.

Bei einem neuen, noch nicht eingelaufenen Zapfen findet die Berührung zwischen Zapfen und Lager längs einer dem Zentriwinkel $2\,\alpha$ entsprechenden Fläche ABC statt (Abb. 172). Dann entfällt auf ein Flächenelement dF der Zylinderfläche der Normaldruck dN und somit an der Grenze des Gleichgewichts die Reibung

$$dT = \mu\,dN. \tag{149}$$

Wäre die Verteilung der Normaldrücke über den Zylindermantel bekannt, so könnte man aus (149) durch Summation die Größe der Reibung ermitteln. Für das Reibungsmoment erhält man, wenn μ als konstant angesehen wird,

$$M_r = \int\limits_A^C r\,dT = r\,\mu \int\limits_A^C dN,$$

wobei der Integralwert eine gewöhnliche algebraische Summe darstellt, d. h. es sind die Druckdifferentiale ohne Rücksicht auf ihre Richtung algebraisch zu addieren. Da nun die Summe der Vertikalkomponenten dieser Kräfte dN gleich dem Zapfendruck D sein muß, so ist jedenfalls die algebraische Summe der Kräfte dN größer als D.

Setzt man also

$$\int\limits_{A}^{C} dN = cD,$$

wo $c > 1$ ist, so erhält man als Reibungsmoment den Wert

$$M_r = r\,\mu\,c\,D = r\,\mu'\,D. \tag{150}$$

$\mu' = \mu\,c$ wird als Zapfenreibungskoeffizient bezeichnet und muß durch Versuche bestimmt werden. Mit $c = 1$ (gut eingelaufener Zapfen) wird $\mu' = \mu$, und Gl. (150) geht dann in (148) über.

Je größer c wird, desto größer wird das Reibungsmoment. Bei einem stark spannenden Lager, bei dem der Zapfen von den Seiten her hohen Druck erhält, kann selbst bei kleinem Zapfendruck D ein sehr großes Reibungsmoment auftreten.

Die vorstehenden Überlegungen gelten nur für sogenannte „trockene" Reibung, d. h. unter der Voraussetzung, daß die sich berührenden Flächen nicht „geschmiert" sind. Bei den in der Technik verwendeten Tragzapfen kommt jedoch fast ausschließlich Schmiermittelreibung in Frage. Trotzdem verwendet man im allgemeinen auch dann die Gl. (150) unter Benutzung entsprechender empirischer Werte des Zapfenreibungskoeffizienten μ'.

In Wirklichkeit hat für geschmierte Zapfen in zentrischer Lage (bei kleinem Zapfendruck) das Reibungsmoment angenähert die Größe

$$M_\varrho = \frac{2\,\pi\,r^2\,\eta\,V\,l}{h},$$

wo η den Zähigkeitskoeffizienten des Schmiermittels, V die Umfangsgeschwindigkeit des Zapfens, h die mittlere Dicke der Schmierschicht und l die Zapfenlänge bezeichnen. Es handelt sich dabei um ein Problem der Dynamik zäher Flüssigkeiten, so daß obige Gleichung hier nur ohne Beweis angegeben werden kann[1].

b) Stützzapfen (Längsdrucklager).

Beim Stütz- oder Spurzapfen (Abb. 173) wirkt die Belastung D in der Achsrichtung des Zapfens. Nimmt man den auf die Lagerringfläche von den Halbmessern r und R wirkenden Druck als gleichmäßig verteilt an, so ist der auf die Flächeneinheit entfallende Druck

$$p = \frac{D}{\pi\,(R^2 - r^2)}. \tag{151}$$

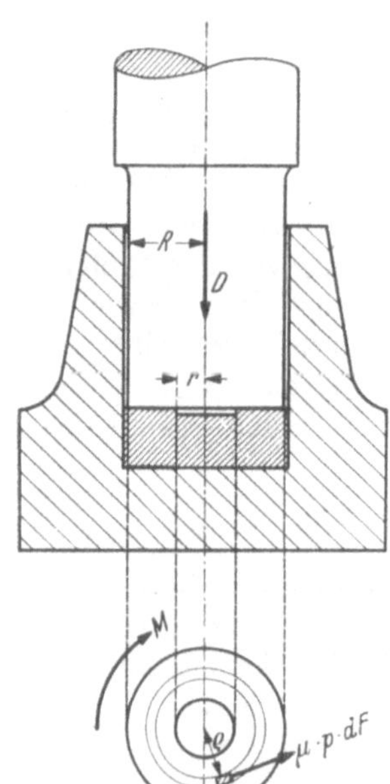

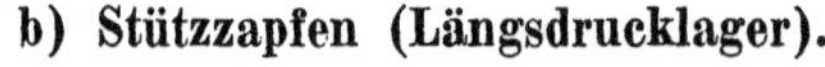

Abb. 173

Ihm entspricht im Abstand ϱ von der Zapfenachse eine Reibung von der Größe $\mu\,p$, weshalb das gesamte Reibungsmoment den Wert

$$M_r = \int\limits_{\varrho = r}^{\varrho = R} \mu\,p\,\varrho\,2\,\pi\,\varrho\,d\varrho = \frac{2}{3}\,\pi\,\mu\,p\,(R^3 - r^3) \tag{152}$$

annimmt.

Mit Rücksicht auf (151) folgt daraus

$$M_r = \frac{2}{3}\,\mu\,D\,\frac{R^3 - r^3}{R^2 - r^2}. \tag{153}$$

---

[1] Vgl. hierzu W. Kaufmann, Angew. Hydromechanik: II. Bd. S. 184. Berlin 1934.

Ist die Lagerfläche ein Vollkreis, so wird wegen $r = 0$

$$M_r = \frac{2}{3}\,\mu\,D\,R. \tag{153a}$$

Beim **kegelförmigen Stützzapfen** (Abb. 174) ist zunächst

$$M_r = \mu \int\limits_{(F)} p\,d F\,\varrho, \tag{154}$$

wenn wieder ϱ den Abstand eines Differentials der Berührungsfläche F von der Zapfenachse bezeichnet und die Integration über diese ganze Fläche erstreckt

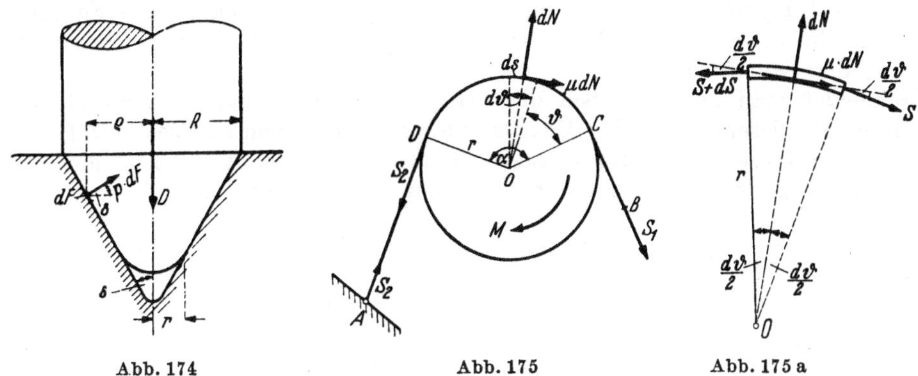

Abb. 174   Abb. 175   Abb. 175a

wird. Das Flächenelement dF bildet mit der horizontalen Grundrißebene den Winkel $90° - \delta$. Setzt man nun

$$dF' = dF \cos(90° - \delta) = dF \sin\delta,$$

so lautet (154)

$$M_r = \frac{\mu}{\sin\delta} \int\limits_{(F')} p\,dF'\varrho = \frac{\mu p}{\sin\delta} \int\limits_{\varrho=r}^{\varrho=R} 2\,\pi\,\varrho^2\,d\varrho = \frac{2\,\pi\,\mu\,p}{3\sin\delta}\,(R^3 - r^3).$$

Nun ist

$$D = \int\limits_{(F)} p\,dF\sin\delta = \int\limits_{(F')} p\,dF' = 2\,\pi\,p\int\limits_{\varrho=r}^{\varrho=R} \varrho\,d\varrho = \pi\,p\,(R^2 - r^2),$$

so daß

$$M_r = \frac{2}{3}\,\frac{\mu\,D}{\sin\delta}\,\frac{R^3 - r^3}{R^2 - r^2}.$$

Aus dem Vergleich dieses Ausdrucks mit Gl. (153) erkennt man, daß in den Reibungsmomenten die Reibungsziffer μ nur mit $\dfrac{\mu}{\sin\delta}$ zu vertauschen ist als Folge des kegelförmigen Einpressens. Der kegelförmige Stützzapfen verursacht also mehr Reibung als der zylindrische, gewährt aber dafür den Vorteil einer genaueren Führung.

4. Seilreibung.

Über einen Zylinder vom Halbmesser r, der um eine feste Achse O drehbar ist (Abb. 175), sei ein vollkommen biegsames Seil (Riemen oder dgl.) geschlungen, bei A befestigt und bei B am freien Ende mit einer Kraft S_1 gespannt. Dann drückt das Seil gegen den Zylinderumfang, und dieser übt seinerseits auf ein sehr kleines Bogenstück des Seiles von der Länge $ds = r\,d\vartheta$ eine Normalkraft dN aus. Wirkt nun auf den Zylinder ein rechtsdrehendes Moment M, das ihn in Rotation zu setzen sucht, so widersetzt sich dieser Drehung die zwischen Seil und Zylinder auftretende Reibung. An der Grenze des Gleichgewichts nimmt die auf das Bogenstück ds entfallende Reibungskraft den Wert $\mu\, dN$ an, am Zylinder entgegen der Drehung, am Seil im Sinne der Drehung wirkend. In dem bei A befestigten Seilstück möge dabei die Spannkraft S_2 herrschen. Dann befindet sich das Seil unter Einwirkung der an ihm angreifenden Kräfte S_1, S_2, Gruppe aller (dN) und Gruppe aller $(\mu\, dN)$ im Gleichgewicht, und die Momentengleichung in bezug auf O liefert das Reibungsmoment

$$(S_2 - S_1)\, r = r\,\mu \int_D^C dN = M_r,$$

wobei das Integral wieder eine algebraische (d. h. nicht vektorielle) Summe darstellt. Die gesamte Seilreibung wird also gemessen durch den Unterschied $S_2 - S_1$ der Seilkräfte.

Schneidet man aus dem Seil das Längenelement ds heraus (Abb. 175a), so wirken an diesem außer den Kräften dN und $\mu\, dN$ noch die Spannkräfte S und $S + dS$. Diese vier Kräfte müssen sich am Längenelement ds Gleichgewicht halten. Es muß also sein, wenn man zur Grenze $d\vartheta \to O$ übergeht,

$$dS = \mu\, dN$$

und

$$dN = 2\, S \sin\frac{d\vartheta}{2} = S\, d\vartheta.$$

Daraus folgt

$$\frac{dS}{S} = \mu\, d\vartheta$$

oder nach beiderseitiger Integration

$$\ln S = \mu\, \vartheta + C. \tag{155}$$

Für $\vartheta = 0$ (Punkt C in Abb. 175) ist $S = S_1$, weshalb

$$C = \ln S_1$$

wird. Somit kann (155) auch geschrieben werden

$$\ln \frac{S}{S_1} = \mu\, \vartheta$$

oder

$$S = S_1\, e^{\mu\, \vartheta}.$$

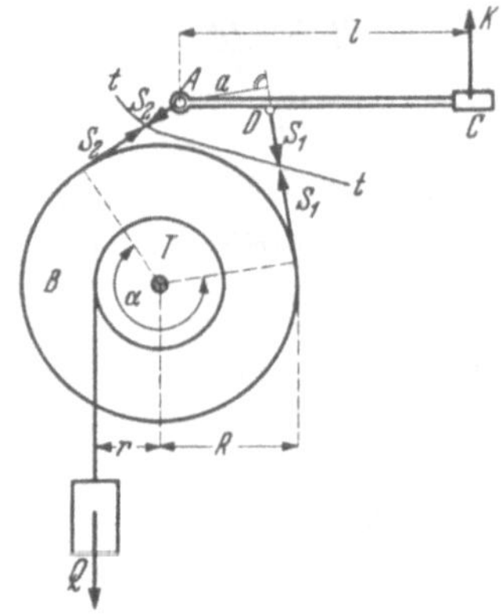

Abb. 176

Da nun für $\vartheta = \alpha$ die Seilkraft $S = S_2$ ist, so wird schließlich

$$S_2 = S_1\, e^{\mu\, \alpha}, \tag{156}$$

und die gesamte Seilreibung ist

$$S_2 - S_1 = S_1\, (e^{\mu\, \alpha} - 1). \tag{157}$$

Ruht der Zylinder, und der Grenzzustand des Gleichgewichts ist noch nicht erreicht, so wird die Summe aller zur Wirkung kommenden Reibungswiderstände ebenfalls durch $S_2 - S_1$ gemessen. Es ist dann aber

$$\frac{S_2}{S_1} < e^{\mu\, \alpha}$$

bzw.

$$S_2 - S_1 < S_1\, (e^{\mu\, \alpha} - 1). \tag{158}$$

Bandbremse. An einer Windetrommel T vom Halbmesser r hänge eine Last Q (Abb. 176). Mit der Trommel fest verbunden ist die Bremsscheibe B vom Halbmesser R. Das um diese geschlungene Bremsband sei mit dem einen Ende am Gestell befestigt, etwa an dem Drehpunkt A des Bremshebels $A-C$, während das andere Ende mittels eines Scharniers D am Hebel angeschlossen ist. Durch Anziehen des Hebels mit der Kraft K wird am rechten Ende des Bremsbandes die Spannkraft S_1 erzeugt, wodurch das Bremsband gegen die Bremsscheibe gepreßt und deren Bewegung im Sinne der Last Q abgebremst wird.

Denkt man sich jetzt mittels eines Schnittes t—t durch das Bremsband die Bremsscheibe vom Gestell gelöst, so müssen im Grenzzustand des Gleichgewichts — d. h. bei voller Auswirkung der Seilreibung — die Kräfte S_1, S_2 und Q an der Scheibe die Momentengleichgewichtsbedingung

$$(S_2 - S_1)\, R = Q\, r$$

erfüllen, woraus wegen (157) folgt $\quad Q\, r = S_1\, R\, (e^{\mu\,\alpha} - 1).$

Die Momentengleichung am Bremshebel liefert außerdem die Bedingung

$$K\, l = S_1\, a,$$

so daß

$$K = \frac{Q}{e^{\mu\,\alpha} - 1} \cdot \frac{r\, a}{R\, l}$$

die am Bremshebel anzubringende Kraft darstellt, um ein gleichförmiges Herablassen der Last Q zu erreichen.

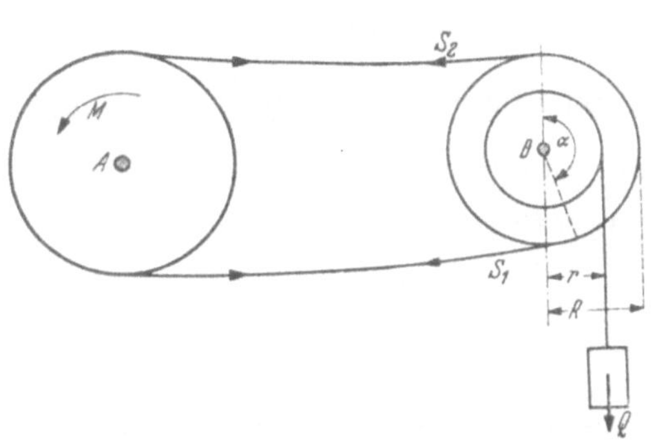

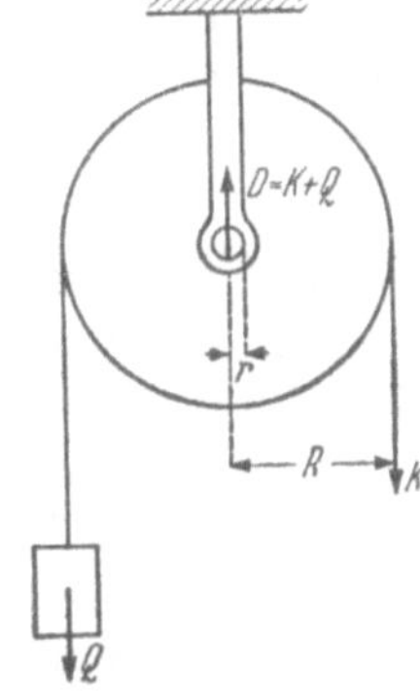

Abb. 177 · Abb. 178

Riementrieb. Eine wichtige Anwendung findet die Seilreibung bei den sogenannten Riementrieben, die zur Bewegungsübertragung von einer Welle auf eine ihr parallele Welle dienen (Abb. 177). Die Welle A drehe sich links herum; der Riemen (Lederriemen oder dgl.) sei genügend angespannt, so daß er nicht auf den Riemenscheiben gleitet. Der Drehung der Welle widersetze sich ein Moment, das — ähnlich wie bei der Bandbremse — wieder auf die Form $Q\, r$ gebracht sei. Sind S_2 und S_1 die Spannkräfte der an der rechten Scheibe angreifenden Riemenstücke, so ist im Falle einer gleichförmigen Drehung dieser Scheibe

$$(S_2 - S_1)\, R = Q\, r. \tag{159}$$

Da nun Riemen und Scheibe nicht aufeinander gleiten sollen, so gilt für die Seilreibung der Ausdruck (158), und es wird

$$Q\, \frac{r}{R} < S_1\, (e^{\mu\,\alpha} - 1)$$

oder

$$S_1 > Q\, \frac{r}{R}\, \frac{1}{e^{\mu\,\alpha} - 1}.$$

Man kann dafür auch schreiben

$$S_1 = Q\, \frac{r}{R}\, \frac{1}{e^{\mu\,\alpha} - 1} + \varDelta S, \tag{160}$$

und zwar bezeichnet $\varDelta S$ den Überschuß an Spannkraft, der wegen der Sicherheit gegen Gleiten nötig ist, dessen Größe aber nur durch Erfahrung bestimmt werden kann.

Setzt man schließlich den Ausdruck für S_1 aus (160) in Gl. (159) ein, so erhält man

$$S_2 = S_1 + Q\, \frac{r}{R} = Q\, \frac{r}{R}\, \left(1 + \frac{1}{e^{\mu\,\alpha} - 1}\right) + \varDelta S$$

oder

$$S_2 = Q\, \frac{r}{R}\, \frac{e^{\mu\,\alpha}}{e^{\mu\,\alpha} - 1} + \varDelta S.$$

5. Seilrollen und Flaschenzüge.

Bei einer Rolle, über die ein vollkommen biegsamer Faden (Seil) gelegt ist (Abb. 178), würde zum gleichförmigen Hinaufziehen einer Last Q eine Kraft $K = Q$ am andern Ende des Fadens ausreichen, falls sich der Drehung der Rolle kein Widerstand entgegensetzt. Nun entsteht aber infolge des Zapfendruckes $D = K + Q$ mit r als Zapfenradius nach (148) ein Reibungsmoment $M_r = \mu\, D\, r$, zu dessen Überwindung eine am Rollenumfang angreifende zusätzliche Kraft $\mu\, D\, \dfrac{r}{R} = \mu\, \dfrac{r}{R}\, (K + Q)$ erforderlich ist, die durch die Seilreibung auf die Rolle übertragen wird. Man erhält somit

$$K = Q + \frac{\mu\, r}{R}\, (K + Q)$$

oder

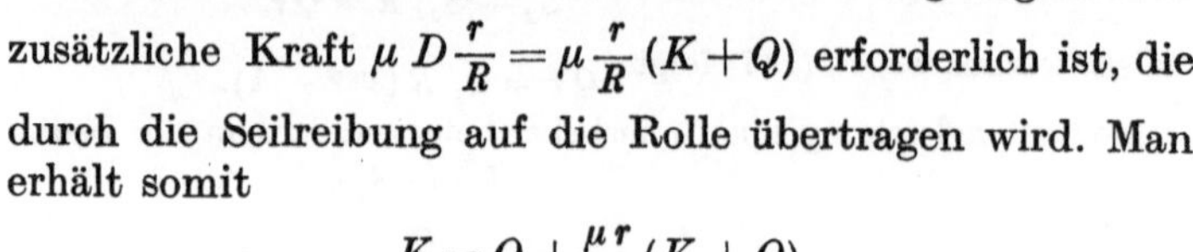

$$K = Q\, \frac{1 + \dfrac{\mu\, r}{R}}{1 - \dfrac{\mu\, r}{R}}. \tag{161}$$

Erweitert man im Zähler und Nenner mit $1 + \dfrac{\mu\, r}{R}$ und vernachlässigt das quadratische Glied $\left(\dfrac{\mu\, r}{R}\right)^2$ gegenüber der Einheit, so folgt angenähert

$$K = Q\left(1 + \mu\, \frac{2\, r}{R}\right). \tag{161a}$$

Bei der Ableitung dieses Ausdrucks wurde ein vollkommen biegsames Seil angenommen. Tatsächlich tritt aber bei einer Krümmung des Seiles ein Seilbiegungswiderstand auf, der in der Hauptsache auf Reibung zwischen den einzelnen Fasern oder Litzen, aus denen das Seil besteht, zurückzuführen ist.

Infolge dieser sogenannten Seilsteifigkeit weicht das Seil beim Anheben der Last Q um eine gewisse Größe e von der Kreistangente nach außen ab (Abb. 179), während auf der Ablaufseite eine Gegenkrümmung und damit eine Abweichung der Kraftrichtung K um das Maß e' nach innen entsteht. Setzt man bei kleinen Abweichungen $e \approx e'$, so lautet die Momentengleichung in bezug auf die Zapfenachse unter Berücksichtigung des Zapfenreibungsmomentes $\mu\, (K + Q)\, r$ (siehe oben)

$$K\, (R - e) = Q\, (R + e) + \mu\, (K + Q)\, r.$$

Daraus folgt

$$K\left(1 - \frac{e}{R} - \frac{\mu\, r}{R}\right) = Q\left(1 + \frac{e}{R} + \frac{\mu\, r}{R}\right),$$

wofür man, ähnlich wie in Gl. (161), auch schreiben kann

$$K = Q\left(1 + \frac{2\, e}{R} + \frac{2\, \mu\, r}{R}\right) = Q\, w.$$

Der Ausdruck

$$w = 1 + \frac{2\, e}{R} + \frac{2\, \mu\, r}{R}$$

heißt die **Widerstandsziffer der Seilrolle**[1].

Bei einem über eine Rolle geführten Seil ist die Spannkraft in dem sich abwickelnden Seilstück die größere. Das Verhältnis beider Spannkräfte ist gleich der Widerstandsziffer.

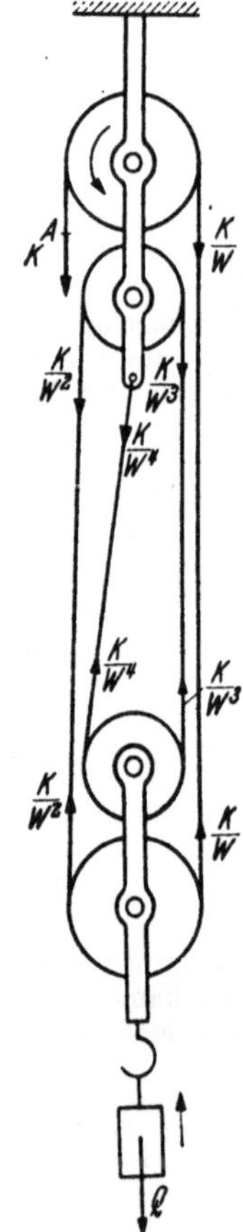

Abb. 179

Abb. 180

---

[1] Über die Größe des Seilbiegungswiderstandes vgl. Herbst: Z. VDI 1933, S. 935.

Flaschenzug. Ein Achsgestell mit einer oder mehreren Rollen heißt ein Kloben oder eine Flasche. Eine durch ein umgeschlungenes Seil (oder Kette) hergestellte Verbindung von festen und losen Kloben stellt einen Flaschenzug dar. Sollen mehrere Rollen in einem Kloben angeordnet werden, so bringt man sie häufig auf die gleiche Achse, ordnet die Rollen also nebeneinander an. In Abb. 180 sind die Rollen der besseren Übersicht halber untereinander gezeichnet. Die Zahl der Rollen in jedem Kloben betrage n (in Abb. 180 ist $n = 2$).

Beim Aufwinden der Last Q drehen sich alle Rollen links herum. Bezeichnet wieder K die Größe der am freien Seilende A wirkenden Zugkraft, so treten nach dem obigen Satze in den einzelnen Seilstücken die aus der Figur ersichtlichen Spannkräfte auf. Die zwischen den beiden Kloben verlaufenden Seilstücke werden dabei als lotrecht angenommen. Rückt die Last Q um die Strecke c nach aufwärts, so verkürzen sich diese Seilstücke sämtlich um c, zusammen also um $4\,c$ bzw. um $2\,n\,c$. Die gleiche Länge $2\,n\,c$ muß deshalb der Angriffspunkt A der Kraft K nach abwärts gezogen werden.

Trennt man durch einen Schnitt den unteren Kloben vom oberen, so verlangt dessen Gleichgewicht, daß die Last Q gleich der Summe aller geschnittenen Seilkräfte ist, also für $n = 2$

$$Q = K\left(\frac{1}{w} + \frac{1}{w^2} + \frac{1}{w^3} + \frac{1}{w^4}\right) = \frac{K}{w^4}(w^3 + w^2 + w + 1) = \frac{K}{w^4}\frac{w^4 - 1}{w - 1}.$$

Somit wird

$$K = Q\,\frac{w^4\,(w - 1)}{w^4 - 1}$$

oder bei n Rollen in jedem Kloben

$$K = Q\,\frac{w^{2n}\,(w - 1)}{w^{2n} - 1}.$$

6. Die Schraube.

Die Schraubenspindel besteht aus einem zylindrischen Kern, um den längs einer Schraubenlinie Trapezflächen geführt werden, wodurch vorspringende Leisten, die sogenannten Schraubengänge, erzeugt werden. Je nachdem das Trapez in ein Rechteck oder ein Dreieck ausartet, unterscheidet man zwischen flachgängigen und scharfgängigen Schrauben. Die Schraubenmutter umschließt die Schraubenspindel mit geringem Spielraum.

Wird die Schraubenmutter festgehalten, so kann die Spindel nur eine Schraubenbewegung ausführen, indem mit der Drehung um die Spindelachse eine

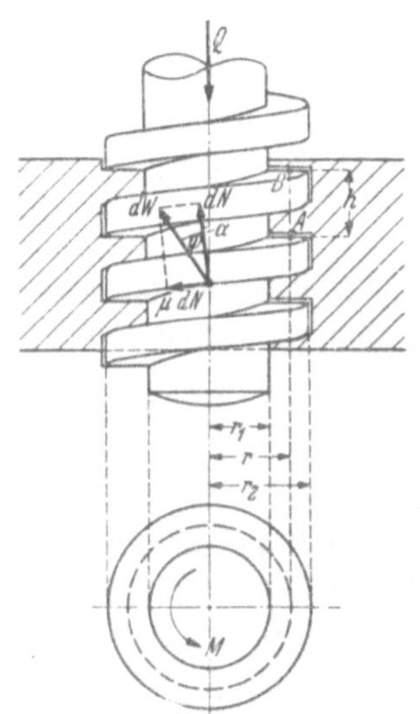

Abb. 181

Verschiebung längs dieser verbunden ist. Unter der Ganghöhe h versteht man den Weg, um den sich die Spindel während einer Umdrehung in der Achsrichtung verschiebt. Betrachtet man also einen Punkt A im Abstand r von der Schraubenachse (Abb. 181), der sich bei einer Umdrehung in die Lage B verschiebt, wobei $A\,B = h$, so ist die ebene Abwickelung der Schraubenlinie ein Dreieck von der Höhe h und der Basis $2\,\pi\,r$, und der Ausdruck

$$\operatorname{tg}\alpha = \frac{h}{2\,\pi\,r}$$

stellt das Steigungsverhältnis dar.

a) Flachgängige Schraube.

Auf die Spindel wirke in axialer Richtung die Kraft Q. Es soll dasjenige Moment M (Abb. 181) berechnet werden, das notwendig ist, damit die Spindel eine gleichförmige Bewegung gegen die Richtung von Q ausführt.

Die Spindel stützt sich auf die Gänge der ruhenden Schraubenmutter, die ihrerseits Normaldrücke und Reibungskräfte auf die Spindel überträgt. Diese Kräfte verteilen sich auf die Breite des Schraubenganges. Es soll angenommen werden, daß sie über die ganze Schraubenfläche gleichmäßig verteilt am mittleren Halbmesser $r = \dfrac{r_1 + r_2}{2}$ des Schraubenganges angreifend gedacht werden dürfen. Bezeichnet nun α den Winkel, den die mittlere Schraubenlinie mit der Querschnittsebene des Spindelkernes bildet, so weichen die auf ein Linienelement entfallenden Normaldrücke dN um den Winkel α von der Achsrichtung ab. Diesen Normaldrücken entsprechen Reibungen $\mu\, dN$, die sich mit den dN zu Gesamtwiderständen dW zusammensetzen. Letztere sind unter dem Winkel φ gegen dN, also unter $\varphi + \alpha$ gegen die Achsrichtung geneigt ($\varphi = $ Reibungswinkel). Im Falle gleichförmiger Drehung müssen alle an der Spindel angreifenden Kräfte im Gleichgewicht stehen. Es muß also sein

$$Q = \cos(\alpha + \varphi) \int dW,$$

und

$$M = r \sin(\alpha + \varphi) \int dW,$$

weshalb

$$M = Q\, r \operatorname{tg}(\alpha + \varphi). \tag{162}$$

Will man statt φ besser die Reibungsziffer $\mu = \operatorname{tg}\varphi$ verwenden, so kann an Stelle von (162) auch geschrieben werden

$$M = Q\, r\, \frac{\operatorname{tg}\alpha + \mu}{1 - \mu \operatorname{tg}\alpha}. \tag{162a}$$

Für gleichförmige Bewegung im Sinne der Kraft Q kehren sich die Vorzeichen von φ und μ um, so daß

$$M' = Q\, r \operatorname{tg}(\alpha - \varphi) \tag{163}$$

bzw.

$$M' = Q\, r\, \frac{\operatorname{tg}\alpha - \mu}{1 + \mu \operatorname{tg}\alpha}. \tag{163a}$$

Alle Momente, unter deren Einwirkung die Spindel in Ruhe bleibt, liegen zwischen den Grenzwerten M und M'.

Für $\alpha < \varphi$ wird M' negativ, d. h. zur gleichförmigen Abwärtsbewegung muß bei abwärts gerichteter Kraft Q an der Spindel ein Moment im Sinne der Drehbewegung, d. h. im Uhrzeigersinn, angebracht werden. Ein solches Gewinde heißt selbstsperrend. Wird dagegen $\alpha > \varphi$, dann ist M' positiv. Zur Erlangung einer gleichförmigen (d. h. nicht beschleunigten) Abwärtsbewegung muß ein gegen den Uhrzeigersinn drehendes Moment (wie in Abb. 181) an der Spindel wirken. In diesem Falle heißt das Gewinde nicht selbstsperrend. Ist schließlich $\alpha = \varphi$, so wird $M' = 0$. Die Spindel verhält sich in diesem Falle ähnlich wie ein starrer Körper, der auf einer schiefen Ebene mit dem Neigungswinkel $\alpha = \varphi$ gleichförmig abwärts gleitet (vgl. S. 139).

b) Scharfgängige Schraube[1].

Bei dieser ist der Querschnitt des Schraubenganges ein gleichschenkliges Dreieck mit dem Kantenwinkel 2β (Abb. 182). A sei ein Punkt der mittleren

---

[1] Vgl. hierzu Zierold: Ziviling. 1894, S. 155.

Schraubenlinie vom Halbmesser $r = \dfrac{r_1 + r_2}{2}$, E eine durch das Bogenelement ds dieser Schraubenlinie gehende Tangentialebene an den Zylinder vom Radius r, und E_1 die durch ds gehende Berührungsebene an die gedrückte Schraubenfläche (Abb. 183). Dann steht der Normaldruck dN rechtwinklig zu E_1, während die Reibung $\mu\, dN$ tangential zur mittleren Schraubenlinie gerichtet ist. Der Gesamtwiderstand dW aus dN und $\mu\, dN$ liegt in der Ebene E_2, die zu E_1 senkrecht steht.

Eine durch den Punkt A gelegte Parallele zur Schraubenachse werde mit z bezeichnet, die Richtung der Kraft $\mu\, dN$ mit t und eine durch A in der Ebene E rechtwinklig zu z gelegte Gerade mit x. Die Richtung von dW heiße w. Dann bilden w, x und t eine körperliche Ecke, durch welche, wenn man um A eine Kugel vom Radius „eins“ beschreibt, das Kugeldreieck BCD bestimmt ist (Abb. 183a). In diesem ist die Seite BC gleich $90° - \varphi$ und die Seite BD gleich α, d. h. gleich dem Steigungswinkel der mittleren Schraubenlinie. Die Seite CD zwischen w und x sei mit ϑ, der Winkel bei B an der Kante t mit γ bezeichnet.

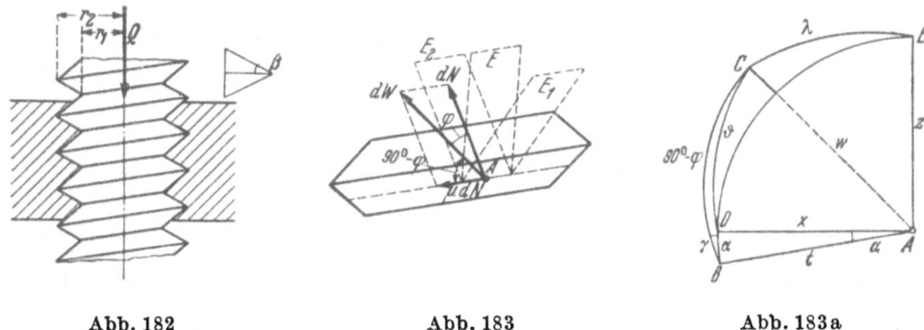

<table>
<tr><td>Abb. 182</td><td>Abb. 183</td><td>Abb. 183a</td></tr>
</table>

Es ist dies der Winkel zwischen den Ebenen E und E_2. Dann gilt für das Kugeldreieck BCD, in dem die Seite ϑ dem Winkel γ gegenüberliegt, nach dem Cosinussatz:

$$\cos\vartheta = \cos\alpha \cos(90° - \varphi) + \sin\alpha \sin(90° - \varphi)\cos\gamma$$

oder

$$\cos\vartheta = \cos\alpha \sin\varphi + \sin\alpha \cos\varphi \cos\gamma\,. \tag{164}$$

Die Geraden z, t und w bilden eine räumliche Ecke, der das Kugeldreieck BCE entspricht. Der Bogen BE fällt teilweise mit BD zusammen, da t, x und z in der Ebene E liegen. Im Dreieck BCE ist wieder die Seite $BC = 90° - \varphi$, außerdem die Seite $BE = 90° + \alpha$, da $x \perp z$ steht, während x und t den Winkel α einschließen. Die Seite CE zwischen w und z werde mit λ bezeichnet. Im Dreieck BCE liegt die Seite λ dem Winkel γ gegenüber, daher ist nach dem Cosinussatz:

$$\cos\lambda = \cos(90° + \alpha)\cos(90° - \varphi) + \sin(90° + \alpha)\sin(90° - \varphi)\cos\gamma$$

oder

$$\cos\lambda = -\sin\alpha \sin\varphi + \cos\alpha \cos\varphi \cos\gamma\,. \tag{165}$$

Da dW mit x bzw. z die Winkel ϑ bzw. λ einschließt, so kann dW in eine axiale Komponente $dW\cos\lambda$ und eine tangentiale Komponente $dW\cos\vartheta$ zerlegt werden. Im Grenzzustand des Gleichgewichts muß also sein

$$Q = \cos\lambda \int dW,$$

und

$$M = r\cos\vartheta \int dW,$$

voraus mit Rücksicht auf (164) und (165) folgt:

$$M = Q\, r\, \frac{\cos\vartheta}{\cos\lambda} = Q\, r\, \frac{\cos\alpha \sin\varphi + \sin\alpha \cos\varphi \cos\gamma}{-\sin\alpha \sin\varphi + \cos\alpha \cos\varphi \cos\gamma}\,.$$

Kürzt man im Zähler und Nenner mit $\cos\alpha\,\cos\varphi$, so erhält man daraus

$$M = Q\,r\,\frac{\operatorname{tg}\varphi + \operatorname{tg}\alpha\,\cos\gamma}{-\operatorname{tg}\alpha\,\operatorname{tg}\varphi + \cos\gamma} = Q\,r\,\frac{\operatorname{tg}\alpha + \mu\,\sec\gamma}{1 - \mu\,\operatorname{tg}\alpha\,\sec\gamma}. \tag{166}$$

Bei den im allgemeinen kleinen Steigungswinkeln α ist der von den Ebenen E und E_2 eingeschlossene Winkel γ nur wenig vom halben Kantenwinkel des Schraubenganges verschieden, so daß unter dieser Voraussetzung $\gamma = \beta$ gesetzt werden kann. Damit geht (166) über in

$$M = Q\,r\,\frac{\operatorname{tg}\alpha + \mu\,\sec\beta}{1 - \mu\,\operatorname{tg}\alpha\,\sec\beta}. \tag{167}$$

Für die gleichförmige Bewegung im Sinne der Kraft Q kehren sich wieder die Vorzeichen von φ und μ um, so daß

$$M' = Q\,r\,\frac{\operatorname{tg}\alpha - \mu\,\sec\beta}{1 + \mu\,\operatorname{tg}\alpha\,\sec\beta}. \tag{168}$$

Selbstsperrung tritt ein für $\operatorname{tg}\alpha < \mu\,\sec\beta$.

Aus den obigen Gleichungen geht hervor, daß die Reibungswiderstände bei scharfgängigen Schrauben unter sonst gleichen Verhältnissen größer sind als bei flachgängigen. Aus diesem Grunde wählt man erstere hauptsächlich als Befestigungsschrauben, bei denen es auf große Reibung zur Verhinderung einer unerwünschten Lösung der Befestigung ankommt. Flachgängige Schrauben dagegen werden bevorzugt zur Bewegungsübertragung als einfache Maschinen verwendet.

7. Rollende Reibung.

Die Rollbewegung einer kreiszylindrischen Walze oder eines Rades auf einer ebenen Unterlage (Rollbahn) ist nur wegen der an der Berührungsstelle zwischen Walze und Unterlage auftretenden Reibung möglich. Wäre diese nicht vorhanden — etwa bei ideal glatten Oberflächen beider Körper — so könnte die Walze unter der Wirkung einer an ihr angreifenden, zur Rollbahn parallelen Kraft P nur eine Gleit-, aber keine Rollbewegung ausführen. Erst die an der Berührungsstelle zwischen Walze und Rollbahn auftretende Haftreibung T liefert zusammen mit der treibenden Kraft P das zur Einleitung der Drehung (Rollen) erforderliche Moment (Abb. 184). Nach S. 135 kann die Haftreibung einen gewissen Grenzwert $T_0 = \mu_0 N$ nicht überschreiten. Ist dieser zu klein (etwa bei sehr kleinem μ_0), so tritt neben der reinen Rollbewegung noch Gleiten der Walze auf.

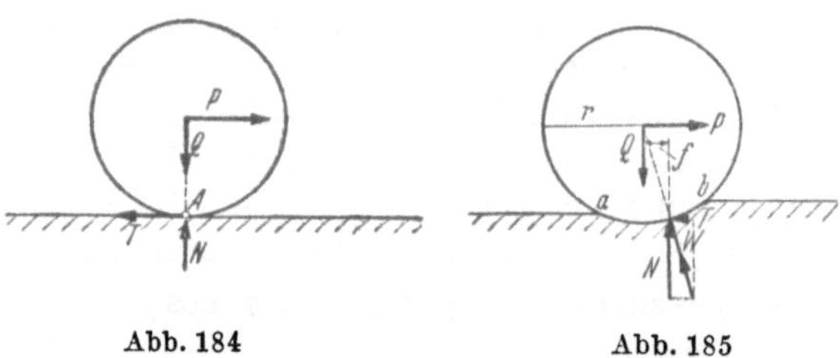

Abb. 184   Abb. 185

Der in Abb. 184 dargestellte Zustand, bei dem die Berührung zwischen Walze und Rollbahn in einer Erzeugenden A stattfindet, ist nur bei „starren" Körpern möglich. Bei den wirklichen festen Körpern verteilt sich der Bahnwiderstand auf eine gewisse Fläche, da sowohl die Walze als auch die Unterlage Formänderungen erleiden. Diejenigen Teile der Unterlage, welche die Walze bereits überrollt hat, kehren im allgemeinen nicht ganz oder wenigstens nicht augenblicklich in den früheren Zustand zurück, so daß der vor der Walze befindliche Teil der Rollbahn etwas höher liegt als der andere. Dies hat zur Folge, daß sich der Bahnwiderstand nicht gleichmäßig zu beiden Seiten der Walzenmitte verteilt, sondern daß der Gegendruck auf der Vorderseite überwiegt (Abb. 185).

Die Normalkomponente $N = Q$ des Bahnwiderstandes W bildet also mit der Belastung Q der Walze ein Kräftepaar vom Momente

$$M = Q f, \tag{169}$$

das sich der Drehbewegung entgegensetzt. Der Abstand f von Q und N wird als Hebelarm des Rollwiderstandes und M als Rollreibungsmoment bezeichnet. Zur Unterhaltung der gleichförmigen Rollbewegung ist daher ein treibendes Moment erforderlich, dessen Größe wegen der in Wirklichkeit nur geringen Einpressung der Walze in die Rollbahn durch

$$P r = Q f$$

bestimmt ist, wenn r den Halbmesser der Walze oder des Rades darstellt. P ist also die zur Bewegung der Walze oder des Rades notwendige Kraft.

Die experimentelle Bestimmung des Hebelarmes f kann in ähnlicher Weise erfolgen wie die Ermittlung der Reibungsziffer μ_0 mittels der schiefen Ebene (S. 134). Gibt man der Rollbahn eine veränderliche Neigung, bringt die Walze auf diese Bahn und stellt durch allmähliche Veränderung des Neigungswinkels ϑ der Bahn fest, bei welchem Winkel ϑ_0 sich eine gleichförmige Rollbewegung einstellt, so läßt sich aus diesem Grenzwinkel der Hebelarm f berechnen. Mit den Bezeichnungen der Abb. 186, in der $Q \sin \vartheta_0$ und $Q \cos \vartheta_0$ die tangentiale und normale Komponente des Walzengewichtes Q bezeichnen, folgt sofort mit r als Halbmesser der Walze

$$Q f \cos \vartheta_0 = Q r \sin \vartheta_0$$

oder

$$f = r \operatorname{tg} \vartheta_0,$$

wofür man wegen der Kleinheit von ϑ_0 auch schreiben kann

$$f = r \vartheta_0.$$

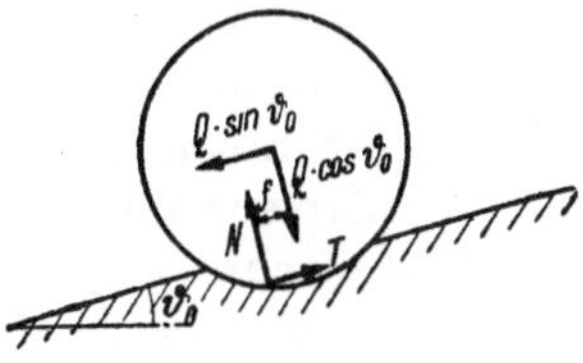

Abb. 186

Die physikalischen Vorgänge, die zur Entstehung des Rollwiderstandes führen, und ihre theoretische Deutung sind recht verwickelter Art. Einen wichtigen Beitrag zu dieser praktisch bedeutungsvollen Frage hat neuerdings L. Föppl[1] geliefert, welcher die rollende Reibung zwischen Rad und Schiene untersucht. Er setzt dabei gleichen Werkstoff für beide Körper voraus und betrachtet einen rein elastischen Vorgang ohne bleibende Formänderungen. Dabei zeigt sich, daß Rollen mit vollkommenem Haften zwischen Rad und Schiene längs der gesamten Berührungsfläche nicht möglich ist. Vielmehr tritt an der Ablaufseite stets in einem gewissen Teil der Berührungsfläche „Schlüpfen" ein. Außerdem zeigt die Theorie, daß der Hebelarm f des Rollwiderstandes vom Normaldruck N, vom Radhalbmesser r, vom Elastizitätsmodul E des Werkstoffes und von der Poissonschen Zahl m abhängig ist, und zwar ist f ein bestimmter Bruchteil der Länge der Berührungslinie zwischen Rad und Schiene (Länge a—b in Abb. 185). Die halbe Länge dieser Berührungslinie ist

$$A = 2 \sqrt{\frac{2}{\pi} \frac{m^2 - 1}{m^2} \frac{N r}{E}},$$

wenn $N \left[\dfrac{kg}{cm}\right]$ den auf die Tiefe „eins" bezogenen Normaldruck bezeichnet (Einheit der Breite des Schienenkopfes), und für den Hebelarm des Rollwiderstandes ergibt sich nach Föppl

$$f = 0{,}098\, A.$$

---

[1] Föppl, L.: Die strenge Lösung für die rollende Reibung, Leibniz-Verlag, München 1947.

Damit ist es unter den obigen Voraussetzungen möglich, die Länge f und somit das Rollreibungsmoment zu berechnen.

Der in den technischen Handbüchern angegebene Wert $f = 0{,}05\,[\mathrm{cm}]$[1] **für Eisenbahnräder auf Schienen**, welcher weder eine Abhängigkeit vom Raddruck noch vom Radhalbmesser aufweist, darf also nur mit Vorsicht angewendet werden.

Wird eine Last Q auf zwei Walzen fortgeschoben, von denen jede das Gewicht G besitzt (Abb. 187), so tritt an den Walzen unten und oben ein Rollwiderstand auf, dessen Moment die Größe

$$M = Q f + (2\,G + Q)\, f'$$

besitzt; f bzw. f' sind die Hebelarme des Rollwiderstandes oben bzw. unten. Die zur Fortbewegung notwendige Kraft ist also

$$P = \frac{M}{2\,r},$$

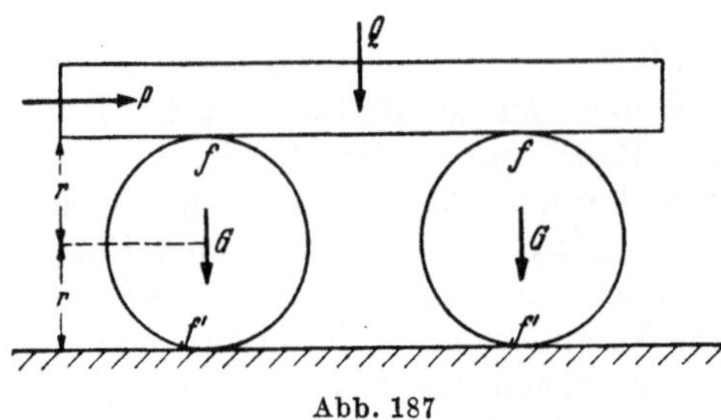
Abb. 187

da P durch die Reibung auf die oberen Teile der Walzen übertragen wird und mit den unten an den Walzen angreifenden Reibungskräften (Abb. 184) ein Kräftepaar vom Momente $P \cdot 2\,r$ bildet. Eine Parallelverschiebung der Kraft P an der Last Q hat nur eine andere Verteilung der Normaldrücke zur Folge, ändert aber nichts an der Größe von P.

Bei den Straßen- und Schienenfahrzeugen tritt außer der rollenden Reibung noch eine Zapfenreibung in den Achslagern der Räder auf. Bezeichnet Q die auf eine Wagenachse aus dem Wagenkasten entfallende Belastung (ohne Radgewicht), so ist das Zapfenreibungsmoment nach Gl. (148) mit d als Zapfendurchmesser

$$M_z = \mu\,Q\,\frac{d}{2}.$$

Zu diesem Moment tritt jetzt noch das Rollreibungsmoment

$$M_r = (Q + G)\,f,$$

wobei G das Radgewicht darstellt.

Das gesamte zu überwindende Moment (für **eine** Achse) hat also die Größe

$$M = \mu\,Q\,\frac{d}{2} + (Q + G)\,f.$$

Zur Vorwärtsbewegung eines Fahrzeuges oder eines ganzen Zuges ist also eine Kraft

$$P \geqq \sum \frac{1}{r}\left\{\mu\,Q\,\frac{d}{2} + (Q + G)\,f\right\}$$

erforderlich ($r = $ Radhalbmesser), wobei die Summe $\sum$ über alle Wagenachsen zu erstrecken ist (Luftwiderstand ist hier noch nicht inbegriffen). Häufig setzt man statt dessen, ohne zwischen Roll- und Zapfenreibung genauer zu unterscheiden, einfach

$$P \geqq Q\,\alpha$$

und versteht dann unter Q das Gesamtgewicht des Fahrzeuges oder eines ganzen Zuges. Die dimensionslose Größe α heißt die **Widerstandsziffer** des Fahrzeuges und ist durch Versuche zu bestimmen.

---

[1] Vgl. „Hütte", Bd. I, 27. Aufl. S. 399.

8. Bohrende Reibung.

Drehen sich zwei feste Körper, die sich in einem Punkte unter Druck berühren, relativ gegeneinander um die Berührungsnormale, so lehrt die Erfahrung, daß sich dieser Drehung ein Reibungswiderstand — Bohrreibung genannt — widersetzt. An der Berührungsstelle tritt nämlich, da die Körper nicht vollkommen starr sind, eine Abplattung ein, so daß die Berührung in Wirklichkeit nicht in einem Punkte, sondern in einer kleinen Fläche stattfindet. Es handelt sich demnach bei der bohrenden Reibung um eine ähnliche Erscheinung wie bei der Reibung an Stützzapfen mit kreisrunder Stützfläche. Das auftretende Reibungsmoment kann in der Form

$$M = \mu\, N\, r_m \tag{170}$$

angesetzt werden, wo r_m einen mittleren Radius darstellt, der als Radius der Bohrreibung bezeichnet wird, und N den Normaldruck zwischen den sich berührenden Körpern. Da nun aber bislang ein befriedigender Ansatz über die Berechnung von r_m nicht bekannt ist, setzt man an Stelle von (170) einfacher

$$M = N f,$$

wo $f = \mu\, r_m$ eine Länge darstellt, die durch Versuche bestimmt werden muß.

9. Schlußbemerkung über die Reibung.

Während einerseits die Reibung bei den Maschinen ein erhebliches Bewegungshindernis darstellt, ist andererseits ihr Nutzen sowohl im täglichen Leben als auch in der Technik recht beträchtlich. Ein großer Teil der Befestigungen im Bau- und Maschinenwesen durch Nägel, Schrauben, Keile usw. beruht auf der Reibung. Die Seilreibung wird beim Herablassen schwerer Lasten und bei Riementrieben verwertet. Mittels der Reibung (Bremsen) werden die sich in Bewegung befindlichen Fahrzeuge wieder zum Stillstand gebracht. Von besonderer Bedeutung für die Bewegung der Menschen und Tiere auf der Erde ist die Haftreibung, da ohne sie kein Gehen möglich wäre. Welche große Erschwerung ein geringer Reibungswiderstand bei der Vorwärtsbewegung bedeutet, erkennt man besonders beim Schreiten auf glattem Eise. Auch das Anfahren eines Eisenbahnzuges ist nur durch das Vorhandensein der Haftreibung zwischen den Treibrädern der Lokomotive und den Schienen möglich. Sind letztere z. B. vereist, so setzt der in die Zylinder einströmende Dampf wohl die Treibräder in Drehung, diese gleiten aber auf den Schienen, ohne den Zug vorwärts zu bringen. Erst nachdem — etwa durch Sandstreuer — die nötige Reibung geschaffen ist, kann eine Vorwärtsbewegung eintreten. Zu diesem Zwecke muß aber der Normaldruck eine solche Größe haben, daß die zur Vorwärtsbewegung nötige Haftreibung sich einstellen kann. Deshalb werden die Räder der Lokomotive teilweise miteinander gekoppelt, damit möglichst viele Räder als Treibräder wirken. Derjenige Teil des Lokomotivgewichtes, welcher auf die Treibräder entfällt und damit für die Erzeugung der Haftreibung maßgebend ist, wird als ihr **Reibungsgewicht** bezeichnet.

VI. Mechanische Arbeit einer Kraft
und das Prinzip der virtuellen Verrückungen.

1. Arbeit einer Kraft.

Führt ein Massenpunkt unter der Einwirkung einer nach Größe und Richtung unveränderlichen Kraft eine Bewegung in Richtung dieser Kraft aus, so nennt man das Produkt

$$A = K s$$

aus dem Betrage K der Kraft und der Weglänge s die mechanische Arbeit der Kraft auf dem Wege s.

Im allgemeinen fällt die Bewegungsrichtung des Massenpunktes nicht mit der Kraftrichtung zusammen, außerdem kann die Kraft selbst ihre Größe und Richtung ständig ändern. Aus diesem Grunde muß der Begriff der Arbeit noch etwas weiter gefaßt werden.

Zu diesem Zwecke betrachtet man zunächst nur ein Wegdifferential $d\mathfrak{s}$ und zerlegt dieses in eine in die Kraftrichtung fallende und eine dazu senkrechte

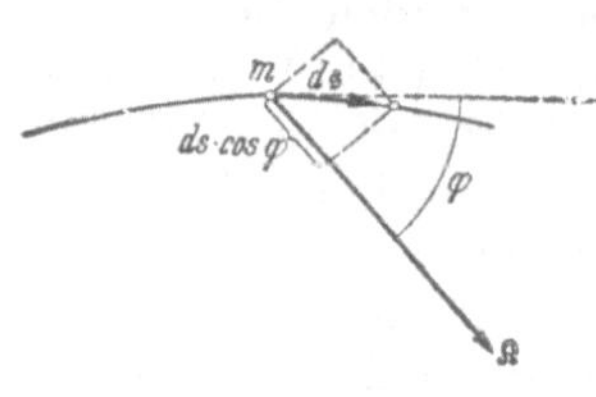

Abb. 188

Komponente (Abb. 188). Unter der Arbeit der Kraft $\mathfrak{K}$ beim Durchlaufen des unendlich kleinen Wegelementes $d\mathfrak{s}$ versteht man dann den Ausdruck

$$dA = K\,ds\cos\varphi, \tag{171}$$

d. h. das Produkt aus dem Kraftbetrage K und der Wegkomponente $ds\cos\varphi$ in Richtung von $\mathfrak{K}$. φ bezeichnet dabei den Winkel, den die positiven Richtungen der Vektoren $\mathfrak{K}$ und $d\mathfrak{s}$ miteinander bilden. Derartige Arbeitsbeträge entstehen beim Durchlaufen aller übrigen Bahnelemente, und die Summe aller dieser Arbeiten, d. h. das Integral

$$A = \int_{s_1}^{s_2} K\,ds\cos\varphi \tag{172}$$

ist die mechanische Arbeit der Kraft $\mathfrak{K}$ auf dem Wege von s_1 bis s_2.

Die Arbeit wird positiv, wenn die Wegkomponente $ds\cos\varphi$ nach der Richtung der Kraft mit dieser gleichgerichtet ist, im andern Falle negativ, d. h. je nachdem $\cos\varphi \gtrless 0$ ist.

Steht $\mathfrak{K}$ während eines beliebigen Teiles der Bewegung senkrecht zur Bahnlinie, so ist wegen $\cos\varphi = 0$ nach (171) auch die Arbeit während dieses Teiles der Bewegung gleich Null.

Eine Kraft leistet demnach keine Arbeit, solange sie rechtwinklig zur Bewegungsrichtung steht.

Die Dimension der Arbeit ist, da letztere das Produkt aus einer Kraft und einem Wege darstellt, [kg cm] bzw. [kg m].

Besonders einfach gestaltet sich die Berechnung der Arbeit, wenn die Kraft eine konstante Richtung und Größe hat, wie z. B. die Schwere. In diesem Falle folgt aus (172) sofort

$$A = G \int\limits_{s_1}^{s_2} ds \cos \varphi = G h,$$

wenn G das Gewicht und h den lotrechten Abstand der Anfangs- und Endlage des Massenpunktes bezeichnen (Abb. 189). Wie man sieht, ist es dabei gleichgültig, welchen Weg der Massenpunkt im einzelnen durchläuft; maßgebend ist nur die Höhendifferenz zwischen Anfangs- und Endpunkt der Bahn.

Die rechte Seite der Gl. (171) stellt nach den Regeln der Vektorrechnung das innere Produkt der Vektoren $\mathfrak{K}$ und $d\mathfrak{s}$ dar (vgl. S. 16), weshalb man in vektorieller Form auch schreiben kann

$$dA = \mathfrak{K}\, d\mathfrak{s} \qquad (173)$$

bzw.

$$A = \int\limits_{s_1}^{s_2} \mathfrak{K}\, d\mathfrak{s}. \qquad (173\,\text{a})$$

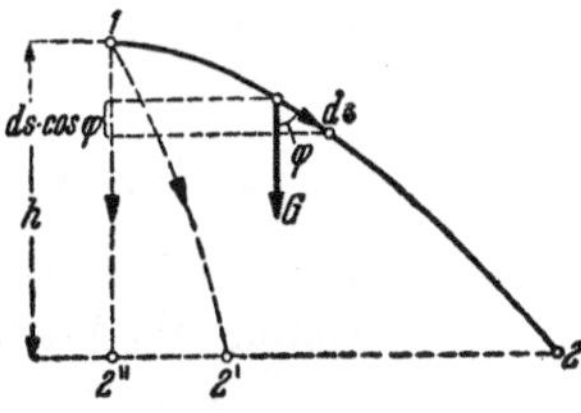

Abb. 189

Danach kann die Arbeit auch als das Linienintegral der Kraft bezeichnet werden. Sie ist als inneres Produkt zweier Vektoren eine richtungslose Größe, ein Skalar.

Nachdem dA als inneres Produkt aus $\mathfrak{K}$ und $d\mathfrak{s}$ erkannt ist, können nun auch die in Ziffer 8 des I. Abschnittes dafür abgeleiteten Sätze zur Anwendung gelangen. Bezeichnen etwa X, Y, Z die Komponenten des Kraftvektors $\mathfrak{K}$ in bezug auf ein rechtwinkliges, räumliches Koordinatensystem und dx, dy, dz diejenigen des Bahnelements $d\mathfrak{s}$, so kann an Stelle von (173a) unter Beachtung der Gl. (12), S. 17, auch geschrieben werden

$$A = \int\limits_{s_1}^{s_2} (X\, dx + Y\, dy + Z\, dz). \qquad (174)$$

Demnach werden die Teilarbeiten der einzelnen Kraftkomponenten längs der Wegprojektionen wie richtungslose Größen addiert, was ja dem richtungslosen Charakter der Arbeit entspricht.

Greifen an dem bewegten Massenpunkt mehrere Kräfte $\mathfrak{K}_1$, $\mathfrak{K}_2 \ldots \mathfrak{K}_n$ an, so ist die von ihnen auf dem Wegelement $d\mathfrak{s}$ geleistete Arbeit

$$dA = \mathfrak{K}_1\, d\mathfrak{s} + \mathfrak{K}_2\, d\mathfrak{s} + \cdots + \mathfrak{K}_n\, d\mathfrak{s},$$

woraus nach Gl. (10), S. 17 folgt

$$dA = (\mathfrak{K}_1 + \mathfrak{K}_2 + \cdots + \mathfrak{K}_n)\, d\mathfrak{s} = \mathfrak{R}\, d\mathfrak{s},$$

wenn $\mathfrak{R} = \sum\limits_{i=1}^{i=n} \mathfrak{K}_i$ die Resultante der Kräftegruppe bezeichnet. Für die gesamte Arbeit wird also

$$A = \int\limits_{s_1}^{s_2} (\mathfrak{K}_1\, d\mathfrak{s} + \mathfrak{K}_2\, d\mathfrak{s} + \cdots + \mathfrak{K}_n\, d\mathfrak{s}) = \int\limits_{s_1}^{s_2} \mathfrak{R}\, d\mathfrak{s}, \qquad (175)$$

d. h. die von der Resultante bei der Bewegung des Massenpunktes geleistete Arbeit ist gleich der algebraischen Summe der Arbeiten der Einzelkräfte.

Die auf die Zeiteinheit bezogene Arbeit wird als Leistung L bezeichnet, es ist also

$$L = \frac{dA}{dt}.$$

Ihre Dimension ist $[L] = \left[\dfrac{\mathrm{kg\,m}}{\mathrm{sec}}\right] = [\mathrm{kg\,m\,sec^{-1}}]$. Als größere Einheit benutzt man in der Technik gewöhnlich die **Pferdestärke** [PS], und zwar ist $1\,[\mathrm{PS}] = 75\left[\dfrac{\mathrm{kg\,m}}{\mathrm{sec}}\right]$. In der Elektrotechnik wird das aus dem physikalischen Maßsystem (S. 11) entnommene **Watt** als Einheit der Leistung gebraucht, wobei $1\,[\mathrm{PS}] = 736\,\mathrm{Watt} = 0{,}736\,\mathrm{Kilowatt}$ zu setzen ist.

Fallen Kraft- und Bewegungsrichtung zusammen, so folgt aus (171) wegen $\varphi = 0$ für die Leistung unmittelbar

$$L = \frac{dA}{dt} = K\frac{ds}{dt} = Kv,$$

wo v die Geschwindigkeit des Massenpunktes darstellt (vgl. S. 7).

2. Das Prinzip der virtuellen Verrückungen.

Nach den Vorstellungen der „klassischen" Mechanik (vgl. S. 6) kann jedes materielle System als Vereinigung einer Gruppe von Massenpunkten angesehen werden, deren Bewegungen gewissen Beschränkungen unterworfen sind, bedingt durch den Zusammenhang des ganzen Systems sowie seine Führung oder Stützung gegen andere Körper. Auch jeder starre Körper kann als ein solcher „Punkthaufen" aufgefaßt werden, bei dem die gegenseitigen Entfernungen der einzelnen Massenpunkte zu jeder Zeit unveränderlich sind. Da nun jede Bewegungsbeeinflussung eines Massenpunktes auf das Vorhandensein einer Kraft schließen läßt (vgl. S. 3), so kann man den Einfluß der vorgeschriebenen Beschränkungen der Punktbewegungen dadurch zum Ausdruck bringen, daß man an Stelle dieser Beschränkungen **Zwangskräfte** einführt, welche eben für die Bewegungsbeschränkung der einzelnen Punkte in dem vorgeschriebenen Sinne verantwortlich sind. Man hat dann die Bewegung des materiellen Systems auf diejenige einer Gruppe freier Massenpunkte zurückgeführt. Die **Zwangskräfte** sind im Gegensatz zu den **eingeprägten** oder **treibenden Kräften** zunächst unbekannt und im allgemeinen von letzteren abhängig.

Eine Massengruppe befindet sich im Gleichgewicht, wenn jeder ihrer Massenpunkte im Gleichgewicht ist, d. h. entweder ruht oder sich geradlinig und gleichförmig bewegt (vgl. S. 24). Wirkt nun auf dieses materielle System eine beliebige Kräftegruppe ein, so muß, wenn Gleichgewicht bestehen soll, für jeden Massenpunkt die Resultante aller an ihm angreifenden Kräfte verschwinden, es muß also sein

$$\mathfrak{P}_r + \mathfrak{Z}_r = 0, \tag{176}$$

wenn $\mathfrak{P}_r$ die Resultante der am r-ten Massenpunkt wirkenden eingeprägten Kräfte bezeichnet und $\mathfrak{Z}_r$ diejenige der Zwangskräfte.

Man denke sich nun der ganzen Massengruppe eine unendlich kleine, dabei aber vollkommen willkürliche Verrückung erteilt, bei welcher der r-te Massenpunkt den Weg $\delta\mathfrak{s}_r$ zurücklegen möge. Dann ist offenbar wegen (176) auch

$$(\mathfrak{P}_r + \mathfrak{Z}_r)\,\delta\mathfrak{s}_r = 0.$$

Da eine derartige Beziehung für jeden Punkt der Massengruppe besteht, so erhält man durch Summierung über alle Punkte

$$\sum (\mathfrak{P}_r + \mathfrak{Z}_r)\,\delta\mathfrak{s}_r = 0. \tag{177}$$

Unter Beachtung von (173) spricht die vorstehende Gleichung den Satz aus: An einem materiellen System hält sich eine beliebige Kräftegruppe das Gleichgewicht, wenn die Summe der von sämtlichen an den Punkten des Systems wirkenden Kräften (eingeprägten und Zwangskräften) bei jeder willkürlichen Verrückung geleisteten Arbeit gleich Null ist.

In dieser allgemeinen Form ist der vorstehende Satz freilich wenig verwendbar, da alle Massenpunkte zunächst als vollkommen frei angesehen und auf die zwischen ihnen bestehenden beschränkenden Bedingungen keine Rücksicht genommen wurde. Es sollen nun in Zukunft der Massengruppe nur solche unendlich kleine Verrückungen erteilt werden, welche mit den die freie Beweglichkeit beschränkenden (geometrischen bzw. physikalischen) Bedingungen verträglich, im übrigen aber ganz beliebig sind. Derartige Verschiebungen nennt man virtuelle (von virtus = Fähigkeit, Möglichkeit) und die dabei von den Kräften geleisteten Arbeiten virtuelle Arbeiten. Die Forderung, daß die virtuellen Verrückungen unendlich klein sein sollen, wird deshalb notwendig, weil die Lage der im Gleichgewicht befindlichen Kräfte nach der Verrückung des Körpers mit derjenigen vor der Verrückung gleichgesetzt werden soll, was im allgemeinen nur bei unendlich kleinen Verschiebungen der Kraftangriffspunkte zulässig ist. Zum Unterschied von den wirklichen Verschiebungen $d\mathfrak{z}$, die bei der Bewegung eines materiellen Systems eintreten, sind die virtuellen Verrückungen $\delta\mathfrak{z}$ nur gedacht, und die Kräfte, die sie erzeugen, können ganz unabhängig von den tatsächlich vorhandenen gewählt werden.

Übrigens sei bemerkt, daß die wirklichen Verrückungen immer auch virtuelle sind, da sie ja mit den geometrischen Bedingungen des Systems verträglich sind.

Die nachfolgenden Betrachtungen mögen zunächst auf den freien, d. h. nicht gestützten oder geführten, starren Körper beschränkt bleiben. Von diesem weiß man, daß er seine Gestalt bei jeder beliebigen Lagenänderung nicht ändert. Faßt man also den starren Körper im obigen Sinne als Massengruppe auf, so ist jede unendlich kleine Verrückung eine virtuelle, bei der sich die gegenseitigen Abstände aller Punkte nicht ändern, d. h. wenn der Körper als Ganzes entweder eine Parallelverschiebung oder eine Drehung oder eine aus beiden zusammengesetzte Bewegung ausführt.

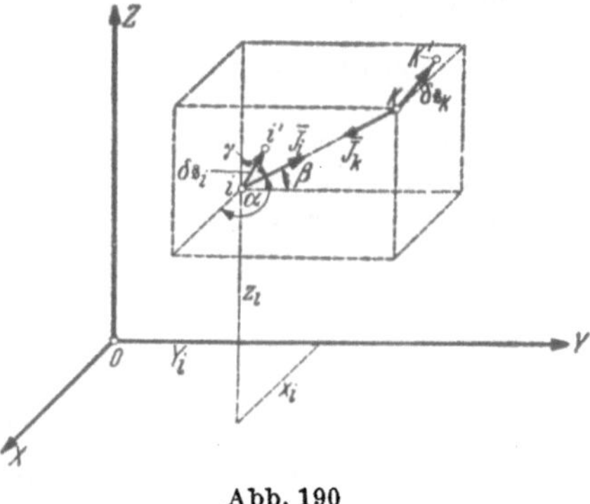

Abb. 190

Als Zwangskräfte treten jetzt nur die inneren Kräfte $\mathfrak{J}$ zwischen den einzelnen Massenpunkten auf, und man erhält nach (177)

$$\sum \mathfrak{P}_r \, \delta \mathfrak{z}_r + \sum \mathfrak{J}_r \, \delta \mathfrak{z}_r = 0. \tag{178}$$

Es läßt sich nun zeigen, daß beim starren Körper die Arbeitssumme der inneren Kräfte verschwindet, wenn man nach dem Wechselwirkungsgesetz annimmt, daß diese zwischen zwei Massenpunkten stets paarweise in gleicher Größe, aber entgegengesetzter Richtung auftreten.

Zu diesem Zwecke betrachte man die Massenpunkte i und k, deren unveränderlicher Abstand s_{ik} sei, und bringe an ihnen die inneren Kräfte $\mathfrak{J}_i$ und $\mathfrak{J}_k$ an (Abb. 190)[1]. $\delta\mathfrak{z}_i$ und $\delta\mathfrak{z}_k$ seien die virtuellen Verrückungen der beiden Massenpunkte, $\delta x_i, \delta y_i, \delta z_i$ bzw $\delta x_k, \delta y_k, \delta z_k$ deren Komponenten nach den Koordi-

---

[1] In Abb. 190 sind die inneren Kräfte mit $\overline{J}$ bezeichnet.

natenachsen X, Y, Z. Bezeichnen noch α, β, γ die Neigungswinkel der Richtung i—k gegen diese Achsen, so erhält man als Komponenten der Kraft $\mathfrak{J}_i$

$$I_{ix} = I_i \cos \alpha = I_i \frac{x_k - x_i}{s_{ik}}$$

$$I_{iy} = I_i \cos \beta = I_i \frac{y_k - y_i}{s_{ik}}$$

$$I_{iz} = I_i \cos \gamma = I_i \frac{z_k - z_i}{s_{ik}}.$$

Die Komponenten der Kraft $\mathfrak{J}_k$ haben wegen $I_i = I_k$ die gleiche Größe, aber entgegengesetzte Richtung wie diejenigen von $\mathfrak{J}_i$.

Die von den beiden Kräften $\mathfrak{J}_i$ und $\mathfrak{J}_k$ bei der virtuellen Verrückung des Körpers geleistete virtuelle Arbeit ist also nach (174)

$$I_{ix} \delta x_i + I_{iy} \delta y_i + I_{iz} \delta z_i - (I_{kx} \delta x_k + I_{ky} \delta y_k + I_{kz} \delta z_k)$$

$$= -\frac{I_i}{s_{ik}} \left\{ (x_k - x_i)(\delta x_k - \delta x_i) + (y_k - y_i)(\delta y_k - \delta y_i) + (z_k - z_i)(\delta z_k - \delta z_i) \right\} \quad (179)$$

Zwischen den Koordinaten der beiden Massenpunkte i und k besteht die Beziehung

$$(x_k - x_i)^2 + (y_k - y_i)^2 + (z_k - z_i)^2 = s_{ik}^2.$$

Durch Ableitung folgt daraus wegen $s_{ik} = \text{const.}$

$$(x_k - x_i)(dx_k - dx_i) + (y_k - y_i)(dy_k - dy_i) + (z_k - z_i)(dz_k - dz_i) = 0,$$

und zwar gilt diese Gleichung für alle Verrückungen der beiden Massenpunkte, welche die vorgeschriebene Bedingung $s_{ik} = \text{const.}$ erfüllen. Demnach ist auch

$$(x_k - x_i)(\delta x_k - \delta x_i) + (y_k - y_i)(\delta y_k - \delta y_i) + (z_k - z_i)(\delta z_k - \delta z_i) = 0,$$

und damit verschwindet der Arbeitsbetrag (179) der beiden inneren Kräfte $\mathfrak{J}_i$ und $\mathfrak{J}_k$. Da die hier angestellte Überlegung für alle Punktpaare des starren Körpers gilt, so ist für diesen allgemein

$$\sum \mathfrak{J}_r \, \delta \mathfrak{s}_r = 0, \quad (180)$$

so daß unter Beachtung von (178) folgt

$$\sum \mathfrak{P}_r \, \delta \mathfrak{s}_r = 0. \quad (181)$$

Die vorstehende Gleichung spricht das Prinzip der virtuellen Verrückungen zunächst für den freien starren Körper aus: Befindet sich an einem starren Körper eine beliebige Gruppe eingeprägter Kräfte im Gleichgewicht, so ist die Summe der von ihnen bei jeder virtuellen Verrückung geleisteten Arbeiten gleich Null.

In der Folge sollen nun auch gestützte Körper und solche Systeme betrachtet werden, die aus einer Anzahl sich gegenseitig stützender bzw. berührender Körper zusammengesetzt und gegen starre Lager abgestützt sind. Der Einfluß der die Bewegungsfreiheit des Körpers beschränkenden Stützung oder Führung wird wieder durch Einführung der entsprechenden Zwangs- oder Reaktionskräfte ersetzt. Auch von diesen läßt sich zeigen, daß sie insgesamt bei jeder virtuellen Verrückung des Systems keine Arbeit leisten. Dabei sollen die Stützungen des starren Körpers bzw. Körpersystems, die selbst nicht zum System gehören, durchweg als starr und im Raume als unverrückbar angesehen, sowie alle Gleitreibungen vernachlässigt werden. Die Beschränkungen der freien Beweglichkeit können verschiedener Art sein; einige besonders wichtige seien hier aufgeführt:

1. Der Körper ist in einem festen Stützgelenk gelagert. Eine virtuelle, d. h. mit den geometrischen Bedingungen verträgliche Verrückung kann nur in einer Drehung des Körpers um dieses feste Gelenk bestehen. Die Reaktionskraft leistet dabei die Arbeit Null.

2. Der Körper ist in einem Punkte gestützt, der sich nur in einer Linie oder Fläche reibungsfrei bewegen kann (Linien- oder Flächenlager, S. 119). Da die Reaktionskraft senkrecht zur Lagerführung steht, kann sie bei einer virtuellen Verrückung keine Arbeit leisten.

3. Sind mehrere starre Körper durch reibungslose Gelenke miteinander verbunden, so unterliegen die Gelenkdrücke wieder dem Wechselwirkungsgesetz, leisten also bei einer virtuellen, den gelenkigen Zusammenhang der Körper respektierenden Verrückung zusammen die Arbeit Null.

4. Ähnlich verhält es sich, wenn Teile eines Triebwerkes, Zahnräder, Reibungsräder, Riemenscheiben usw. derart ineinander greifen oder miteinander gekuppelt sind, daß sie an den Stellen des Eingriffs oder der Kuppelung gleiche Geschwindigkeiten haben. Die Zwangskräfte sind dabei die durch den Eingriff bzw. die Kuppelung ausgelösten Kräfte. Derartige Zwangskräfte liefern aus dem gleichen Grunde wie die Gelenkdrücke der Ziffer 3 die virtuelle Arbeit Null.

Unter Beachtung des vorstehend Gesagten lautet das Prinzip der virtuellen Verrückungen wie folgt: **Befindet sich an einem aus mehreren starren Körpern bestehenden System, bei dem die einzelnen Körper in der oben angedeuteten Weise gewissen Führungen oder Bindungen unterworfen sind, eine beliebige Kräftegruppe im Gleichgewicht, so ist bei jeder virtuellen Verrückung des Systems die Arbeit der eingeprägten oder treibenden Kräfte gleich Null.**

Die Erfüllung der Gl. (181) ist notwendig und hinreichend für das Gleichgewicht der Kräftegruppe. Das Körpersystem, an dem diese wirkt, bleibt unter ihrem Einfluß im Gleichgewicht, wenn es vorher im Gleichgewicht war.

Das Prinzip kann auch zur Berechnung der Reaktionskräfte eines gestützten Systems benutzt werden. Zu diesem Zwecke denke man sich das System in der Gleichgewichtsstellung und entferne diejenige Stützung, welche Träger der zu suchenden Reaktion ist. Zur Wiederherstellung des ursprünglichen Zustandes bringe man die unbekannte Reaktion an der Stützstelle an und betrachte sie jetzt als eingeprägte Kraft. Da durch die Entfernung der fraglichen Stützung eine Bewegungsbeschränkung fortgefallen ist, kann man nunmehr dem System in dieser Richtung eine virtuelle Verrückung erteilen, bei welcher die fragliche Reaktion Arbeit leistet. Man erhält damit eine Gleichung, in der die gesuchte Lagerkraft als einzige Unbekannte auftritt und demnach berechnet werden kann. Dabei ist zu beachten, daß jeder unabhängigen Reaktionskomponente eine Gleichung entspricht, daß also, falls die Stützkraft zwei oder drei Komponenten besitzt, die zwei- bzw. dreimalige Anwendung des Prinzips zur Ermittlung der Gesamtreaktion erforderlich ist.

Im dritten Bande dieses Lehrbuches (Dynamik) wird auf die Bedeutung des Prinzips der virtuellen Verrückungen für die Dynamik der Systeme noch einmal genauer eingegangen, nachdem eine Reihe von kinematischen Begriffen besprochen ist, die hier noch nicht behandelt werden können. Auch in der Mechanik der elastisch-festen Körper findet das Prinzip weitgehende Anwendung. Dabei wird allerdings die virtuelle Arbeit der Zwangskräfte wegen der eintretenden Formänderungen nicht mehr zu Null, sondern muß gesondert berechnet werden. Auf diese Frage wird im zweiten Band(Festigkeitslehre) genauer eingegangen.

3. Gewichte als eingeprägte Kräfte.

(Prinzip von Toricelli).

Werden die an einem materiellen System wirkenden eingeprägten Kräfte nur von den Gewichten mg der einzelnen Massenpunkte (vgl. S. 9) gebildet, so verrichten diese bei einer virtuellen Verrückung des Systems die Arbeit

$$A = \sum (m\,g\,\delta z),$$

wenn die Richtung der Schwere als Richtung der positiven Z-Achse eingeführt wird. Nun ist nach Gl. (63), S. 58, die Höhenlage des Gesamtschwerpunktes der Massengruppe gegeben durch

$$z_s = \frac{\sum (m\,g\,z)}{\sum m\,g},$$

woraus folgt

$$\delta z_s = \frac{\sum (m\,g\,\delta z)}{\sum m\,g}.$$

Nach dem Prinzip der virtuellen Verrückungen ist aber im Gleichgewichtsfalle

$$\sum (m\,g\,\delta z) = 0,$$

d. h.

$$\delta z_s = 0.$$

Die vorstehende Bedingung sagt aus: Soll ein materielles System, das allein der Schwere als eingeprägte Kraft unterliegt, im Gleichgewicht sein, so darf bei

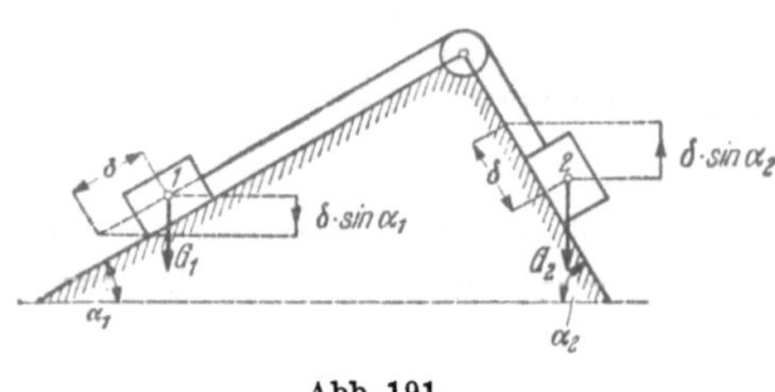

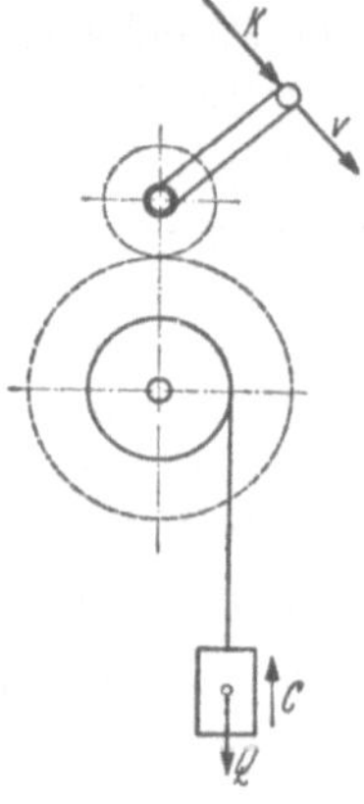

Abb. 191   Abb. 192

einer beliebigen virtuellen Verrückung des Systems der Gesamtschwerpunkt sich weder heben noch senken. Das ist der Fall, wenn er entweder ruht, oder sich nur in horizontaler Richtung verschiebt.

4. Einige Anwendungen.

a) Zwei Massenpunkte auf schiefen Ebenen.

Zwei Massenpunkte *1* und *2* sind durch einen undehnbaren Faden miteinander verbunden und können gemäß Abb. 191 auf schiefen Ebenen mit den Neigungswinkeln α_1 bzw. α_2 reibungslos gleiten. Man erteile dem System eine virtuelle Verrückung, bei der die Masse *1* um die Strecke δ längs ihrer Führung nach abwärts, die Masse *2* um die gleiche Strecke nach aufwärts verschoben wird. Dabei leisten die eingeprägten Kräfte, d. h. die Gewichte G_1 und G_2, die virtuelle Arbeit

$$A = G_1 \delta \sin \alpha_1 - G_2 \delta \sin \alpha_2.$$

Damit sich beide Massen in jeder Lage im Gleichgewicht befinden, muß $A = 0$ werden, d. h. es muß sein

$$G_1 \sin \alpha_1 = G_2 \sin \alpha_2.$$

b) Aufzugsmaschinen.

Bei der in Abb. 192 schematisch dargestellten Aufzugsvorrichtung sind die einzelnen Teile des Triebwerkes derartig miteinander gekuppelt, daß irgendeiner Geschwindigkeit v der Kurbel eine bestimmte Hubgeschwindigkeit c der Last Q entspricht. Die Antriebskraft K der Kurbel und die Last Q sind die einzigen eingeprägten Kräfte, während alle übrigen Kräfte zu den Zwangskräften gehören. Unter Vernachlässigung aller Reibungen liefert das Prinzip

$$K\,v\,dt - Q\,c\,dt = 0,$$

wenn dt ein Zeitdifferential und $v\,dt$ bzw. $c\,dt$ die in dieser Zeit zurückgelegten Verschiebungen der Kraftangriffspunkte darstellen (vgl. S. 7). Man erhält also für den Fall gleichförmiger Bewegung

$$\frac{Q}{K} = \frac{v}{c},$$

d. h. in demselben Verhältnis, als die gehobene Last größer ist als die hebende Kraft, ist die Geschwindigkeit bzw. der Weg der Last kleiner als derjenige der Kraft (Goldene Regel des Aristoteles).

c) Horizontalschub eines Bogenträgers.

Abb. 193 stellt einen Dreigelenkbogen dar, der im Punkte C die senkrechte Last P trägt. Es soll der durch P erzeugte Horizontalschub H bestimmt werden (vgl. S. 94). Zu diesem Zwecke entferne man die horizontale Stützung bei B, so daß dieser Auflagerpunkt sich in horizontaler Richtung bewegen kann. Den unbekannten Schub H bringe man als eingeprägte Kraft in B an und erteile nun dem ganzen System eine virtuelle Verrückung. Bei dieser bewegt sich das Scheitelgelenk G rechtwinklig zur Geraden AG, da sich die linke Bogenhälfte nur um das Auflagergelenk A drehen kann. Die Bewegung der rechten Bogenhälfte BG bei der virtuellen Verrückung δs_B des Punktes B besteht also in einer unendlich kleinen Drehung um den Punkt O, welcher sich als Schnitt der Geraden AG und der Lotrechten zur Verrückung δs_B des Punktes B ergibt. Bezeichnet nun $\delta\varphi$ den unendlich

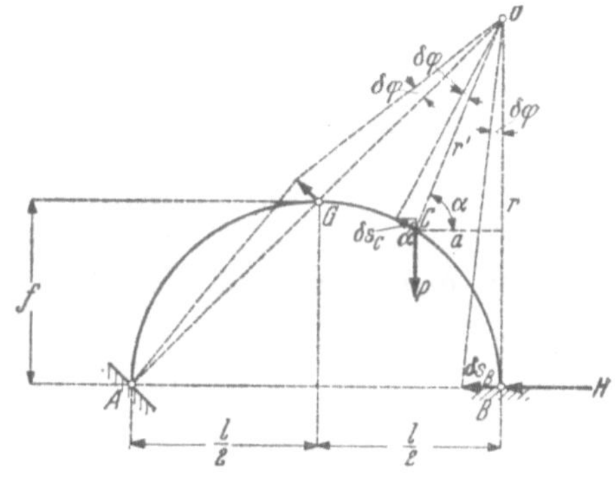

Abb. 193

kleinen Drehwinkel der Scheibe GB um O, so ist $\delta s_B = r\,\delta\varphi$, während die Verrückung des Punktes C die Größe $\delta s_C = r'\,\delta\varphi$ hat und senkrecht zu CO steht. Die virtuelle Arbeit der eingeprägten Kräfte wird also mit den Bezeichnungen der Abb. 193

$$H\,r\,\delta\varphi - P\,r'\,\delta\varphi\,\cos\alpha = 0,$$

woraus folgt

$$H = \frac{P\,r'\,\cos\alpha}{r} = \frac{P\,a}{2f},$$

wobei $r'\cos\alpha = a$ den Abstand der Last P vom rechten Auflager und $f = \dfrac{r}{2}$ den Bogenpfeil angeben.

d) Zugbrücke.

Abb. 194 stellt das Prinzip einer Zugbrücke dar, bei welcher die Fahrbahn A—B um die Achse A drehbar ist und durch eine über die Rolle C laufende Zugkette von der Länge s mit dem Gegengewicht Q in Verbindung steht. Es soll die Führungskurve des Gegengewichts so berechnet werden, daß das System bei alleiniger Wirkung der Schwerkräfte sich in jeder Lage im Gleichgewicht befindet.

Wählt man die Richtung der Schwere als positive Richtung der Z-Achse und C als Koordinatenursprung, so wird nach dem Satz der statischen Momente (S. 59), da der Schwerpunkt S des Gesamtsystems gemäß Ziffer 3 sich weder heben noch senken darf, unter Vernachlässigung des Kettengewichtes

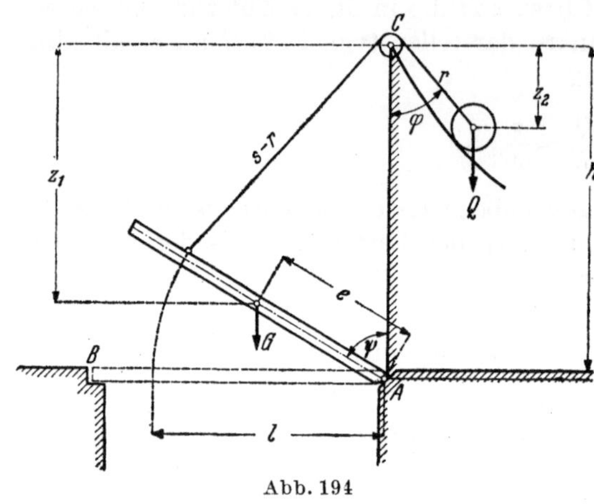

$$G z_1 + Q z_2 = (G + Q) z_s = \text{const.}, \qquad (182)$$

wenn G das Gewicht der Fahrbahn und z_s die Koordinate des Gesamtschwerpunktes darstellen. Nun ist aber mit den Bezeichnungen der Abb. 194

$$z_1 = h - e \cos \psi; \qquad z_2 = r \cos \varphi,$$

wo

$$\cos \psi = \frac{l^2 + h^2 - (s - r)^2}{2\,l\,h}.$$

Abb. 194

Somit lautet (182)

$$G\left[h - e \frac{l^2 + h^2 - (s - r)^2}{2\,l\,h}\right] + Q\,r \cos \varphi = \text{const.} \qquad (183)$$

Für $r = 0$ und $s - r = s$ (höchste Lage von Q) folgt daraus

$$G\left(h - e \frac{l^2 + h^2 - s^2}{2\,l\,h}\right) = \text{const.}$$

Setzt man diesen Wert in (183) ein, so erhält man

$$Q\,r \cos \varphi = G\,e \frac{2\,s\,r - r^2}{2\,l\,h}$$

oder

$$r = 2\,s - \frac{Q}{G} \frac{2\,l\,h \cos \varphi}{e}$$

als Gleichung der gesuchten Führungskurve des Gegengewichtes in Polarkoordinaten.